中等职业技术学校机械类专业通用教材

公差配合与技术测量

第 2 版

曾秀云　主编
梁文远　参编
张可安　主审

机械工业出版社

本书是根据教育部职业教育与成人教育司及人力资源和社会保障部颁发的有关"公差配合与技术测量"方面的教学计划和教学大纲,结合中等职业技术学校实际教学改革的特点编写而成的。

本书2007年的第1版就及时编入了2006年国家最新的表面粗糙度标准,且因为编写的形式和内容的取材非常适合中职学生的学习而备受各中职学校及社会培训机构的好评。此次修订的第2版又及时编入了9个2008~2009版最新的极限与配合和几何公差的标准,堪称这类教材的领跑者。主要内容包括极限与配合、几何公差、公差原则、表面粗糙度、技术测量的基本知识、常用的计量器具及光滑工件尺寸的检测等。

本书可供中等职业技术学校机械类和近机类专业使用,也可作为高、中级技能人才培训教材和机械工人自学用书。

本书配套有《公差配合与技术测量习题集》,同时配有电子课件和习题集答案。电子课件和习题集答案可在 http://www.cmpedu.com 或 http://www.cmpbook.com 网站免费下载,电话咨询请拨打 (010) 88379405。

★好消息 本书电子课件荣获第六届全国教师教学设计创意大赛二等奖!

图书在版编目(CIP)数据

公差配合与技术测量/曾秀云主编. —2版. —北京:机械工业出版社,2010.7(2025.9重印)
中等职业技术学校机械类专业通用教材
ISBN 978-7-111-31254-3

Ⅰ.①公… Ⅱ.①曾… Ⅲ.①公差-配合-专业学校-教材 ②技术测量-专业学校-教材 Ⅳ.① TG801

中国版本图书馆 CIP 数据核字(2010)第 130855 号

机械工业出版社(北京市百万庄大街22号 邮政编码100037)
策划编辑:何月秋 责任编辑:庞 晖 责任校对:任秀丽
封面设计:马精明 责任印制:刘 媛
三河市国英印务有限公司印刷
2025年9月第2版·第22次印刷
184mm×260mm·10.75印张·259千字
标准书号:ISBN 978-7-111-31254-3
定价:29.00元

凡购本书,如有缺页、倒页、脱页,由本社发行部调换

电话服务	网络服务
服务咨询热线:010-88379833	机 工 官 网:www.cmpbook.com
读者购书热线:010-88379649	机 工 官 博:weibo.com/cmp1952
编 辑 热 线:010-88379879	教育服务网:www.cmpedu.com
封面无防伪标均为盗版	金 书 网:www.golden-book.com

第 2 版前言

《公差配合与技术测量》是中、高等工科职业院校、机械专业和机电一体化专业课程体系中一门重要的技术基础课。它在教学中起着联系基础课及其他技术基础课与专业课的桥梁作用，也起着联系设计类课程与制造工艺课程的纽带作用。它紧紧围绕机械产品零部件的制造误差和公差及其关系，研究零部件的设计、制造精度与技术测量方法。

《公差配合与技术测量》自 2007 年出版三年以来不断重印，已经发行了 30000 多册，在高职、中专、中技等职业院校，以及社会培训机构中发挥了重要作用，受到了广大师生的欢迎和好评，在 2007 年广东职业培训协会举办的科研成果评审中荣获教材类"三等奖"；在 2008 年人力资源和社会保障部中国职工和职业培训协会举办的科研成果评审中荣获教材类"一等奖"。

随着科技的迅猛发展和时代的不断进步，国际标准和国家标准在不断地更新和修订，本书 2007 年的第 1 版就及时编入了 2006 年国家最新的表面粗糙度标准，且因为编写形式和内容的取材非常适合中职学生的学习而备受各中职学校及社会培训机构的好评。此次修订的第 2 版又及时编入了 9 个 2008～2009 版最新的极限与配合和几何公差的标准，堪称这类教材的领跑者。

为了落实"教育部关于以就业为导向深化职业教育改革的若干意见"，也为了保证本教材的先进性，按照人力资源和社会保障部《国家职业标准》的要求，新版教材在广泛征求用书单位和广大读者意见的基础上进行了适当的修订和进一步的完善。本教材第 2 版主要突出以下特色：

（1）在原书总体结构不变的前提下，保持前一版的特色和风格，全面贯彻最新的国际标准体系和国家标准体系——产品几何技术规范（Geometrical Product Specification and Verification，简称 GPS）几何技术标准体系，立足职业学校师生和企业的实际需求，对全书的内容进行了全面修订，全面地阐述了相关的 GPS 概念和标准体系。

（2）对新旧国标最主要的不同点进行了说明，以方便学生和企业工人对新旧国家标准进行区别和学习，满足了从旧国家标准到新国家标准的学习过渡需求。

（3）吸收和借鉴了各地学校教学改革的经验，坚持少而精的原则，突出重点，深浅适度，在表述上更加通俗、新颖。

本次修订工作得到了广州机电技师学院张可安院长的大力支持。而且张院长亲自担任主审，认真负责地审订了书稿并提出了许多宝贵意见，在此表示衷心的感谢！

尽管我们在教材的特色建设方面做出了许多的努力，但因编者水平有限，书中难免存在疏漏和不当之处，恳请各教学单位和读者多提宝贵意见和建议！

本书配套有《公差配合与技术测量习题集》，同时配有电子课件和习题集答案。电子课件和习题集答案可在 http://www.cmpedu.com 或 http://www.cmpbook.com 网站免费下载，电话咨询请拨打（010）88379405。

编 者

第1版前言

本教材是根据教育部职业技术教育司机械类通用工种教学计划及部分专业课程教学大纲审定会审定的公差配合与技术测量教学大纲,结合全国职业教育机械专业教学计划的要求、目的和特点,本着职业教育教材改革的精神编写的。

《公差配合与技术测量》是一门实践性较强的专业基础课,技术含量较高。

本教材主要具有以下特色:

(1) 选材范围　选材采用最新的国家标准、行业标准和国际标准等。

(2) 叙述形式　本教材力求以最少的篇幅,使用通俗易懂的语言,深入浅出地说明术语、定义和公式。

(3) 适用性　本教材学习目标明确,教学内容符合职业标准及企业生产的实际需要,归纳总结性好,适用于培养实用型人才。

(4) 衔接性　与企业培训和其他类型教育相沟通,与国家职业资格证书体系相衔接。

(5) 实践性　着眼于理论联系实际,注重实践教学环节,加强了生产实习教学和技能训练,实现教学与生产结合。

全书共分四章,建议课时分配如下(供参考使用):

章　序	课程内容	课　时
	绪论	1
第一章	尺寸公差与配合	15
第二章	形状和位置公差	18
第三章	表面粗糙度	6
第四章	技术测量	12
	机动	4
	合计	56

与教材配套的有相应的习题集和电子教案。习题集另册出版,电子教案可在 http://www.cmpbook.com 和 http://www.cmpedu.com 网站免费下载。

本教材主要适用于技校、中专、各种短训班机械加工、修理等职业的专业基础知识教学。

由于编写时间仓促,书中缺点和错误在所难免,诚挚希望使用本书的教师和广大读者批评指正,以便修改完善。

编　者

目 录

第 2 版前言
第 1 版前言

绪论 ………………………………… 1
  复习思考题 ………………………… 3

第一章 尺寸公差与配合 ………… 4
  第一节 基本术语及其定义 ……… 5
  第二节 标准公差系列 …………… 13
  第三节 基本偏差系列 …………… 16
  第四节 基准制 …………………… 24
  第五节 公差带与配合的选用 …… 30
  本章小结 …………………………… 35
  复习思考题 ………………………… 37

第二章 几何公差 ………………… 39
  第一节 概述 ……………………… 39
  第二节 几何公差和公差带 ……… 45
  第三节 几何公差的标注 ………… 55
  第四节 公差原则 ………………… 60
  第五节 几何公差的定义和
            解释 …………………… 67
  本章小结 …………………………… 91
  复习思考题 ………………………… 92

第三章 表面粗糙度 ……………… 96
  第一节 表面粗糙度概述 ………… 96
  第二节 表面粗糙度的评定 ……… 98
  第三节 表面粗糙度符号、代号及
            标注 …………………… 104
  第四节 表面粗糙度的应用及
            检测 …………………… 111
  本章小结 …………………………… 113
  复习思考题 ………………………… 114

第四章 技术测量 ………………… 115
  第一节 技术测量的基础知识…… 115
  第二节 常用长度计量器具 …… 119
  第三节 常用角度计量器具 …… 128
  第四节 光滑工件尺寸的检测…… 134
  本章小结 …………………………… 142
  复习思考题 ………………………… 143

附录 ………………………………… 146
  附录 A 轴的极限偏差 …………… 146
  附录 B 孔的极限偏差 …………… 155

参考文献 ………………………… 163

绪　论

一、互换性概述

1. 互换性的含义

制成的同一规格的一批零（部）件，不需作任何挑选、调整或辅助加工（如钳工修理），就能进行装配，并能满足机械产品的使用性能要求的一种特性，称为互换性。具有这种特性的零（部）件称为具有互换性的零部件。能够保证零（部）件互换性的生产，称为遵循互换性原则的生产。

在日常生活中，有大量现象涉及到互换性。例如，手中的圆珠笔的笔芯没水了，买一支相同的笔芯装上就行了；杯盖不小心打烂了，买个相同规格的杯盖盖上就行了；冰箱、电视机、洗衣机等小家电中的零部件，若有损坏，只需换一个新的即可正常使用。

2. 互换性的种类

按其程度和范围的不同可分为完全互换性（又称绝对互换性）与不完全互换性（又称有限互换性）。

若零件在装配或更换时，不需选择、调整与修配，就能满足零件的使用性能要求，其互换性就称为完全互换性。当装配精度要求较高，且加工困难时，可采用不完全互换性。所谓不完全互换性，就是在装配前允许有附加的选择，装配时允许有附加的调整但不允许修配，装配后能满足预期的使用要求。

分组装配法即属典型的不完全互换性。当机器上某些部位的装配精度要求很高时，可将零件的制造公差适当放大，使之便于加工，加工后，零件按提取组成要素的局部尺寸大小分成若干组，使每组零件之间的提取组成要素的局部尺寸差别减小，装配时则按相应组进行（例如，大孔与大轴相配，小孔与小轴相配）。这种分组装配法，既可保证装配精度和使用要求，又能解决加工困难，降低成本。此时，仅组内零件可以互换，组与组之间不可互换。

在实际生产中一般都广泛应用完全互换性，而不完全互换只用于部件或机构在制造厂内部的装配，至于厂外协作，即使产量不大，一般也采用完全互换。

3. 互换性的技术经济意义

互换性是现代化生产中一项重要的技术经济原则，互换性原则广泛用于机械制造中的产品设计、零（部）件的加工和装配、机器的使用和维修等各个方面。

(1) 在设计方面　按照互换性要求设计产品，选用最适合互换性的标准零部件、通用件，使设计、计算、制图等工作大为简化，且便于用计算机进行辅助设计，缩短设计周期，这对发展系列产品十分重要。

(2) 在制造方面　按互换性原则组织生产，各个工件可分散加工，实现专业化协调生产，便于用计算机辅助制造，以提高产品质量和生产率，降低成本。

(3) 在装配方面　由于零（部）件具有互换性，可提高装配质量，缩短装配周期，便于实现装配自动化，提高装配生产率。

(4) 在使用维修方面　由于具有互换性，若零（部）件坏了，可方便地用备用件替换，这样不但缩短了维修时间，而且保证了维修质量，还提高了机器的利用率和延长机器的使用寿命。

二、加工误差和公差

要使零件具有互换性，就必须保证零件几何参数的准确性。但是，零件在加工过程中总是存在误差的，而且，这些误差可能会影响到零件的使用性能。如何解决这个问题呢？实践证明，只要将这些误差控制在一定范围内，即按"公差"来制造，就能满足零件使用功能要求，也就是说仍可以保证零件的互换性要求。公差是指零件的几何参数允许的变动全量，它主要包括尺寸公差、形状公差、位置公差等。

三、公差标准和标准化

1. 公差标准

既然要用公差来控制几何量误差，就必须确定公差的大小和零件几何参数的相关要求，即必须制定公差标准。公差标准是一项技术标准，要实现互换性，就要严格按照统一的技术标准进行设计、制造、装配、检验等。因为现代制造生产规模大、分工细、协作多、互换性要求高，因此必须严格按技术标准协调各个生产环节，才能使分散、局部的生产部门和生产环节保持技术统一，使之成为一个有机的生产系统，以实现互换性生产。

技术标准作为设计、科研、制造、检验和工程技术、技术设备、产品等的依据，种类繁多，一般为基础标准、方法标准、产品标准、安全卫生与环保标准等。本课程所介绍的公差配合标准等都属基础标准。

2. 标准化

标准化是指在制定标准、组织实施标准和对标准实施进行监督的社会活动的全过程，是一项重要的技术措施。各国经济发展的过程表明，标准化是实现和组织现代化生产的重要手段之一，也是反映现代化水平的重要标志之一。同时，它又是联系科研、生产、物流、使用等方面的纽带，是社会经济合理化的技术基础，还是发展经贸、提高产品在国际市场竞争能力的技术保证。此外，在制造业中，标准化是实现互换性生产的基础和前提。随着科学技术和经济的发展，我国标准化工作的水平日益提高，在发展产品种类、组织现代化生产、提高产品质量、确保互换性、实现专业化协作生产、加强企业科学管理和产品售后服务等方面发挥了积极作用，推动了技术、经济和社会的发展。

总之，标准化直接影响科技、生产、贸易、管理、环境保护、安全卫生等许多方面，必须坚持贯彻执行标准，不断提高标准化水平。

四、本课程的性质和任务

1. 本课程的性质

《公差配合与技术测量》是中等职业技术学校机械类专业的一门技术基础课。它较全面地讲述了机械加工中有关尺寸公差、几何公差、表面粗糙度等国家标准和测量的基本知识。本课程的设置，是为了给专业课和生产实习打下必要的基础。

2. 本课程的任务

通过本课程的学习，应使学生熟练掌握公差与配合的基本术语和基本方法；熟悉几何公差代号和表面粗糙度代号及标注的含义；掌握常用量具量仪的结构和使用方法；合理地解决产品使用要求与制造工艺之间的矛盾，并能根据不同零件选用适当的计量器具进行测量。

复习思考题

1. 什么叫互换性？按互换性原则组织生产有什么技术经济意义？
2. 互换性有哪些种类？试比较它们的异同点。
3. 互换性是否只适用于大批量生产？
4. 什么叫标准化？试述它在现代化生产中的意义。
5. 本课程的性质和学习任务是什么？

第一章 尺寸公差与配合

学习目标：掌握尺寸公差与配合的基本术语及定义；了解基本偏差系列和标准公差系列；熟悉公差与配合的标注知识。

"公差与配合"是一项应用广泛的重要基础标准，几乎涉及国民经济的各个部门，在机械工业中具有非常重要的作用。目前世界各国广泛采用的公差与配合的标准是国际公差制，它是由国际标准化组织（ISO）在总结世界各国公差与配合标准的基础上发展并建立起来的一种较完整、科学的新型极限与配合制体系，其基本结构由"极限与配合"和"测量与检验"两大部分构成。

我国最早采用的极限与配合的国家标准是 GB159～174—1959《公差与配合》，由国家科委正式颁布于 1959 年。该标准发布后，在生产中得到广泛的应用，对我国国民经济的发展，特别是对机械工业的发展起到了重要的作用。但是在进入 20 世纪 70 年代后，随着机械工业的迅速发展，特别是我国与世界各国的技术、经济交流日益频繁，此标准存在精度等级偏低、配合种类较少、大尺寸标准不符合生产实际及其规律差等缺点，已明显不适合生产技术发展的要求和实际需要。为此我国开始采用国际公差制，以 ISO/R 286：1962 等国际标准为依据，结合我国的具体情况，对该标准进行了修订，于 1979 年批准颁布了公差与配合的新版国家标准 GB1800～1804—1979。

进入 20 世纪 90 年代后，由于科学技术的飞跃发展，产品的精度不断提高，国际技术和经济的交流更进一步向深度和广度发展。为了适应新形势发展的需求，使公差与配合的国家标准能更好地与国际标准接轨，我国先后对 1979 年颁发的公差与配合的国家标准进行了较大幅度的修订，此次修订同时考虑到了国际标准的修订。修订后的这些标准在 20 世纪 90 年代起到了巨大作用。

时代的不断进步，科学技术也更加迅猛发展。步入 21 世纪以来，新的时代对 20 世纪 90 年代后的国际标准和国家标准提出了新的和更高的要求。负责公差的三个国际标准化组织的技术委员会（ISO/TC）（ISO/TC 3 "极限与配合"、ISO/TC 57 "表面特征及其计量学"和 ISO/TC 10/SC 5 "尺寸和公差的表示法"）由于各自工作的独立性，造成各技术委员会之间的工作出现了重复、空缺和不足，同时产生了术语定义的矛盾、基本规范的差别以及综合要求的差异，使得产品几何标准之间出现了众多不衔接和矛盾之处。1993 年，成立了 ISO/TC 3-10-57/JHG "联合协调工作组"，对三个委员会所属范围的尺寸和几何特征领域内的标准化工作进行了协调和调整，提出了 GPS 的概念，并决定根据一个总体规划建立 GPS 标准结构。1995 年 TC 3 颁布了 ISO/TR 14638 "GPS 总体规划（Masterplan）"，正式提出了 GPS 概念和标准体系的矩阵模型。1996 年 ISO/TMB "技术管理局" 采纳了联合协调工作组（JHG）的建议，撤销了 TC 3、TC 10/SC 5 和 TC 57 三个技术委员会，将其合并，成立了 ISO/TC 213，其工作任务是根据 ISO/TR 14638 "GPS 总体规划（Masterplan）"，负责建立一个完整的 GPS 国际标准体系。

ISO/TC 213 经过近 10 年对 GPS 标准体系的研究，建立了一个完整的 GPS 国际标准体系。所谓的产品几何技术规范（Geometrical Product Specification and Verification，简称 GPS），就是针对所有几何产品建立的一个几何技术标准体系，它覆盖了从宏观到微观的产品几何特征，涉及产品开发、设计、制造、验收、使用以及维修、报废等整个生命周期的全过程。它由涉及产品几何特征及其特征量的诸多技术标准组成，包括工件尺寸、几何形状和位置以及表面形貌等方面的标准。考虑到我国国情，以及为与国际标准接轨，国家标准修改采用了最新修订的国际标准，在此就以修订后的最新国家标准对其基本内容进行介绍。

第一节　基本术语及其定义

一、尺寸公差与配合

1. 尺寸公差与配合的国家标准

1) GB/T 1800.1—2009《产品几何技术规范（GPS）极限与配合　第 1 部分：公差、偏差和配合的基础》（代替 GB/T 1800.1—1997《极限与配合　基础　第 1 部分：词汇》、GB/T 1800.2—1998《极限与配合　基础　第 2 部分：公差、偏差和配合的基本规定》、GB/T 1800.3—1998《极限与配合　基础　第 3 部分：标准公差与基本偏差数值表》）。

2) GB/T 1800.2—2009《产品几何技术规范（GPS）极限与配合　第 2 部分：标准公差等级和孔、轴极限偏差表》（代替 GB/T 1800.4—1998《极限与配合　标准公差等级和孔、轴的极限偏差表》）。

3) GB/T 1801—2009《产品几何技术规范（GPS）极限与配合　公差带和配合的选择》（代替 GB/T 1801—1999《极限与配合　公差带与配合的选择》）。

4) GB/T 1803—2003《极限与配合　尺寸至 18mm 孔、轴公差带》。

5) GB/T 1804—2000《一般公差　未注公差的线性和角度尺寸的公差》。

2. 新国家标准主要修改的内容

1) 标准名称增加引导要素：产品几何技术规范（GPS）。

2) 基本术语的改变："基本尺寸"改为"公称尺寸"，"上（下）偏差"改为"上（下）极限偏差"，"最大（小）极限尺寸"改为"上（下）极限尺寸"，用"实际（组成）要素"代替"实际尺寸"，"提取组成要素的局部尺寸"代替"局部实际尺寸"。

3) 基本术语的增加："尺寸要素"、"实际（组成）要素"、"提取组成要素"、"拟合组成要素"、"提取圆柱面的局部尺寸"、"两平行提取表面的局部尺寸"。

二、孔和轴的术语及其定义

习惯上孔和轴是指圆柱形的内、外表面，但国家标准中，孔和轴的定义更为广泛。

1. 孔

(1) 孔的定义　通常是指工件的圆柱形内尺寸要素，也包括非圆柱形内尺寸要素（由两平行平面或切面形成的包容面），如图 1-1 所示。

(2) 孔的特点

1) 零件装配后，孔为包容面。

2) 在加工过程中，孔的尺寸由小变大。

2. 轴

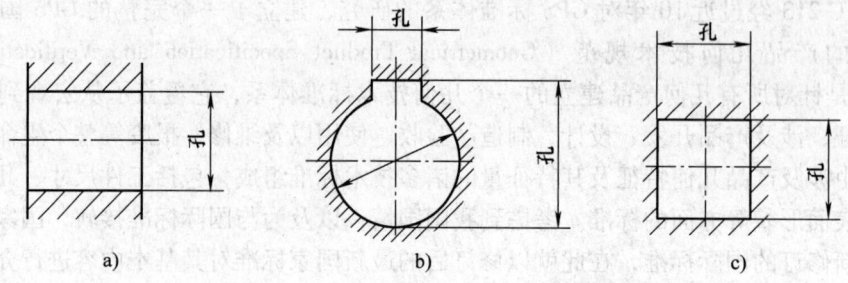

图 1-1 孔

（1）轴的定义 通常指工件的圆柱形外尺寸要素，也包括非圆柱形外尺寸要素（由两平行平面或切面形成的被包容面），如图 1-2 所示。

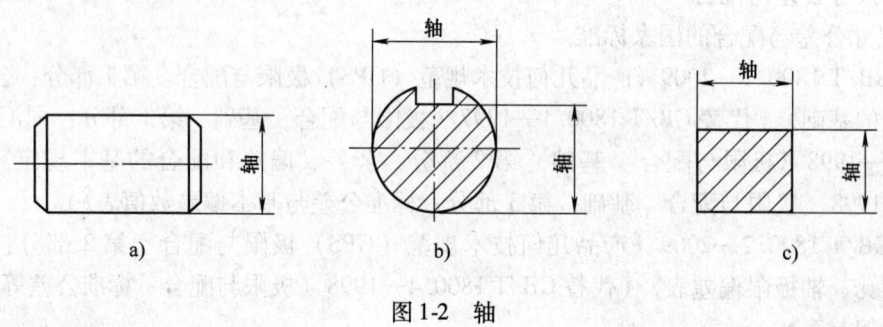

图 1-2 轴

（2）轴的特点
1）零件装配后，轴为被包容面。
2）在加工过程中，轴的尺寸由大变小。

三、要素的基本术语和定义

1. 尺寸要素

尺寸要素是由一定大小的线性尺寸或角度尺寸确定的几何形状。尺寸要素可以是圆柱形、球形、两平行对应面、圆锥形或楔形。

2. 公称组成要素

公称组成要素是由技术制图或其他方法确定的理论正确组成要素，如图 1-3a 所示。

3. 实际（组成）要素

实际（组成）要素即由接近实际（组成）要素所限定的工件实际表面的组成要素部分，如图 1-3b 所示。

4. 提取组成要素

提取组成要素是按规定方法，由实际（组成）要素提取有限数目的点所形成的实际（组成）要素的近似替代，如图 1-3c 所示。该替代（的方法）由要素所要求的功能确定。每个实际（组成）要素可以有几个这种替代。

5. 拟合组成要素

拟合组成要素是按规定的方法由提取组成要素形成的，并具有理想形状的组成要素，如图 1-3d 所示。

有关几何要素问题在第二章第一节还将进一步阐述。

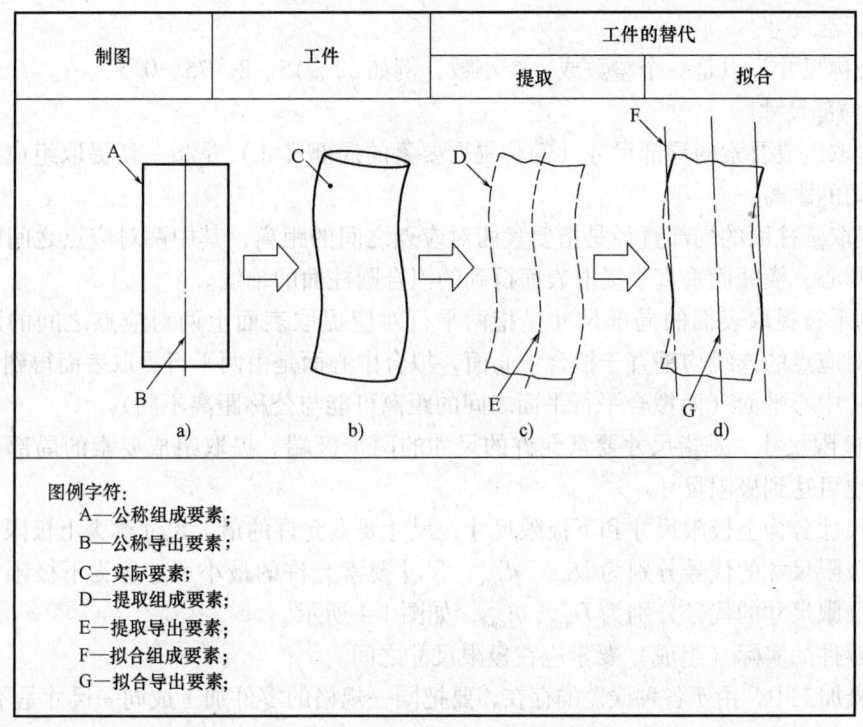

图 1-3 几何要素定义之间的相互关系

四、尺寸术语及其定义

1. 尺寸的定义

尺寸是指用特定单位表示线性尺寸值的数值。

2. 尺寸的组成

尺寸由数值和特定单位两部分组成，如 30mm（毫米）、60μm（微米）等。国标中规定，在机械加工中，通常均以 mm 作为尺寸的特定单位，如以此为单位时，可省略单位的标注，仅标注数值。采用其他单位时，则必须在数值后注写单位。

3. 尺寸的范围

尺寸范围包括直径、半径、宽度、深度、高度和中心距等。

4. 常见的尺寸

（1）公称尺寸（D，d） 是指由图样规范确定的理想形状要素的尺寸，如图 1-4 所示。孔的公称尺寸用"D"表示；轴的公称尺寸用"d"表示（标准规定：大写字母表示孔的有关代号，小写字母表示轴的有关代号，下同）。

1）通过公称尺寸应用上、下极限偏差可算出极限尺寸。公称尺寸由设计给定，设计时可根据零件的使用要求，通过计算、试验或类比的方法确定。为了减少定值刀具（如钻头、铰刀等）、量具（如量块等）、型材和零件尺寸的规格，国家标准已将尺寸标准化。因此公称尺寸应

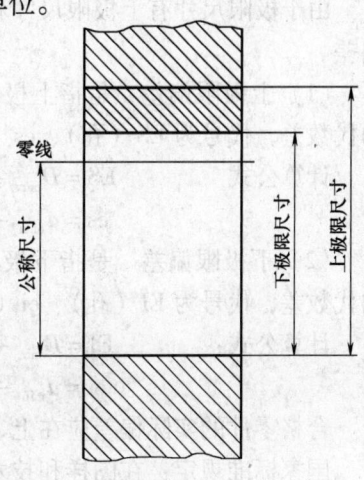

图 1-4 公称尺寸、上极限尺寸和下极限尺寸

尽量选取标准尺寸。

2）公称尺寸可以是一个整数或一个小数，例如32、15、8、75，0.5、…。

（2）局部尺寸

1）提取组成要素的局部尺寸（简称提取要素的局部尺寸）是指一切提取组成要素上两对应点之间的距离。

2）提取圆柱面的局部直径是指要素两对应点之间的距离，其中两对应点之间的连线通过拟合圆圆心，横截面垂直于提取表面得到的拟合圆柱面的轴线。

3）两平行提取表面的局部尺寸是指两平行对应提取表面上两对应点之间的距离。其中，所有对应点的连线均垂直于拟合中心面，拟合中心面是由两平行提取表面得到的两拟合平行平面的中心平面（两拟合平行平面之间的距离可能与公称距离不同）。

（3）极限尺寸 是指尺寸要素允许的尺寸的两个极端。提取组成要素的局部尺寸应位于其中，也可达到极限尺寸。

极限尺寸分为上极限尺寸和下极限尺寸，尺寸要素允许的最大尺寸称为上极限尺寸，孔和轴的上极限尺寸的代号分别为 D_{max}、d_{max}；尺寸要素允许的最小尺寸称为下极限尺寸，孔和轴的下极限尺寸的代号分别为 D_{min}、d_{min}，如图1-4所示。

合格零件的实际（组成）要素应在极限尺寸之间。

在机械加工中，由于各种误差的存在，要把同一规格的零件加工成同一尺寸是不可能的，而且从使用角度看，也没有必要。所以，极限尺寸是为了满足实际需要和便于加工来确定的。

五、偏差的术语及其定义

1. 尺寸偏差（简称偏差）

尺寸偏差是指某一尺寸减其公称尺寸所得的代数差。

由于某一尺寸可以大于、等于或小于公称尺寸，所以偏差可以为正值、负值或零，在计算和使用中一定要注意偏差的正、负号，不能遗漏。

2. 极限偏差

极限偏差是指极限尺寸减其公称尺寸所得的代数差。

由于极限尺寸有上极限尺寸和下极限尺寸之分，因此极限偏差分为上极限偏差和下极限偏差。

（1）上极限偏差 是指上极限尺寸减其公称尺寸所得的代数差，代号为 ES（孔）、es（轴），如图1-5所示。

计算公式　　　$ES = D_{max} - D$

$es = d_{max} - d$

（2）下极限偏差 是指下极限尺寸减其公称尺寸所得的代数差，代号为 EI（孔）、ei（轴），如图1-5所示。

计算公式：　　$EI = D_{min} - D$

$ei = d_{min} - d$

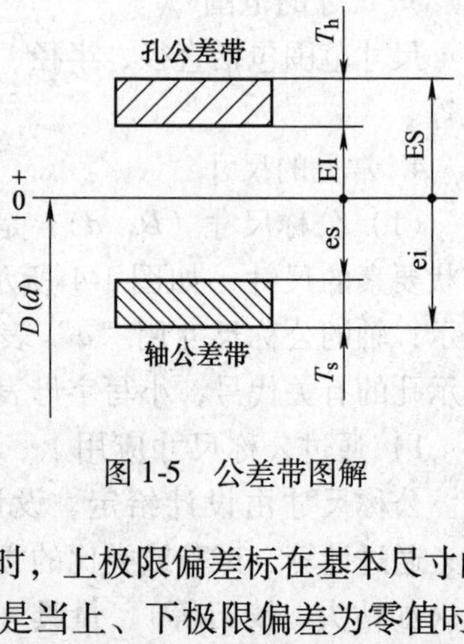

图1-5 公差带图解

合格零件的实际偏差应在上、下极限偏差之间。

国家标准规定：在图样和技术文件上标注极限偏差数值时，上极限偏差标在基本尺寸的右上角，下极限偏差标在基本尺寸的右下角。特别要注意的是当上、下极限偏差为零值时，必须在相应的位置上标注"0"，而不能省略。如 $\phi 80D9\ (^{+0.174}_{+0.100})$，$\phi 30H7\ (^{+0.021}_{0})$，

$\phi30^{+0.030}_{-0.010}$mm。当上、下极限偏差数值相等而符号相反时，可简化标注，如 $\phi50 \pm 0.008$mm。

例 1-1 加工某孔 $\phi60^{+0.030}_{-0.010}$mm 和轴 $\phi60^{+0.060}_{+0.030}$mm，试求极限偏差、公称尺寸、极限尺寸。

解 $\phi60^{+0.030}_{-0.010}$mm 的孔：

ES = +0.030mm
EI = -0.010mm
D = 60mm
$D_{max} = D + ES = 60mm + 0.030mm$
　　　　 = 60.030mm
$D_{min} = D + EI = 60mm + (-0.010mm)$
　　　　 = 59.990mm

$\phi60^{+0.060}_{+0.030}$mm 的轴：

es = +0.060mm
ei = +0.030mm
d = 60mm
$d_{max} = d + es = 60mm + 0.060mm$
　　　　 = 60.060mm
$d_{min} = d + ei = 60mm + 0.030mm$
　　　　 = 60.030mm

六、尺寸公差（T）术语及其定义

1. 尺寸公差（简称公差）

（1）公差的定义　是指上极限尺寸减下极限尺寸之差，或上极限偏差减下极限偏差之差，代号为"T"。它是允许尺寸的变动量，如图1-6所示。

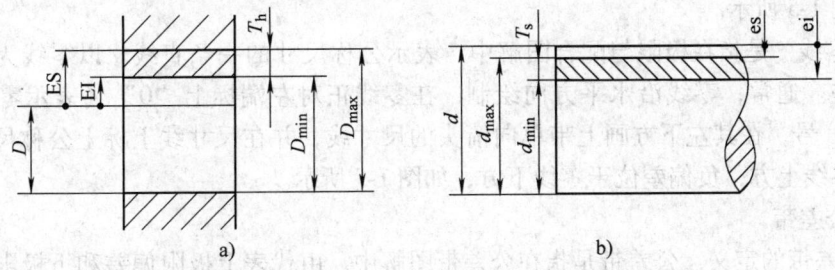

图1-6　公差
a) 孔的公差　b) 轴的公差

（2）公差的计算　由于合格零件的实际（组成）要素只能在上极限尺寸与下极限尺寸之间的范围内变动，而变动仅涉及到大小，因此用绝对值定义，所以公差等于上极限尺寸与下极限尺寸或上极限偏差与下极限偏差之代数差的绝对值。孔和轴的公差分别以 T_h 和 T_s 表示，则其计算公式为

$$T_h = |D_{max} - D_{min}| = |ES - EI|$$
$$T_s = |d_{max} - d_{min}| = |es - ei|$$

例 1-2 求孔 $\phi60^{+0.220}_{+0.100}$mm 的尺寸公差。

解 $D_{max} = D + ES = 60mm + 0.220mm = 60.220mm$
$D_{min} = D + EI = 60mm + 0.100mm = 60.100mm$
$T_h = |D_{max} - D_{min}| = |60.220mm - 60.100mm| = 0.120mm$

或

$T_h = |ES - EI| = |+0.220mm - 0.100mm| = 0.120mm$

例 1-3 求轴 $\phi120^{+0.020}_{-0.015}$mm 的尺寸公差。

解 $d_{max} = d + es = 120mm + 0.020mm = 120.020mm$
$d_{min} = d + ei = 120mm + (-0.015mm) = 119.985mm$
$T_s = |d_{max} - d_{min}| = |120.020mm - 119.985mm| = 0.035mm$

10

或

$T_s = |es - ei| = |+0.020\text{mm} - (-0.015\text{mm})| = 0.035\text{mm}$

（3）公差与偏差的区别

1) 概念不同：偏差是相对于公称尺寸偏离大小的数值。极限偏差是用于限制实际偏差的变动范围；而公差是表示极限尺寸变动范围大小的数值。

2) 数值不同：公差是用绝对值来定义的，没有正、负，因此在公差值的前面不能标出"+"号或"-"号；而偏差是代数差，可以是正值、负值或零，偏差值前面的"+"号或"-"号一定要标出。

3) 作用不同：极限偏差表示了公差带的确切位置，可反映零件的配合性质，即松紧程度；而公差仅表示公差带的大小，反映零件的配合精度。公差值越大，加工就越容易，反之加工就越困难。

2. 公差带图解

（1）公差带图解的定义　由于公差和偏差的数值比公称尺寸的数值小得多，不能用同一比例表示，因此可只将公差值按规定放大画出，这种图称为极限与配合图解，也称公差带图解，如图1-5所示。

（2）零线　是指在极限与配合图解中，表示公称尺寸的一条直线。以零线为基准确定偏差和公差。通常，零线沿水平方向绘制，在零线正对左端标上"0"（表示零偏差）和"+""-"号，在其左下方画上带单向箭头的尺寸线，并在尺寸线上标上公称尺寸值。正偏差位于零线上方，负偏差位于零线下方，如图1-5所示。

（3）公差带

1) 公差带的定义　公差带是指在公差带图解中，由代表上极限偏差和下极限偏差或上极限尺寸和下极限尺寸的两条直线所限定的一个区域。

2) 公差带的确定要素　公差带的确定要素是公差带大小和公差带位置。公差带大小指公差带沿垂直零线方向的宽度，由标准公差确定；公差带位置指相对零线的位置，由基本偏差确定。

3) 轴、孔的公差带画法　为了区别，一般在同一图中，孔和轴的公差带的剖面线方向应该相反，且疏密程度不同，如图1-5所示。

（4）公差带图解的示例

例1-4　画出轴 $\phi 80\text{e}7\binom{-0.060}{-0.090}$ 和孔 $\phi 80\text{H}7\binom{+0.030}{0}$ 的公差带图解。

解　1) 作零线、标注"0""+""-"，然后在零线左下方画上带单向箭头的尺寸线，标上公称尺寸 $\phi 80$。

2) 选择合适比例，画出孔轴公差带，标注极限偏差值，如图1-7所示。

3. 极限制

是指经标准化的公差与偏差制度。为了使公差带标准化，GB/T 1800 规定的极限制中的公差与偏差，即后面所要介绍的标准公差系列及基本偏差系列。

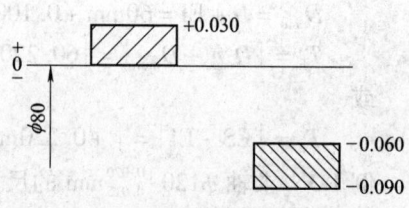

图1-7　例1-4 公差带图解

七、配合的术语及定义

1. 配合

配合是指公称尺寸相同的、相互结合的孔和轴的公差带之间的关系。通常用配合这一概念反映零件装配后的松紧程度。

2. 间隙与过盈

（1）间隙　孔的尺寸减去相配合的轴的尺寸之差为正时称为间隙，代号为 X，数值前应标"＋"号。间隙的存在是孔和轴配合后能产生相对运动的基本条件。

（2）过盈　孔的尺寸减去相配合的轴的尺寸之差为负时称为过盈，代号为 Y，数值前应标"－"号。过盈的存在是为了使配合零件位置固定或传递载荷。

3. 配合性质

（1）间隙配合

1）间隙配合的定义：间隙配合是指具有间隙（包括最小间隙等于零）的配合。

2）间隙配合的特点：

①孔的公差带在轴的公差带之上，如图1-8所示。

②孔的提取组成要素的局部尺寸总是大于或等于轴的提取组成要素的局部尺寸。

③孔、轴配合时存在间隙，允许孔、轴有相对的转动。

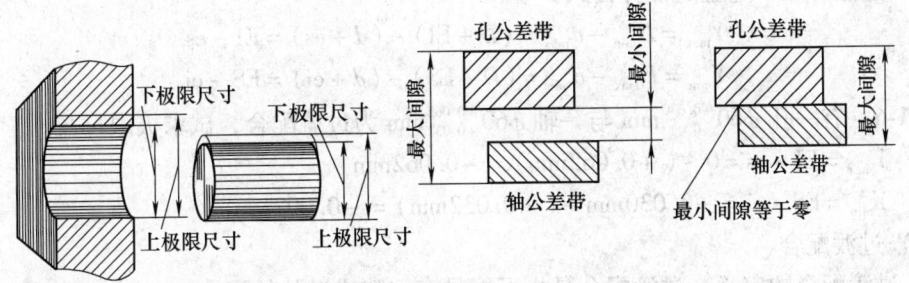

图1-8　间隙配合

3）间隙配合的极限情况：由于孔、轴的实际（组成）要素允许在其公差带内变动，因此配合的间隙是变动的。当孔为上极限尺寸而与其相配的轴为下极限尺寸时，配合处于最松状态，此时的间隙称为最大间隙，代号为 X_{max}。当孔为下极限尺寸而与其相配的轴为上极限尺寸时，配合处于最紧状态，此时的间隙称为最小间隙，代号为 X_{min}。最大间隙与最小间隙统称为极限间隙，它们表示间隙配合中允许实际间隙变动的两个界限值，在正常的生产中出现的机会是很少的。

最大间隙与最小间隙的计算公式为

$$X_{max} = D_{max} - d_{min} = (D + ES) - (d + ei) = ES - ei$$

$$X_{min} = D_{min} - d_{max} = (D + EI) - (d + es) = EI - es$$

例1-5　试确定例1-4中配合的极限间隙。

解　$X_{max} = ES - ei = +0.030 \text{mm} - (-0.090 \text{mm}) = +0.120 \text{mm}$

　　　$X_{min} = EI - es = 0 - (-0.060 \text{mm}) = +0.060 \text{mm}$

（2）过盈配合

1）过盈配合的定义：过盈配合是指具有过盈（包括最小过盈等于零）的配合。

2）过盈配合的特点：

①孔的公差带在轴的公差带之下，如图1-9所示。

②孔的提取组成要素的局部尺寸总是小于或等于轴的提取组成要素的局部尺寸。

③孔、轴配合时存在过盈,不允许孔、轴有相对的转动(主要用于传递一定转矩的条件)。

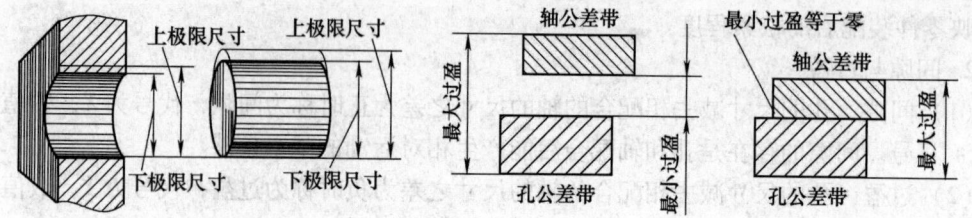

图 1-9 过盈配合

3) 过盈配合的极限情况:由于孔、轴的实际(组成)要素允许在其公差带内变动,因而其配合的过盈是变动的。当孔为下极限尺寸而与其相配的轴为上极限尺寸时,配合处于最紧状态,此时的过盈称为最大过盈,代号为 Y_{max}。当孔为上极限尺寸而与其相配的轴为下极限尺寸时,配合处于最松状态,此时的过盈称为最小过盈,代号为 Y_{min}。最大过盈与最小过盈统称为极限过盈,它们表示过盈配合中允许过盈变动的两个界限值,在正常的生产中出现的机会也是很少的。

最大过盈与最小过盈的计算公式

$$Y_{max} = D_{min} - d_{max} = (D + EI) - (d + es) = EI - es$$
$$Y_{min} = D_{max} - d_{min} = (D + ES) - (d + ei) = ES - ei$$

例 1-6 有一孔 $\phi 60^{+0.030}_{0}$ mm 与一轴 $\phi 60^{+0.062}_{+0.032}$ mm 为过盈配合,试求极限过盈。

解 $Y_{max} = EI - es = 0 - (+0.062\text{mm}) = -0.062\text{mm}$

$Y_{min} = ES - ei = +0.030\text{mm} - (+0.032\text{mm}) = -0.002\text{mm}$

(3) 过渡配合

1) 过渡配合的定义:过渡配合是指可能具有间隙或过盈的配合。
2) 过渡配合的特点:
①孔的公差带与轴的公差带相互交叠,如图 1-10 所示。
②孔的提取组成要素的局部尺寸可能大于或小于轴的提取组成要素的局部尺寸。
③孔、轴配合时,可能存在间隙,也可能存在过盈。

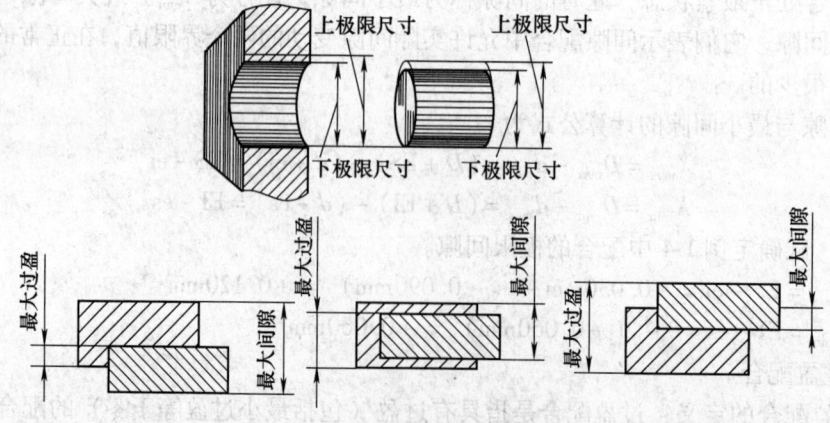

图 1-10 过渡配合

3) 过渡配合的极限情况:同样,孔、轴的实际(组成)要素是允许在其公差带内变动的。当孔的尺寸大于轴的尺寸时,具有间隙。当孔为上极限尺寸,而轴为下极限尺寸时,配合处于最松状态，此时的间隙为最大间隙。当孔的尺寸小于轴的尺寸时，具有过盈。当孔为下极限尺寸，而轴为上极限尺寸时，配合处于最紧状态，此时的过盈为最大过盈。

最大间隙与最大过盈的计算公式为：

$$X_{max} = D_{max} - d_{min} = (D + ES) - (d + ei) = ES - ei$$

$$Y_{max} = D_{min} - d_{max} = (D + EI) - (d + es) = EI - es$$

例 1-7 已知 $\phi 90^{-0.043}_{-0.060}$ mm 的轴与 $\phi 90^{-0.024}_{-0.059}$ mm 的孔相配合为过渡配合，求最大间隙和最大过盈。

解 $X_{max} = ES - ei = -0.024\text{mm} - (-0.060\text{mm}) = +0.036\text{mm}$

$Y_{max} = EI - es = -0.059\text{mm} - (-0.043\text{mm}) = -0.016\text{mm}$

4. 配合性质的判定

正确地判定配合性质，不仅有利于配合参数的计算，也是工程技术人员必须具备的知识，判定方法如下

（1）根据极限偏差的大小判定 $EI \geq es$ 时，为间隙配合；$ES \leq ei$ 时，为过盈配合；以上两条均不成立时，为过渡配合。

（2）根据极限尺寸的大小判定 $D_{min} \geq d_{max}$ 时，为间隙配合；$D_{max} \leq d_{min}$ 时，为过盈配合；以上两条均不成立时，为过渡配合。

（3）根据公差带图判定 孔的公差带在轴的公差带之上为间隙配合；孔的公差带在轴的公差带之下为过盈配合；孔的公差带与轴的公差带相互交叠为过渡配合。

5. 配合公差（T_f）

（1）配合公差的定义 组成配合的孔与轴的公差之和，代号为 T_f。它是允许间隙或过盈的变动量。

（2）计算公式为

$$T_f = T_h + T_s$$

由于配合公差是允许间隙或过盈的变动量，所以对于不同的配合，计算公式为

间隙配合 $T_f = |X_{max} - X_{min}|$

过盈配合 $T_f = |Y_{min} - Y_{max}|$

过渡配合 $T_f = |X_{max} - Y_{max}|$

配合公差一般根据零部件配合部位的配合松紧变动大小给出。对于某一配合，其配合公差越大，则配合时形成的间隙或过盈可能出现的差别就越大，也就是配合后产生的松紧差别的程度也越大，即配合的精度越低。反之，配合公差越小，间隙或过盈可能出现的差别也越小，其松紧差别的程度也越小，即配合的精度越高。

与尺寸公差相似，配合公差也是用绝对值定义的，因而没有正、负的含义，而且总是大于零的，配合精度的高低是由相互配合的孔和轴的精度决定的。配合精度越高，孔和轴的精度也越高，加工越困难，加工成本越高；反之，孔和轴的加工越容易，加工成本越低。

第二节 标准公差系列

一、标准公差

1. 标准公差定义

标准规定，用于确定公差带的大小的任一公差称为标准公差。

2. 标准公差系列

由若干标准公差所组成的系列称为标准公差系列，它以表格的形式列出，称为标准公差数值表，见表1-1。

表1-1 标准公差数值表

公称尺寸/mm		标准公差等级																	
大于	至	IT1	IT2	IT3	IT4	IT5	IT6	IT7	IT8	IT9	IT10	IT11	IT12	IT13	IT14	IT15	IT16	IT17	IT18
		μm											mm						
—	3	0.8	1.2	2	3	4	6	10	14	25	40	60	0.1	0.14	0.25	0.4	0.6	1	1.4
3	6	1	1.5	2.5	4	5	8	12	18	30	48	75	0.12	0.18	0.3	0.48	0.75	1.2	1.8
6	10	1	1.5	2.5	4	6	9	15	22	36	58	90	0.15	0.22	0.36	0.58	0.9	1.5	2.2
10	18	1.2	2	3	5	8	11	18	27	43	70	110	0.18	0.27	0.43	0.7	1.1	1.8	2.7
18	30	1.5	2.5	4	6	9	13	21	33	52	84	130	0.21	0.33	0.52	0.84	1.3	2.1	3.3
30	50	1.5	2.5	4	7	11	16	25	39	62	100	160	0.25	0.39	0.62	1	1.6	2.5	3.9
50	80	2	3	5	8	13	19	30	46	74	120	190	0.3	0.46	0.74	1.2	1.9	3	4.6
80	120	2.5	4	6	10	15	22	35	54	87	140	220	0.35	0.54	0.87	1.4	2.2	3.5	5.4
120	180	3.5	5	8	12	18	25	40	63	100	160	250	0.4	0.63	1	1.6	2.5	4	6.3
180	250	4.5	7	10	14	20	29	46	72	115	185	290	0.46	0.72	1.15	1.85	2.9	4.6	7.2
250	315	6	8	12	16	23	32	52	81	130	210	320	0.52	0.81	1.3	2.1	3.2	5.2	8.1
315	400	7	9	13	18	25	36	57	89	140	230	360	0.57	0.89	1.4	2.3	3.6	5.7	8.9
400	500	8	10	15	20	27	40	63	97	155	250	400	0.63	0.97	1.55	2.5	4	6.3	9.7
500	630	9	11	16	22	32	44	70	110	175	280	440	0.7	1.1	1.75	2.8	4.4	7	11
630	800	10	13	18	25	36	50	80	125	200	320	500	0.8	1.25	2	3.2	5	8	12.5
800	1000	11	15	21	28	40	56	90	140	230	360	560	0.9	1.4	2.3	3.6	5.6	9	14
1000	1250	13	18	24	33	47	66	105	165	260	420	660	1.05	1.65	2.6	4.2	6.6	10.5	16.5
1250	1600	15	21	29	39	55	78	125	195	310	500	780	1.25	1.95	3.1	5	7.8	12.5	19.5
1600	2000	18	25	35	46	65	92	150	230	370	600	920	1.5	2.3	3.7	6	9.2	15	23
2000	2500	22	30	41	55	78	110	175	280	440	700	1100	1.75	2.8	4.4	7	11	17.5	28
2500	3150	26	36	50	68	96	135	210	330	540	860	1350	2.1	3.3	5.4	8.6	13.5	21	33

注：1. 公称尺寸大于500mm的IT1~IT5的标准公差数值为试行的。
2. 公称尺寸小于或等于1mm时，无IT14~IT18。

3. 确定标准公差数值的因素

从表1-1中可以看出确定标准公差数值的两个因素：标准公差等级和公称尺寸分段。

4. 标准公差等级

（1）定义 确定尺寸精确程度的等级称为公差等级。

（2）组成 标准公差等级由符号IT和数字组成，例如IT7。当与其代表基本偏差的字母一起组成公差带时，省略IT字母，例如h7。在本标准极限与配合制中，同一公差等级（例如IT7）对所有公称尺寸的一组公差被认同具有同等精确程度。

（3）标准公差等级 极限与配合在公称尺寸至500mm规定了IT01、IT0、IT1、IT2、…、IT18共20个标准公差等级，其中IT01精度最高，其余依次降低，IT18精度最低；公称尺寸大于500~3150mm规定了IT1、IT2、…、IT18共18个标准公差等级，其中IT1精度最高，其余依次降低，IT18精度最低。

5. 标准公差数值表说明

表1-1中所列的是标准公差等级从IT1到IT18、公称尺寸至3150mm的标准公差数值。标

准公差等级IT01和IT0在工业上很少用到，因而将其数值列入了GB/T 1800.1—2009的附录中，见表1-2。在实际生产中，确定零件的尺寸公差时，应尽量从表1-1中选取标准公差。

表1-2　IT01和IT0标准公差数值

公称尺寸/mm		标准公差等级		公称尺寸/mm		标准公差等级	
		IT01	IT0			IT01	IT0
大于	至	公差/μm		大于	至	公差/μm	
—	3	0.3	0.5	80	120	1	1.5
3	6	0.4	0.6	120	180	1.2	2
6	10	0.4	0.6	180	250	2	3
10	18	0.5	0.8	250	315	2.5	4
18	30	0.6	1	315	400	3	5
30	50	0.6	1	400	500	4	6
50	80	0.8	1.2				

6. 确定公差等级时考虑的因素

确定公差等级时，必须同时考虑零件的使用要求和加工的经济性能两个因素。公差等级高，零件的精度高，使用性能提高，但加工难度增大，生产成本变高；反之则生产成本降低。

二、公称尺寸分段

标准公差数值不仅与公差等级有关，还与公称尺寸有关。在实际生产中，应用的公称尺寸是很多的，若每一个公称尺寸都对应一个公差值，就会形成一个庞大的公差数值表，既不利于实现标准化，又增加了实际生产的困难，因此，GB/T 1800.1—2009对公称尺寸至3150mm进行了分段，见表1-3。

表1-3　公称尺寸的分段

主段落		中间段落		主段落		中间段落	
大于	至	大于	至	大于	至	大于	至
—	3	无细分段		250	315	250	280
3	6					280	315
6	10			315	400	315	355
						355	400
10	18	10	14	400	500	400	450
		14	18			450	500
18	30	18	24	500	630	500	560
		24	30			560	630
30	50	30	40	630	800	630	710
		40	50			710	800
50	80	50	65	800	1000	800	900
		65	80			900	1000
80	120	80	100	1000	1250	1000	1120
		100	120			1120	1250
120	180	120	140	1250	1600	1250	1400
		140	160			1400	1600
		160	180	1600	2000	1600	1800
						1800	2000
180	250	180	200	2000	2500	2000	2240
		200	225			2240	2500
		225	250	2500	3150	2500	2800
						2800	3150

表1-3把公称尺寸分段分为主段落和中间段落。主段落用于标准公差中的基本尺寸分

段，见表1-1，中间段落用于基本偏差中的公称尺寸分段，见表1-5和表1-6。

考虑到公称尺寸的因素，不能只以公差数值的大小来判断零件精度的高低，而应以公差等级作为判断的依据。

第三节　基本偏差系列

一、基本偏差

1. 基本偏差定义

在极限与配合制中，确定公差带相对零线位置的那个极限偏差称为基本偏差，它可以是上极限偏差或下极限偏差，通常是指靠近零线的那个偏差。

2. 基本偏差代号

基本偏差代号用拉丁字母表示，大写代表孔的基本偏差，小写代表轴的基本偏差。在26个拉丁字母中，除去易与其他代号混淆的I、L、O、Q、W（i、l、o、q、w）5个字母外，再加上用CD、EF、FG、ZA、ZB、ZC、JS（cd、ef、fg、za、zb、zc、js）两个字母表示的7个代号，共有28个，即孔和轴各有28个基本偏差，见表1-4。

表1-4　孔和轴的基本偏差代号

孔	A	B	C	D	E	F	G	H	J	K	M	N	P	R	S	T	U	V	X	Y	Z			
			CD		EF	FG			JS													ZA	ZB	ZC
轴	a	b	c	d	e	f	g	h	j	k	m	n	p	r	s	t	u	v	x	y	z			
			cd		ef	fg			js													za	zb	zc

3. 基本偏差系列图

为了满足各种不同配合的需要，并满足生产标准化的要求，必须设置若干基本偏差并将其标准化。标准化的基本偏差组成基本偏差系列，如图1-11所示。

4. 基本偏差的特点

从图1-11可以看出，基本偏差的特点为：

1）孔和轴同字母的基本偏差相对于零线是完全对称分布的，即孔与轴的基本偏差对应（例如A对应）时，两者的基本偏差的绝对值相等，而符号相反：

$$EI = -es \quad 或 \quad ES = -ei$$

此特点除下列情况外，适用于所有的基本偏差：

①公称尺寸大于3~500mm，标准公差等级大于IT8的孔的基本偏差N，其数值（ES）等于零。

②在公称尺寸大于3~500mm的基孔制或基轴制配合中，标准公差等级小于或等于IT8的孔的基本偏差K、M、N和标准公差等级小于或等于IT7的孔的基本偏差P~ZC，给定某一公差等级ITn的孔要与更精一级IT（n-1）的轴相配合，如H7/P6、P7/h6，并要求具有同等的间隙或过盈。

2）对于轴的基本偏差，从a~h为上极限偏差es，除h的es=0，其余小于零，其绝对值依次逐渐减小；从j~zc为下极限偏差ei，除j和k的部分外（当为k时，IT≤3或IT>7时，基本偏差为零）都为正值，其绝对值依次逐渐增大。对于孔，基本偏差从A~H为下偏差EI，J~ZC为上偏差ES，其正负号情况与轴的基本偏差情况相反。

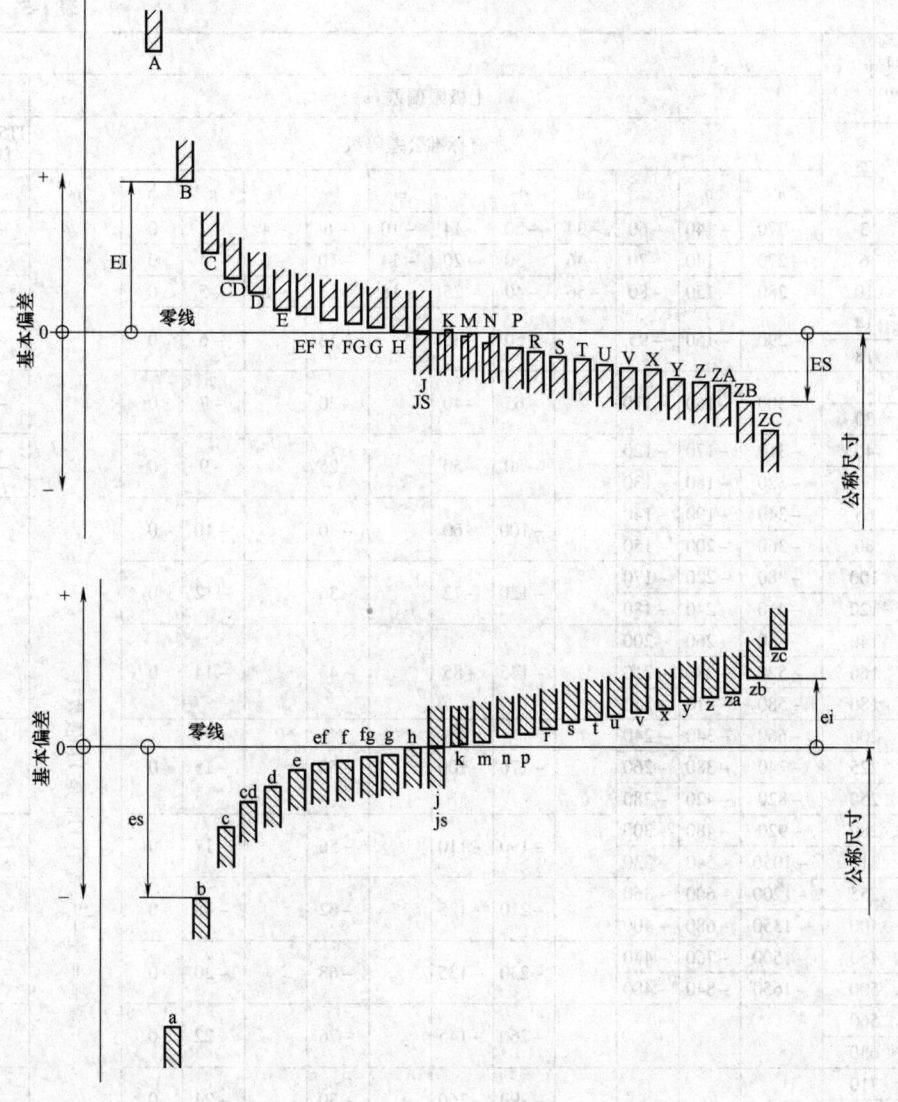

图 1-11 基本偏差系列图

3）由 JS 与 js 组成的公差带，在各公差等级中完全对称于零线。标准规定其基本偏差为上极限偏差（数值为 +IT/2）或为下极限偏差（数值为 -IT/2）。但为统一起见，国标将 js 划归为上极限偏差，将 JS 划归为下极限偏差。JS 和 js 将逐渐取代近似对称的偏差 J 和 j，所以国标中孔仅保留了 J6、J7、J8，其基本偏差为上极限偏差，轴仅保留了 j5、j6、j7、j8 几种，其基本偏差为下极限偏差。

4）基本偏差（除 K、k、M 和 N 外）的大小一般与公差等级无关。K、k 和 N 的基本偏差随公差等级的不同而有两种不同的情况（K、k 可为正值或零，N 可为负值或零）；而代号 M 的基本偏差数值随公差等级的不同则有三种不同的情况（正值、负值或零）。

5. 基本偏差表

在国标中，对轴、孔的基本偏差数值作了基本的规定，并将这些基本偏差数值列为轴、孔的基本偏差表，见表 1-5、表 1-6。

表1-5 轴的基本

公称尺寸/mm		上极限偏差 es												基本偏	
		所有标准公差等级											IT5 和 IT6	IT7
大于	至	a	b	c	cd	d	e	ef	f	fg	g	h	js	j	
—	3	-270	-140	-60	-34	-20	-14	-10	-6	-4	-2	0		-2	-4
3	6	-270	-140	-70	-46	-30	-20	-14	-10	-6	-4	0		-2	-4
6	10	-280	-150	-80	-56	-40	-25	-18	-13	-8	-5	0		-2	-5
10	14	-290	-150	-95		-50	-32		-16		-6	0		-3	-6
14	18	-290	-150	-95		-50	-32		-16		-6	0		-3	-6
18	24	-300	-160	-110		-65	-40		-20		-7	0	偏差 $= \pm \frac{IT_n}{2}$，式中 IT_n 是 IT 值数	-4	-8
24	30	-300	-160	-110		-65	-40		-20		-7	0		-4	-8
30	40	-310	-170	-120		-80	-50		-25		-9	0		-5	-10
40	50	-320	-180	-130		-80	-50		-25		-9	0		-5	-10
50	65	-340	-190	-140		-100	-60		-30		-10	0		-7	-12
65	80	-360	-200	-150		-100	-60		-30		-10	0		-7	-12
80	100	-380	-220	-170		-120	-72		-36		-12	0		-9	-15
100	120	-410	-240	-180		-120	-72		-36		-12	0		-9	-15
120	140	-460	-260	-200		-145	-85		-43		-14	0		-11	-18
140	160	-520	-280	-210		-145	-85		-43		-14	0		-11	-18
160	180	-580	-310	-230		-145	-85		-43		-14	0		-11	-18
180	200	-660	-340	-240		-170	-100		-50		-15	0		-13	-21
200	225	-740	-380	-260		-170	-100		-50		-15	0		-13	-21
225	250	-820	-420	-280		-170	-100		-50		-15	0		-13	-21
250	280	-920	-480	-300		-190	-110		-56		-17	0		-16	-26
280	315	-1050	-540	-330		-190	-110		-56		-17	0		-16	-26
315	355	-1200	-600	-360		-210	-125		-62		-18	0		-18	-28
355	400	-1350	-680	-400		-210	-125		-62		-18	0		-18	-28
400	450	-1500	-760	-440		-230	-135		-68		-20	0		-20	-32
450	500	-1650	-840	-480		-230	-135		-68		-20	0		-20	-32
500	560					-260	-145		-76		-22	0			
560	630					-260	-145		-76		-22	0			
630	710					-290	-160		-80		-24	0			
710	800					-290	-160		-80		-24	0			
800	900					-320	-170		-86		-26	0			
900	1000					-320	-170		-86		-26	0			
1000	1120					-350	-195		-98		-28	0			
1120	1250					-350	-195		-98		-28	0			
1250	1400					-390	-220		-110		-30	0			
1400	1600					-390	-220		-110		-30	0			
1600	1800					-430	-240		-120		-32	0			
1800	2000					-430	-240		-120		-32	0			
2000	2240					-480	-260		-130		-34	0			
2240	2500					-480	-260		-130		-34	0			
2500	2800					-520	-290		-145		-38	0			
2800	3150					-520	-290		-145		-38	0			

注：1. 公称尺寸小于或等于1mm时，基本偏差 a 和 b 均不采用。

2. 公差带 js7 至 js11，若 IT_n 值数是奇数，则取偏差 $= \pm \frac{IT_n - 1}{2}$。

偏差数值 (单位：μm)

差数值

IT8	IT4 至 IT7	≤IT3 >IT7	下极限偏差 ei 所有标准公差等级											
	k		m	n	p	r	s	t	u	v	x	y	z	za	zb	zc
−6	0	0	+2	+4	+6	+10	+14		+18		+20		+26	+32	+40	+60
	+1	0	+4	+8	+12	+15	+19		+23		+28		+35	+42	+50	+80
	+1	0	+6	+10	+15	+19	+23		+28		+34		+42	+52	+67	+97
	+1	0	+7	+12	+18	+23	+28		+33	+39	+40 +45		+50 +60	+64 +77	+90 +108	+130 +150
	+2	0	+8	+15	+22	+28	+35	+41	+41 +48	+47 +55	+54 +64	+63 +75	+73 +88	+98 +118	+136 +160	+188 +218
	+2	0	+9	+17	+26	+34	+43	+48 +54	+60 +70	+68 +81	+80 +97	+94 +114	+112 +136	+148 +180	+200 +242	+274 +325
	+2	0	+11	+20	+32	+41 +43	+53 +59	+66 +75	+87 +102	+102 +120	+122 +146	+144 +174	+172 +210	+226 +274	+300 +360	+405 +480
	+3	0	+13	+23	+37	+51 +54	+71 +79	+91 +104	+124 +144	+146 +172	+178 +210	+214 +254	+258 +310	+335 +400	+445 +525	+585 +690
	+3	0	+15	+27	+43	+63 +65 +68	+92 +100 +108	+122 +134 +146	+170 +190 +210	+202 +228 +252	+248 +280 +310	+300 +340 +380	+365 +415 +465	+470 +535 +600	+620 +700 +780	+800 +900 +1000
	+4	0	+17	+31	+50	+77 +80 +84	+122 +130 +140	+166 +180 +196	+236 +258 +284	+284 +310 +340	+350 +385 +425	+425 +470 +520	+520 +575 +640	+670 +740 +820	+880 +960 +1050	+1150 +1250 +1350
	+4	0	+20	+34	+56	+94 +98	+158 +170	+218 +240	+315 +350	+385 +425	+475 +525	+580 +650	+710 +790	+920 +1000	+1200 +1300	+1550 +1700
	+4	0	+21	+37	+62	+108 +114	+190 +208	+268 +294	+390 +435	+475 +530	+590 +660	+730 +820	+900 +1000	+1150 +1300	+1500 +1650	+1900 +2100
	+5	0	+23	+40	+68	+126 +132	+232 +252	+330 +360	+490 +540	+595 +660	+740 +820	+920 +1000	+1100 +1250	+1450 +1600	+1850 +2100	+2400 +2600
	0	0	+26	+44	+78	+150 +155	+280 +310	+400 +450	+600 +660							
	0	0	+30	+50	+88	+175 +185	+340 +380	+500 +560	+740 +840							
	0	0	+34	+56	+100	+210 +220	+430 +470	+620 +680	+940 +1050							
	0	0	+40	+66	+120	+250 +260	+520 +580	+780 +840	+1150 +1300							
	0	0	+48	+78	+140	+300 +330	+640 +720	+960 +1050	+1450 +1600							
	0	0	+58	+92	+170	+370 +400	+820 +920	+1200 +1350	+1850 +2000							
	0	0	+68	+110	+195	+440 +460	+1000 +1100	+1500 +1650	+2300 +2500							
	0	0	+76	+135	+240	+550 +580	+1250 +1400	+1900 +2100	+2900 +3200							

表 1-6 孔的基本

公称尺寸/mm		下极限偏差 EI										基本偏 上极限偏				
		所有标准公差等级										IT6	IT7	IT8	≤IT8	>IT8	≤IT8	>IT8
大于	至	A	B	C	CD	D	E	EF	F	FG	G	H	JS	J			K		M	
—	3	+270	+140	+60	+34	+20	+14	+10	+6	+4	+2	0		+2	+4	+6	0	0	−2	−2
3	6	+270	+140	+70	+46	+30	+20	+14	+10	+6	+4	0		+5	+6	+10	−1+Δ		−4+Δ	−4
6	10	+280	+150	+80	+56	+40	+25	+18	+13	+8	+5	0		+5	+8	+12	−1+Δ		−6+Δ	−6
10	14	+290	+150	+95		+50	+32		+16		+6	0		+6	+10	+15	−1+Δ		−7+Δ	−7
14	18																			
18	24	+300	+160	+110		+65	+40		+20		+7	0		+8	+12	+20	−2+Δ		−8+Δ	−8
24	30																			
30	40	+310	+170	+120		+80	+50		+25		+9	0		+10	+14	+24	−2+Δ		−9+Δ	−9
40	50	+320	+180	+130																
50	65	+340	+190	+140		+100	+60		+30		+10	0		+13	+18	+28	−2+Δ		−11+Δ	−11
65	80	+360	+200	+150																
80	100	+380	+220	+170		+120	+72		+36		+12	0		+16	+22	+34	−3+Δ		−13+Δ	−13
100	120	+410	+240	+180																
120	140	+460	+260	+200		+145	+85		+43		+14	0		+18	+26	+41	−3+Δ		−15+Δ	−15
140	160	+520	+280	+210																
160	180	+580	+310	+230																
180	200	+660	+340	+240		+170	+100		+50		+15	0		+22	+30	+47	−4+Δ		−17+Δ	−17
200	225	+740	+380	+260																
225	250	+820	+420	+280																
250	280	+920	+480	+300		+190	+110		+56		+17	0		+25	+36	+55	−4+Δ		−20+Δ	−20
280	315	+1050	+540	+330																
315	355	+1200	+600	+360		+210	+125		+62		+18	0		+29	+39	+60	−4+Δ		−21+Δ	−21
355	400	+1350	+680	+400																
400	450	+1500	+760	+440		+230	+135		+68		+20	0		+33	+43	+66	−5+Δ		−23+Δ	−23
450	500	+1650	+840	+480																
500	560					+260	+145		+76		+22	0					0		−26	
560	630																			
630	710					+290	+160		+80		+24	0					0		−30	
710	800																			
800	900					+320	+170		+86		+26	0					0		−34	
900	1000																			
1000	1120					+350	+195		+98		+28	0					0		−40	
1120	1250																			
1250	1400					+390	+220		+110		+30	0					0		−48	
1400	1600																			
1600	1800					+430	+240		+120		+32	0					0		−58	
1800	2000																			
2000	2240					+480	+260		+130		+34	0					0		−68	
2240	2500																			
2500	2800					+520	+290		+145		+38	0					0		−76	
2800	3150																			

JS 列偏差 = $\pm \dfrac{IT_n}{2}$,式中 IT_n 是 IT 值数

注：1. 公称尺寸小于或等于 1mm 时，基本偏差 A 和 B 及大于 IT8 的 N 均不采用。

2. 公差带 JS7 至 JS11，若 IT_n 值数是奇数，则取偏差 = $\pm \dfrac{IT_n - 1}{2}$。

3. 对小于或等于 IT8 的 K、M、N 和小于或等于 IT7 的 P 至 ZC，所需 Δ 值从表内右侧选取。

　　例如：18~30mm 段的 K7：Δ=8μm，所以 ES = −2μm+8μm = +6μm

　　　　　18~30mm 段的 S6：Δ=4μm，所以 ES = −35μm+4μm = −31μm

4. 特殊情况：250~315mm 段的 M6，ES = −9μm（代替 −11μm）。

偏差数值　　　　　　　　　　　　　　　　　　　　　　　　　　　　　　　　　　（单位：μm）

差数值 ES													Δ值					
≤IT8	>IT7	≤IT7	标准公差等级大于IT7										标准公差等级					
N	P至ZC	P	R	S	T	U	V	X	Y	Z	ZA	ZB	ZC	IT3	IT4	IT5	IT6	IT7	IT8
−4	−4	−6	−10	−14		−18		−20		−26	−32	−40	−60	0	0	0	0	0	0
−8+Δ	0	−12	−15	−19		−23		−28		−35	−42	−50	−80	1	1.5	1	3	4	6
−10+Δ	0	−15	−19	−23		−28		−34		−42	−52	−67	−97	1	1.5	2	3	6	7
−12+Δ	0	−18	−23	−28		−33		−40		−50	−64	−90	−130	1	2	3	3	7	9
							−39	−45		−60	−77	−108	−150						
−15+Δ	0	−22	−28	−35		−41	−47	−54	−63	−73	−98	−136	−188	1.5	2	3	4	8	12
					−41	−48	−55	−64	−75	−88	−118	−160	−218						
−17+Δ	0	−26	−34	−43	−48	−60	−68	−80	−94	−112	−148	−200	−274	1.5	3	4	5	9	14
					−54	−70	−81	−97	−114	−136	−180	−242	−325						
−20+Δ	0	−32	−41	−53	−66	−87	−102	−122	−144	−172	−226	−300	−405	2	3	5	6	11	16
			−43	−59	−75	−102	−120	−146	−174	−210	−274	−360	−480						
−23+Δ	0	−37	−51	−71	−91	−124	−146	−178	−214	−258	−335	−445	−585	2	4	5	7	13	19
			−54	−79	−104	−144	−172	−210	−254	−310	−400	−525	−690						
−27+Δ	0	−43	−63	−92	−122	−170	−202	−248	−300	−365	−470	−620	−800	3	4	6	7	15	23
			−65	−100	−134	−190	−228	−280	−340	−415	−535	−700	−900						
			−68	−108	−146	−210	−252	−310	−380	−465	−600	−780	−1000						
−31+Δ	0	−50	−77	−122	−166	−236	−284	−350	−425	−520	−670	−880	−1150	3	4	6	9	17	26
			−80	−130	−180	−258	−310	−385	−470	−575	−740	−960	−1250						
			−84	−140	−196	−284	−340	−425	−520	−640	−820	−1050	−1350						
−34+Δ	0	−56	−94	−158	−218	−315	−385	−475	−580	−710	−920	−1200	−1550	4	4	7	9	20	29
			−98	−170	−240	−350	−425	−525	−650	−790	−1000	−1300	−1700						
−37+Δ	0	−62	−108	−190	−268	−390	−475	−590	−730	−900	−1150	−1500	−1900	4	5	7	11	21	32
			−114	−208	−294	−435	−530	−660	−820	−1000	−1300	−1650	−2100						
−40+Δ	0	−68	−126	−232	−330	−490	−595	−740	−920	−1100	−1450	−1850	−2400	5	5	7	13	23	34
			−132	−252	−360	−540	−660	−820	−1000	−1250	−1600	−2100	−2600						
−44		−78	−150	−280	−400	−600													
			−155	−310	−450	−660													
−50		−88	−175	−340	−500	−740													
			−185	−380	−560	−840													
−56		−100	−210	−430	−620	−940													
			−220	−470	−680	−1050													
−66		−120	−250	−520	−780	−1150													
			−260	−580	−840	−1300													
−78		−140	−300	−640	−960	−1450													
			−330	−720	−1050	−1600													
−92		−170	−370	−820	−1200	−1850													
			−400	−920	−1350	−2000													
−110		−195	−440	−1000	−1500	−2300													
			−460	−1100	−1650	−2500													
−135		−240	−550	−1250	−1900	−2900													
			−580	−1400	−2100	−3200													

注：在大于IT7的相应数值上增加一个Δ值

二、公差带代号

1. 孔、轴公差带代号

孔、轴公差带代号由基本偏差代号和公差等级数字组成。例如：A6、D8、E5、P7 等为孔的公差带代号；b7、f8、m6、h9 等为轴的公差带代号。如指某一确定公称尺寸的公差带，则公称尺寸标在公差带代号之前，如 φ50 E5 或 φ50b7。

2. 配合公差带代号

配合公差带代号由孔、轴公差带代号的组合表示，写成分数形式，分子为孔的公差带代号，分母为轴的公差带代号，如 H7/d6 或 $\dfrac{H7}{d6}$。如指某一确定公称尺寸的配合，则公称尺寸标在配合代号之前，如 φ50H7/d6 或 φ50 $\dfrac{H7}{d6}$。

三、另一极限偏差数值的确定

基本偏差决定了公差带中的一个极限偏差，而另一个极限偏差的数值，则可由已知的基本偏差和标准公差的关系式进行计算确定。

$$\text{孔} \quad EI = ES - IT \text{ 或 } ES = EI + IT$$
$$\text{轴} \quad ei = es - IT \text{ 或 } es = ei + IT$$

例 1-8 已知 φ80a9，查标准公差和基本偏差并计算另一极限偏差。

解 1）查基本偏差，从表 1-5 查到 e 的基本偏差为上极限偏差，为 es = −360μm = −0.360mm

2）查标准公差，从表 1-1 中可查得 IT9 = 74μm = 0.074mm

3）计算另一极限偏差为 ei = es − IT = −0.360mm − 0.074mm = −0.434mm

例 1-9 已知 φ60G7，查标准公差和基本偏差并计算另一极限偏差。

解 1）查基本偏差，从表 1-6 可查到 G 的基本偏差为下极限偏差，为 EI = +10μm = +0.010mm

2）查标准公差，从表 1-1 可查得 IT7 = 30μm = 0.030mm

3）计算另一极限偏差为 ES = EI + IT = 0.030mm + 0.010mm = +0.040mm

例 1-10 试查表确定配合 φ65 $\dfrac{G7}{h6}$ 配合中孔、轴的标准公差和基本偏差数值，并计算另一极限偏差和极限尺寸，画出公差带图，并求配合的极限间隙或极限过盈及配合公差。

解 1）查基本偏差，从表 1-5 查得 h 基本偏差为 es = 0

从表 1-6 查得 G 基本偏差为 EI = +0.010mm。

2）查标准公差，从表 1-1 查得 IT7 = 30μm = 0.030mm，IT6 = 19μm = 0.019mm。

3）计算另一极限偏差为 ei = es − IT6 = 0 − 0.019mm = −0.019mm

$$ES = EI + IT7 = +0.010mm + 0.030mm = +0.040mm$$

4）计算极限尺寸

$$d_{max} = d + es = 65mm + 0 = 65mm$$
$$d_{min} = d + ei = 65mm + (-0.019mm) = 64.981mm$$
$$D_{max} = D + ES = 65mm + (+0.040mm) = 65.040mm$$
$$D_{min} = D + EI = 65mm + 0.010mm = 65.010mm$$

5）孔和轴的公差带图解如图 1-12 所示。

6）配合性质，由公差带图 1-12 可判定此配合为基轴制间隙配合。

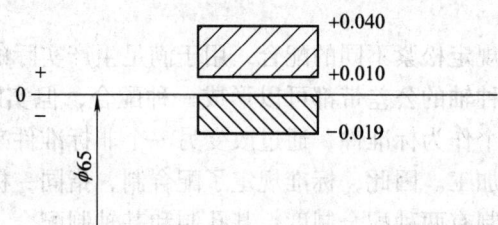

图 1-12　$\phi65G7$ 和 $\phi65h6$ 的公差带图解

7）极限间隙的计算　$X_{max} = ES - ei = +0.040\text{mm} - (-0.019\text{mm}) = +0.059\text{mm}$

$X_{min} = EI - es = +0.010\text{mm} - 0 = +0.010\text{mm}$

或

$$X_{max} = D_{max} - d_{min} = 65.040\text{mm} - 64.981\text{mm} = +0.059\text{mm}$$

$$X_{min} = D_{min} - d_{max} = 65.010\text{mm} - 65\text{mm} = +0.010\text{mm}$$

8）公差的计算　$T_f = |X_{max} - X_{min}| = |+0.059\text{mm} - (+0.010\text{mm})| = 0.049\text{mm}$

或　$T_f = T_h + T_s = |ES - EI| + |es - ei| = |+0.040\text{mm} - 0.010\text{mm}| + |0 - (-0.019\text{mm})|$

$= 0.030\text{mm} + 0.019\text{mm} = 0.049\text{mm}$

四、极限偏差表

1. 孔、轴的极限偏差表

用上述计算方法确定孔、轴的极限偏差比较麻烦，所以《极限与配合》标准中列出了轴的极限偏差表（见附录 A）和孔的极限偏差表（见附录 B）。利用查表的方法，便可很快地确定孔和轴的极限偏差数值。

2. 查表的步骤和方法

1）根据基本偏差的代号确定是查孔（或轴）的极限偏差表。

2）在极限偏差表中找到基本偏差代号，再从基本偏差代号下找到公差等级数字所在的列。

3）根据公称尺寸段所在的行，则行和列的相交处，就是所要查的极限偏差数值。

3. 查表示例

例 1-11　查 $\phi70f8$ 的极限偏差。

解　第一步：f 为小写字母，应查轴的极限偏差表。

第二步：找到基本偏差 f 下公差等级为 8 的一列。

第三步：公称尺寸 70 属 "大于 65 至 80" 尺寸段，找到此段所在的行，在行和列的相交处得到极限偏差数值为 $_{-76}^{-30}$（μm）。即 $\phi70f8$ 为 $\phi70_{-0.076}^{-0.030}\text{mm}$。

例 1-12　查 $\phi50D7$ 的极限偏差。

解　第一步：D 为大写字母，应查孔的极限偏差表。

第二步：找到基本偏差 D 下，公差等级为 7 的一列。

第三步：公称尺寸 50 属于 "大于 40 至 50" 尺寸段，找到此段所在的行，在行和列的相交处得到极限偏差数值为 $_{+80}^{+105}$（μm），即 $\phi50D7$ 为 $\phi50_{+0.080}^{+0.105}\text{mm}$。

第四节 基准制

在极限与配合制中，规定松紧不同的配合，用于满足生产实际的需要。从理论上讲任何一种孔的公差带和任何一种轴的公差带都可以形成一种配合，但实际上并不需同时变动孔、轴的公差带，只要固定一个作为标准件，通过改变另一个非标准件来满足不同使用性能要求的配合，这样还便于生产加工。因此，标准规定了配合制，指同一极限制的孔和轴组成的一种配合制度。常用的配合制有两种配合制度：基孔制和基轴制配合。

一、基孔制配合

1. 基孔制配合的定义

基孔制配合是指基本偏差为一定的孔的公差带，与不同基本偏差的轴的公差带形成各种配合的一种制度，如图1-13所示。

2. 基孔制配合的特点

1）基孔制中选作基准的孔称为基准孔，代号为"H"。

2）基准孔以下极限偏差作为基本偏差，数值为零，上极限偏差为正值，因而其公差带位于零线上方。

3）基准孔的下极限尺寸等于公称尺寸。

4）基孔制配合中的轴是非基准件。由于轴的公差带相对零线可有不同的位置，因而形成各种不同性质的配合。

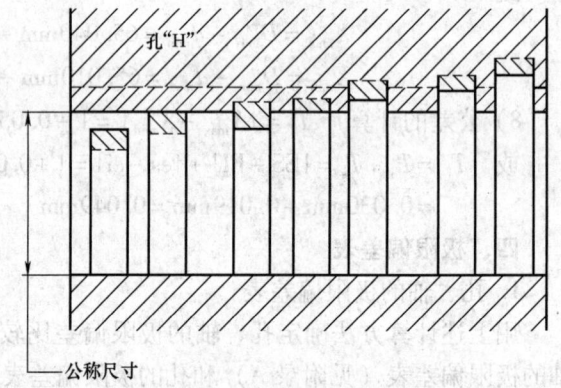

图1-13 基孔制配合

二、基轴制配合

1. 基轴制配合的定义

基轴制配合是指基本偏差为一定的轴的公差带，与不同基本偏差的孔的公差带形成各种配合的一种制度，如图1-14所示。

2. 基轴制配合的特点

1）基轴制中选作基准的轴称为基准轴，代号为"h"。

2）基准轴以上极限偏差作为基本偏差，数值为零，下极限偏差为负值，因而其公差带位于零线下方。

3）基准轴的上极限尺寸等于公称尺寸。

4）基轴制配合中的孔是非基准件。由于孔的公差带相对零线可有不同的位置，因而形成各种不同性质的配合。

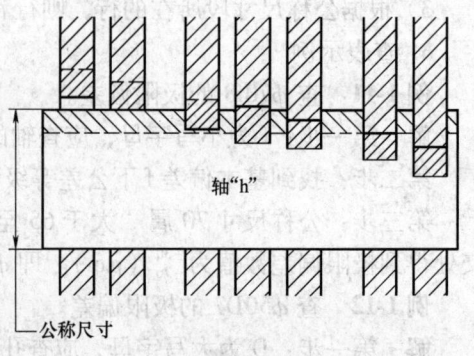

图1-14 基轴制配合

三、标注方法

1. 孔、轴公差带标注

(1) 标注方法　国标规定，孔、轴公差带标注方法有以下三种：
1) 标注极限偏差值，如：$\phi 60^{+0.130}_{+0.100}$。
2) 标注公差带代号，如：$\phi 60D7$。
3) 标注公差带代号和极限偏差值，如：$\phi 60D7(^{+0.130}_{+0.100})$。
(2) 标注示例　图样上标注的三种方法如图 1-15 所示。

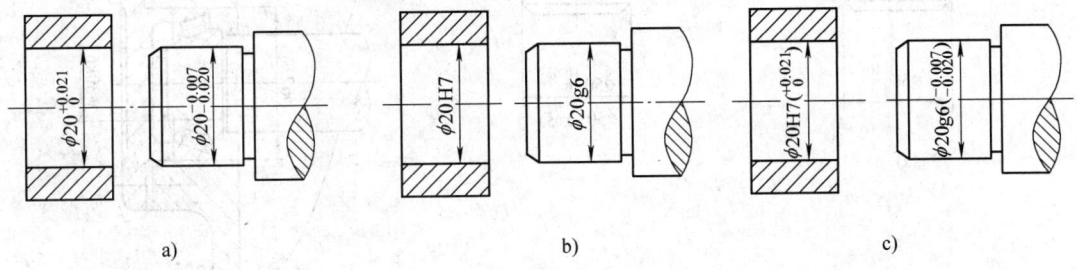

图 1-15　公差带标注的三种方法

(3) 标注的注意事项
1) 上极限偏差注在公称尺寸的右上方；下极限偏差注在公称尺寸的右下方，下极限偏差的数字必须与公称尺寸数字处于同一底线。
2) 上、下极限偏差的字体要比公称尺寸字体小一号。
3) 当上、下极限偏差的数值相同时，在公称尺寸后标注"±"符号，其后只写一个偏差值，而且字号相同。
4) 上或下极限偏差为零时，必须标出数值"0"。
5) 上、下极限偏差的小数点必须对齐。
6) 标注的公差带代号与公称尺寸数字，采用相同字号字体书写。
7) 同时标注公差带代号和偏差值时，应把上、下极限偏差用括号括上。

2. 配合代号标注
国标规定，配合代号标注方法有三种。
(1) 标注配合代号　在公称尺寸后面标注配合代号，这样标注便于判定配合性质和公差等级，如图 1-16a 所示。
(2) 标注极限偏差值　在公称尺寸后面标注极限偏差，这样标注便于判定配合松紧程度，便于生产，如图 1-16b 所示。
(3) 标注与标准件（如滚动轴承）配合的零件（轴或孔）的配合要求　这时，可只标注零件的公差带代号，如图 1-16c 所示。

四、公差带与配合的优化
因为 20 个标准公差等级和 28 个基本偏差可组成很多公差带。孔有 20×27+3（J6、J7、J8）= 543 种，轴有 20×27+4（j5、j6、j7、j8）= 544 种，由这些孔和轴的公差带又能组成约 30 万种的配合。若将这些庞大的公差带与配合应用于生产实践中，就增加了定值刀具、定值量具和工艺装备的品种、规格，既影响了经济效益，又起不了标准化的作用，更不利于生产。因此对孔和轴公差带与配合的选用作了必要的限制。

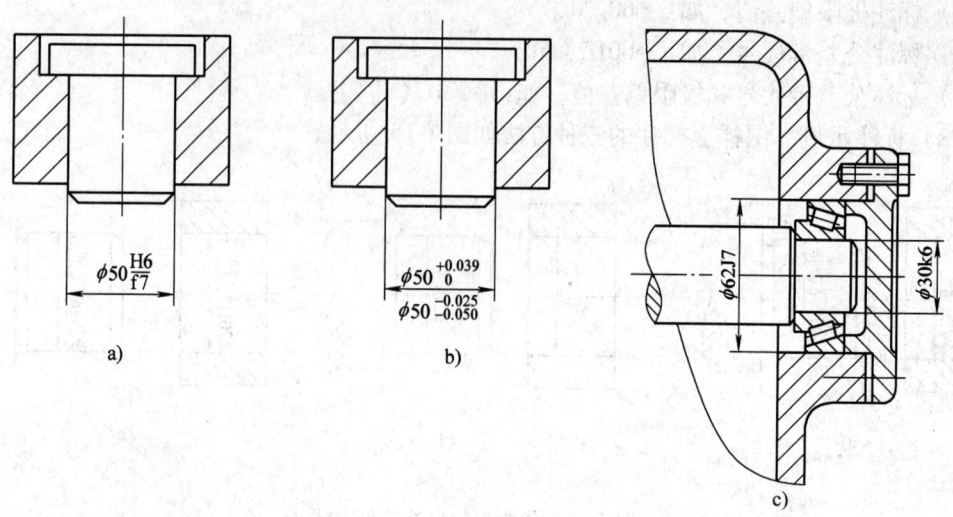

图 1-16 配合代号的标注方法

1. 公差带系列

GB/T 1801—2009 对公称尺寸至 500mm 的孔、轴规定了优先、常用和一般用途三类公差带。轴的一般用途公差带为 116 种,如图 1-17 所示,方框内的为常用公差带 (59 种),圆圈内的为优先公差带 (13 种)。同样对孔公差带规定了 105 种一般用途公差带, 44 种常用公差带和 13 种优先公差带,如图 1-18 所示。

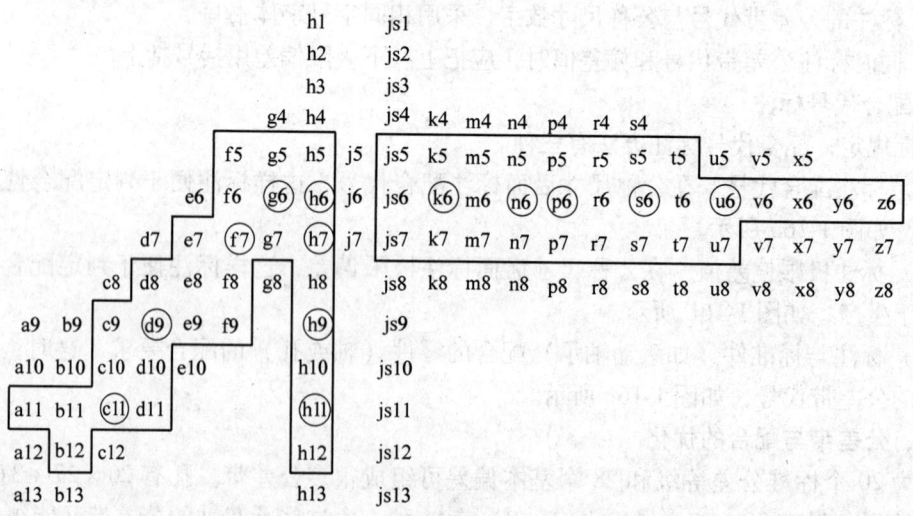

图 1-17 公称尺寸至 500mm 轴的优先、常用和一般用途公差带

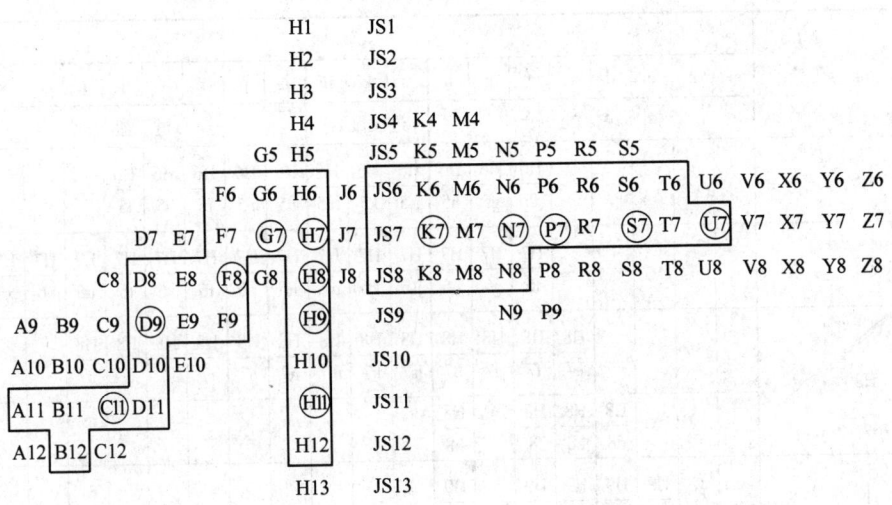

图1-18 公称尺寸至500mm孔的优先、常用和一般用途公差带

选用公差带的顺序是:首先优先公差带,其次常用公差带,再一般公差带。

GB/T 1801—2009 对公称尺寸大于500～3150mm 的轴规定了41种选用公差带,孔规定了31种选用公差带,如图1-19、图1-20所示。

			g6	h6	js6	k6	m6	n6	p6	r6	s6	t6	u6
		f7	g7	h7	js7	k7	m7	n7	p7	r7	s7	t7	u7
d8	e8	f8		h8	js8								
d9	e9	f9		h9	js9								
d10				h10	js10								
d11				h11	js11								
				h12	js12								

图1-19 公称尺寸大于500～3150mm 的轴选用公差带

			G6	H6	JS6	K6	M6	N6
		F7	G7	H7	JS7	K7	M7	N7
D8	E8	F8		H8	JS8			
D9	E9	F9		H9	JS9			
D10				H10	JS10			
D11				H11	JS11			
				H12	JS12			

图1-20 基本尺寸大于500～3150mm 的孔选用公差带

2. 配合系列

GB/T 1801—2009 在公称尺寸至500mm范围内,对基孔制规定了59种常用配合,对基轴制规定了47种常用配合。在常用配合中,又对基孔制、基轴制各规定了13种优先配合,见表1-7和表1-8。

表 1-7 基孔制优先、常用配合

基准孔	轴																				
	a	b	c	d	e	f	g	h	js	k	m	n	p	r	s	t	u	v	x	y	z
	间隙配合								过渡配合				过盈配合								
H6						$\frac{H6}{f5}$	$\frac{H6}{g5}$	$\frac{H6}{h5}$	$\frac{H6}{js5}$	$\frac{H6}{k5}$	$\frac{H6}{m5}$	$\frac{H6}{n5}$	$\frac{H6}{p5}$	$\frac{H6}{r5}$	$\frac{H6}{s5}$	$\frac{H6}{t5}$					
H7						$\frac{H7}{f6}$	$\frac{H7}{g6}$	$\frac{H7}{h6}$	$\frac{H7}{js6}$	$\frac{H7}{k6}$	$\frac{H7}{m6}$	$\frac{H7}{n6}$	$\frac{H7}{p6}$	$\frac{H7}{r6}$	$\frac{H7}{s6}$	$\frac{H7}{t6}$	$\frac{H7}{u6}$	$\frac{H7}{v6}$	$\frac{H7}{x6}$	$\frac{H7}{y6}$	$\frac{H7}{z6}$
H8					$\frac{H8}{e7}$	$\frac{H8}{f7}$	$\frac{H8}{g7}$	$\frac{H8}{h7}$	$\frac{H8}{js7}$	$\frac{H8}{k7}$	$\frac{H8}{m7}$	$\frac{H8}{n7}$	$\frac{H8}{p7}$	$\frac{H8}{r7}$	$\frac{H8}{s7}$	$\frac{H8}{t7}$	$\frac{H8}{u7}$				
H8				$\frac{H8}{d8}$	$\frac{H8}{e8}$	$\frac{H8}{f8}$		$\frac{H8}{h8}$													
H9			$\frac{H9}{c9}$	$\frac{H9}{d9}$	$\frac{H9}{e9}$	$\frac{H9}{f9}$		$\frac{H9}{h9}$													
H10			$\frac{H10}{c10}$	$\frac{H10}{d10}$				$\frac{H10}{h10}$													
H11	$\frac{H11}{a11}$	$\frac{H11}{b11}$	$\frac{H11}{c11}$	$\frac{H11}{d11}$				$\frac{H11}{h11}$													
H12		$\frac{H12}{b12}$						$\frac{H12}{h12}$													

注：1. $\frac{H6}{n5}$，$\frac{H7}{p6}$ 在公称尺寸小于或等于 3mm 和 $\frac{H8}{r7}$ 在公称尺寸小于或等于 100mm 时，为过渡配合。

2. 标注 ▼ 的配合为优先配合。

表 1-8 基轴制优先、常用配合

基准轴	孔																				
	A	B	C	D	E	F	G	H	JS	K	M	N	P	R	S	T	U	V	X	Y	Z
	间隙配合								过渡配合				过盈配合								
h5						$\frac{F6}{h5}$	$\frac{G6}{h5}$	$\frac{H6}{h5}$	$\frac{JS6}{h5}$	$\frac{K6}{h5}$	$\frac{M6}{h5}$	$\frac{N6}{h5}$	$\frac{P6}{h5}$	$\frac{R6}{h5}$	$\frac{S6}{h5}$	$\frac{T6}{h5}$					
h6						$\frac{F7}{h6}$	$\frac{G7}{h6}$	$\frac{H7}{h6}$	$\frac{JS7}{h6}$	$\frac{K7}{h6}$	$\frac{M7}{h6}$	$\frac{N7}{h6}$	$\frac{P7}{h6}$	$\frac{R7}{h6}$	$\frac{S7}{h6}$	$\frac{T7}{h6}$	$\frac{U7}{h6}$				
h7					$\frac{E8}{h7}$	$\frac{F8}{h7}$		$\frac{H8}{h7}$	$\frac{JS8}{h7}$	$\frac{K8}{h7}$	$\frac{M8}{h7}$	$\frac{N8}{h7}$									
h8				$\frac{D8}{h8}$	$\frac{E8}{h8}$	$\frac{F8}{h8}$		$\frac{H8}{h8}$													
h9				$\frac{D9}{h9}$	$\frac{E9}{h9}$	$\frac{F9}{h9}$		$\frac{H9}{h9}$													
h10				$\frac{D10}{h10}$				$\frac{H10}{h10}$													

(续)

基准轴	孔																				
	A	B	C	D	E	F	G	H	JS	K	M	N	P	R	S	T	U	V	X	Y	Z
	间 隙 配 合								过渡配合				过 盈 配 合								
h11	A11/h11	B11/h11	C11/h11	D11/h11				H11/h11													
h12		B12/h12						H12/h12													

注：标注▼的配合为优先配合。

同样，配合的选用顺序为：先优先配合，再常用配合。

GB/T 1801—2009 还规定公称尺寸大于 500 ~ 3150mm 的配合，一般采用基孔制的同级配合，也就是轴的选用公差带与同公差等级的基准孔组成配合。

五、一般公差——线性尺寸的未注公差

按 GB/T 1804—2000 的规定，在实际使用中，有些零件上的某些部位在使用功能上无特殊要求时，则可给出一般公差。

1. 一般公差的概念

一般公差是指在车间通常加工条件可保证的公差。在正常维护和操作情况下，它代表经济加工精度。采用一般公差的尺寸，通常不注出极限偏差（或公差带代号），故一般公差又称未注公差，在正常车间精度保证的条件下，一般可不检验该尺寸。

2. 一般公差的作用

一般公差可简化制图，使图样清晰易读，并突出了标有公差要求的部位，以便在加工和检验时引起重视，还可简化零件上某些部位的检验。

3. 一般公差的应用

一般公差主要用于较低精度的非配合尺寸和由工艺方法来保证的尺寸。例如冲压件和铸件尺寸由模具保证。

4. 线性尺寸的一般公差标准

（1）公差等级　GB/T 1804—2000 中规定了线性尺寸的一般公差的等级，分为四级，即：f（精密级）、m（中等级）、c（粗糙级）和 v（最粗级）。

（2）极限偏差数值　GB/T 1804—2000 中规定了线性尺寸的一般公差的极限偏差数值，见表 1-9，倒圆半径与倒角高度尺寸的极限偏差数值见表 1-10。

表 1-9　线性尺寸的极限偏差数值　　　　　　　　　　　　（单位：mm）

公差等级	尺寸分段							
	0.5 ~ 3	>3 ~ 6	>6 ~ 30	>30 ~ 120	>120 ~ 400	>400 ~ 1000	>1000 ~ 2000	>2000 ~ 4000
f（精密级）	±0.05	±0.05	±0.1	±0.15	±0.2	±0.3	±0.5	—
m（中等级）	±0.1	±0.1	±0.2	±0.3	±0.5	±0.8	±1.2	±2
c（粗糙级）	±0.2	±0.3	±0.5	±0.8	±1.2	±2	±3	±4
v（最粗级）		±0.5	±1	±1.5	±2.5	±4	±6	±8

表 1-10 倒圆半径与倒角高度尺寸的极限偏差数值　　　　　　　　（单位：mm）

公差等级	尺寸分段			
	0.5~3	>3~6	>6~30	>30
f(精密级)	±0.2	±0.5	±1	±2
m(中等级)				
c(粗糙级)	±0.4	±1	±2	±4
v(最粗级)				

注：倒圆半径与倒角高度的含义参见 GB/T 6403.4。

5. 一般公差的图样表示法

一般公差可在图样标题栏附近或技术要求、技术文件（如企业标准）中注出标准号和公差等级代号。例如，当一般公差选用中等级时，可标注为：线性和角度尺寸的未注公差按 GB/T 1804 - m。

六、温度条件

物体，特别是金属材料物体具有热胀冷缩性质，温度的变化会引起零件尺寸的变化。所以，国标明确规定：尺寸的标准温度为 20℃。其含义有两个：①图样上和标准中规定的极限与配合是在 20℃时给定的；②检验时，测量结果应以工件和测量器具在 20℃时测得的为准。

第五节　公差带与配合的选用

在机械制造中，合理地选择公差带与配合是非常重要的，它对提高产品的性能、质量和降低制造成本都有重要作用。选择时，主要考虑的就是配合制、公差等级和配合种类。

一、配合制的选择

国标规定配合制有基孔制和基轴制两种。

1. 通常应优先选用基孔制

一般轴比孔容易加工，而且加工孔所用的刀具、量具和规格也多一些，因此采用基孔制可大大减少尺寸、刀具和量具的品种规格的采用，有利于生产及储备，从而降低生产成本，提高经济效益。

2. 基轴制的采用

在下列情况下，采用基轴制比基孔制更好。

（1）直接采用冷拔圆型材作轴　这种型材尺寸、形状相当准确，表面光洁，因而不需加工表面就可直接当轴使用，此时采用基轴制，只须对孔进行加工，因而在技术上、经济上都是合适的。

（2）因机械结构的原因而采用基轴制　例如柴油机中的活塞连杆组件，如图 1-21a 所示，工作时要求活塞销和连杆相对运动，采用间隙配合，而活塞销与活塞上孔的连接要求准确定位，采用过渡配合。若采用基孔制，则衬套上孔和活塞上孔为基准孔，而要求活塞销各部位的极限偏差不同，活塞销应加工成图 1-21b 所示（放大画出）的中间小两头大的阶梯轴，这使加工和装配都非常困难。若改用基轴制，活塞销则加工成图 1-21c 所示的光轴，加工精度和装配质量都容易保证。虽两孔的基本偏差不同但分别位于两零件上，因而不会增加加工的困难，又利于装配，所以在这种情况下应采用基轴制。

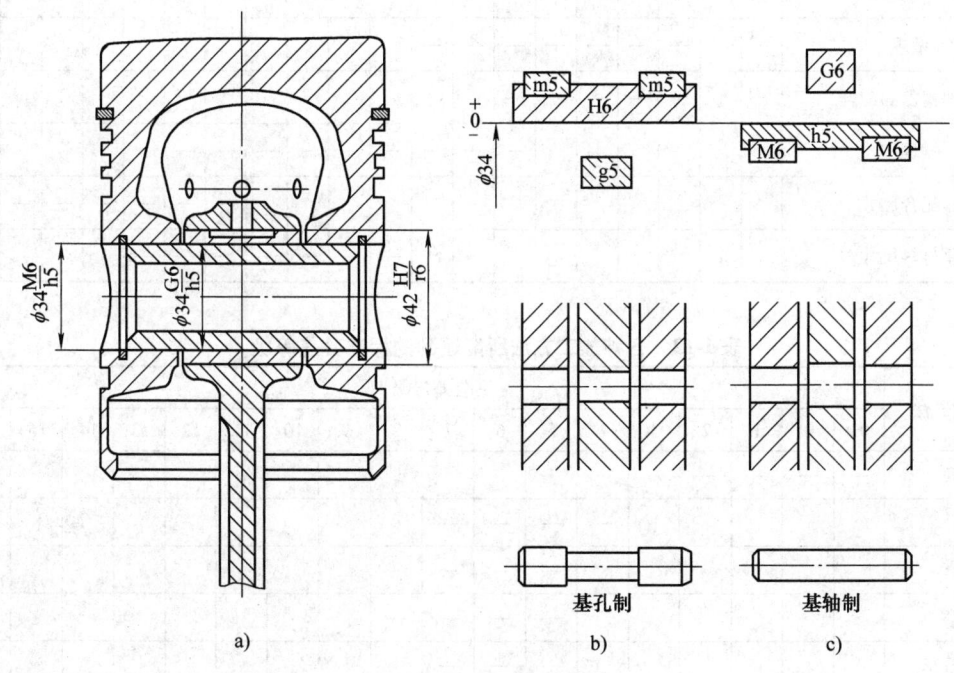

图 1-21　基轴制选择示例

3. 与标准件配合时，一般按标准件确定配合制

例如：滚动轴承内圈与轴的配合采用基孔制，而滚动轴承外圈与孔的配合采用基轴制。

4. 特殊需要时，允许采用混合配合

当机器上出现一个非基准孔（轴）和两个以上的轴（孔），并要求组成不同性质的配合时，其中至少有一个配合应为混合配合。

总之，对配合制的选择，在一般情况下优先采用基孔制，其次采用基轴制，如有特殊需要，允许采用混合配合。

二、公差等级的选用

1. 公差等级的选择原则

在满足使用要求的条件下，尽量选取较低的公差等级。具体选择时，要综合考虑零件的使用性能和经济性能两方面的因素。

2. 公差等级的选用方法

目前大多数情况下采用类比法，即参考经过实践证明是合理的典型产品的公差等级，结合待定零件的配合、工艺和结构等特点，经分析对比后确定公差等级。表 1-11 列出了各公差等级的大体适用范围，表 1-12 列出了各种加工方法所能达到的公差等级。

表 1-11　公差等级的应用范围

应用	公差等级 IT																			
	01	0	1	2	3	4	5	6	7	8	9	10	11	12	13	14	15	16	17	18
量块	—	—	—																	
量规			—	—	—	—	—	—	—											
特别精密的配合					—	—	—													
一般配合							—	—	—	—	—	—	—	—						
非配合尺寸														—	—	—	—	—	—	—
原材料尺寸										—	—	—	—	—	—	—				

表 1-12　各种加工方法所能达到的标准公差等级

加工方法	公差等级 IT																	
	01	0	1	2	3	4	5	6	7	8	9	10	11	12	13	14	15	16
研磨	—	—	—	—	—	—												
珩						—	—	—										
圆磨							—	—	—	—								
平磨							—	—	—	—								
金刚石车							—	—	—									
金刚石镗							—	—	—									
拉削							—	—	—	—								
铰孔								—	—	—	—	—						
车									—	—	—	—	—					
镗									—	—	—	—	—					
铣								—	—	—	—							
刨、插										—	—	—	—					
钻孔												—	—	—	—			
滚压、挤压												—	—					
冲压												—	—	—	—			
压铸													—	—	—	—		
粉末冶金成型								—	—	—								
粉末冶金烧结									—	—	—	—						
砂型铸造、气割																		—
锻造																—		

三、配合的选用

1. 选用配合的方法

选用配合的方法有计算法、类比法和试验法三种。在一般的情况下通常采用类比法，即与经过生产和使用验证后的某种配合进行比较，经过修正后确定其配合种类。

2. 采用类比法选择配合时的大致步骤

（1）根据使用要求确定配合的类别　即确定是间隙配合、过盈配合，还是过渡配合。表 1-13 提供了选择的基本原则，供选择时参考。

表 1-13　配合类别选择的基本原则

无相对运动	要传递转矩	要精确同轴	永久结合	过盈配合
			可拆结合	过渡配合或基本偏差为 H(h)② 的间隙配合加紧固件①
		无须精确同轴		间隙配合加紧固件①
	不传递转矩			过渡配合或小过盈配合
有相对运动	只有移动			基本偏差为 H(h)，G(g)② 的间隙配合
	转动或转动和移动复合运动			基本偏差为 A~F(a~f)② 的间隙配合

① 紧固件指键、销钉和螺钉等。
② 指非基准件的基本偏差代号。

（2）根据工作条件选择配合类型（见表 1-14、表 1-15、表 1-16）

表 1-14　尺寸至 500mm 常用和优先间隙配合的特征及应用

配合种类 基准件	基本偏差	轴 或 孔											
		a	A	b	B	c	C	d	D	e	E	f	F	g	G	h	H
H6	h5											$\frac{H6}{f5}$	$\frac{F6}{h5}$	$\frac{H6}{g5}$	$\frac{G6}{h5}$	$\frac{H6}{h5}$
H7	h6											$\frac{H7}{f6}$	$\frac{F7}{h6}$	$\frac{H7}{g6}$	$\frac{G7}{h6}$	$\frac{H7}{h6}$
H8	h7									$\frac{H8}{e7}$	$\frac{E8}{h7}$	$\frac{H8}{f7}$	$\frac{F8}{h7}$	$\frac{H8}{g7}$		$\frac{H8}{h7}$
	h8							$\frac{H8}{d8}$	$\frac{D8}{h8}$	$\frac{H8}{e8}$	$\frac{E8}{h8}$	$\frac{H8}{f8}$	$\frac{F8}{h8}$			$\frac{H8}{h8}$
H9	h9					$\frac{H9}{c9}$		$\frac{H9}{d9}$	$\frac{D9}{h9}$	$\frac{H9}{e9}$	$\frac{E9}{h9}$	$\frac{H9}{f9}$	$\frac{F9}{h9}$			$\frac{H9}{h9}$
H10	h10					$\frac{H10}{c10}$		$\frac{H10}{d10}$	$\frac{D10}{h10}$							$\frac{H10}{h10}$
H11	h11	$\frac{H11}{a11}$	$\frac{A11}{h11}$	$\frac{H11}{b11}$	$\frac{B11}{h11}$	$\frac{H11}{c11}$	$\frac{C11}{h11}$	$\frac{H11}{d11}$	$\frac{D11}{h11}$							$\frac{H11}{h11}$
H12	h12			$\frac{H12}{b12}$	$\frac{B12}{h12}$											

(续)

基准件	配合种类 \ 基本偏差	轴或孔											
		a	A	b	B	c	C	d	D	e	E	f	F	g	G	h	H

摩擦类型	紊流液体摩擦			层流液体摩擦			半液体摩擦
配合间隙	特别大	特大	很大	较大	适中	较小	很小,极端情况为零
应用场合	用于高温或工作时要求大间隙的配合。一般很少应用	用于缓慢、松弛的动配合,工作条件较差(如农业机械)、受力变形或为了便于装配而需要大间隙的配合,高温时有相对运动的配合	用于高速、重载的滑动轴承或大直径的滑动轴承。由于间隙较大,也可用于大跨距或多支点支承的配合	用于一般转速转动配合。当温度影响不大时,广泛地应用在普通润滑油(或润滑脂)润滑的支承处	最适合于不回转的精密滑动配合或用于缓慢间歇回转的精密配合	用于不同精度要求的一般定位配合或缓慢移动和摆动配合

注:标注▼的配合为优先配合。

表1-15 尺寸至500mm常用和优先过渡配合的特征及应用

基准件	配合种类 \ 基本偏差	轴与孔								
		js	JS	k	K	m	M	n	N	p	r
H6	h5	$\frac{H6}{js5}$	$\frac{JS6}{h5}$	$\frac{H6}{k5}$	$\frac{K6}{h5}$	$\frac{H6}{m5}$	$\frac{M6}{h5}$	$\frac{H6}{n5}$			
H7	h6	$\frac{H7}{js6}$	$\frac{JS7}{h6}$	▼$\frac{H7}{k6}$	$\frac{K7}{h6}$	$\frac{H7}{m6}$	$\frac{M7}{h6}$	▼$\frac{H7}{n6}$	$\frac{N7}{h6}$	▼$\frac{H7}{p6}$	
H8	h7	$\frac{H8}{js7}$	$\frac{JS8}{h7}$	$\frac{H8}{k7}$	$\frac{K8}{h7}$	$\frac{H8}{m7}$	$\frac{M8}{h7}$	$\frac{H8}{n7}$	$\frac{N8}{h7}$	$\frac{H8}{p7}$	$\frac{H8}{r7}$

出现过盈百分率	低————————————————————————————————————→高

| 应用场合 | 用于易于装拆的定位配合或紧固件可传递一定静载荷的配合 | 用于稍有振动的定位配合。加紧固件可传递一定的载荷。装拆尚方便 | 用于定位精度较高且能抗振的定位配合。加键能传递较大的载荷。一般可用木锤装配,但在最大过盈时要求相当的压入力 | 用于精确定位或紧密组件的配合。加键能传递大转矩或冲击性载荷。由于拆卸较难,一般大修理时才拆卸 | 加键后能传递很大转矩和抗振动及冲击的配合。因拆卸困难,故用于装配后不再拆卸的配合 |

注:1. $\frac{H6}{n5}$, $\frac{H7}{p6}$当公称尺寸大于3mm和$\frac{H8}{r7}$当公称尺寸大于100mm时为过盈配合。

2. 标注▼的配合为优先配合。

表 1-16　尺寸至 500mm 常用和优先过盈配合的特征及应用

配合种类 基准件	基本偏差	轴或孔												
		n	N	p	P	r	R	s	S	t	T	u	U	v	V	x	X	y	Y	z	Z

基准件	基本偏差	n/N	p/P	r/R	s/S	t/T	u/U	v/V	x/X	y/Y	z/Z
H6	h5	$\frac{H6}{n5}$	$\frac{N6}{h5}$ $\frac{P6}{h5}$	$\frac{R6}{h5}$	$\frac{S6}{h5}$	$\frac{T6}{t5}$					
H7	h6		▼$\frac{H7}{p6}$ ▼$\frac{P7}{h6}$	$\frac{H7}{r6}$ ▼$\frac{R7}{s6}$	▼$\frac{S7}{s6}$	$\frac{H7}{t6}$	▼$\frac{T7}{t6}$ ▼$\frac{H7}{u6}$ $\frac{U7}{h6}$	$\frac{H7}{v6}$	$\frac{H7}{x6}$	$\frac{H7}{y6}$	$\frac{H7}{z6}$
H8	h7			$\frac{H8}{r7}$	$\frac{H8}{s7}$	$\frac{H8}{t7}$	$\frac{H8}{u7}$				

配合类型	轻型	中型	重型	特重型
装配方法	用锤子或压力机	用压力机，或用热胀孔或冷缩轴法	用热胀孔或冷缩轴法	用热胀孔或冷缩轴法
应用场合	用于精确的定位配合。上列多数配合不能靠过盈产生的紧固性传递载荷，要传递转矩或轴向力时，须加紧固件	在传递较小转矩或轴向力时不需加紧固件，若承受较大载荷或动载荷时，应加紧固件	不加紧固件能传递和承受大的转矩和动载荷，但材料的许用应力要大	能传递和承受很大的转矩和动载荷，目前使用的经验和资料还很少，须经试验后才可应用

注：1. $\frac{H6}{n5}$，$\frac{H7}{p6}$ 当公称尺寸小于等于 3mm 和 $\frac{H8}{r7}$ 当公称尺寸小于等于 100mm 时为过渡配合。

2. 标注 ▼ 的配合为优先配合。

（3）调整配合的松紧程度　当待选部位与典型实例在工作条件上有所不同时，应对配合的松紧作适当的调整，最后确定选用哪种配合。表 1-17 定性地表示了工作条件不同时进行调整的趋势，供选择时参考。

表 1-17　不同工作条件影响配合间隙或过盈的趋势

工作条件等	间隙增或减	过盈增或减	工作条件等	间隙增或减	过盈增或减
经常拆卸	—	减	配合长度增大	增	减
材料强度小	—	减	装配时可能歪斜	增	减
有冲击载荷	减	增	旋转速度增高	增	增
工作时孔的温度高于轴的温度	减	增	润滑油黏度增大	增	—
			有轴向运动	增	—
工作时孔的温度低于轴的温度	增	减	表面趋向粗糙	减	增
			成批生产相对于单件生产	增	减
配合面形位误差增大	增	减			

本章小结

1. 孔和轴是指圆柱形的内、外尺寸要素，也包括非圆柱形内、外尺寸要素，它们的特点为：①零件装配后，孔为包容面，轴为被包容面；②在加工过程中，孔的尺寸由小变大，轴的尺寸由大变小。

2. 用特定单位表示线性尺寸值的数值称为尺寸，尺寸由数值和特定单位两部分组成，常见的尺寸有公称尺寸、极限尺寸等。

3. 某一尺寸减其公称尺寸所得的代数差称为偏差。

4. 尺寸公差（简称公差）是指上极限尺寸减下极限尺寸之差，或上极限偏差减下极限偏差之差。它是允许尺寸的变动量。计算公式为

孔：$T_h = |D_{max} - D_{min}| = |ES - EI|$，轴：$T_s = |d_{max} - d_{min}| = |es - ei|$。

5. 公差带图解中，由代表上极限偏差和下极限偏差或上极限尺寸和下极限尺寸的两条直线所限定的一个区域称为公差带。它是由公差带大小（由标准公差确定）和公差带位置（基本偏差来确定）组成的。

6. 公称尺寸相同的、相互结合的孔和轴的公差带之间的关系称为配合，常见的配合有间隙配合、过渡配合、过盈配合三大类。

7. 标准规定：用于确定公差带的大小的任一公差称为标准公差，在公称尺寸至500mm设置了20个公差等级，公称尺寸大于500~3150mm设置了18个公差等级。各级标准公差的代号依次为IT01，IT0，IT1，IT2…IT18。其中IT01精度最高，其余依次降低，IT18精度最低。

8. 极限与配合制中，确定了公差带位置的极限偏差，称为基本偏差，它可以是上极限偏差或下极限偏差，通常指靠近零线的那个偏差。孔和轴各有28个基本偏差。

9. 基本偏差决定了公差带中的一个极限偏差，而另一个极限偏差的数值，则可由已知的基本偏差和标准公差进行计算确定。计算公式

孔：$EI = ES - IT$ 或 $ES = EI + IT$　　轴：$ei = es - IT$ 或 $es = ei + IT$

10. 国标规定了两种配合制度：基孔制和基轴制。

11. 基本偏差为一定的孔的公差带与不同基本偏差的轴的公差带形成各种要配合的一种制度称为基孔制。其特点：①基孔制中选作基准的孔称为基准孔，代号为"H"；②基准孔以下极限偏差作为基本偏差，数值为零，上极限偏差为正值，因而其公差带位于零线上方。③基准孔的下极限尺寸等于公称尺寸；④基孔制配合中的轴是非基准件。由于轴的公差带相对零线可有不同的位置，因而形成各种不同性质的配合。

12. 基本偏差为一定的轴的公差带，与不同基本偏差的孔的公差带形成各种配合的一种制度称为基轴制。其特点：①基轴制中选作基准的轴称为基准轴，代号为"h"；②基准轴以上极限偏差作为基本偏差，数值为零，下极限偏差为负值，因而其公差带位于零线下方；③基准轴的上极限尺寸等于公称尺寸；④基轴制配合中的孔是非基准件。由于孔的公差带相对零线可有不同的位置，因而形成各种不同性质的配合。

13. 国标规定，孔、轴公差带标注有三种方法：①标注极限偏差值，如：$\phi 50^{+0.064}_{+0.025}$；②标注公差带代号，如：$\phi 50F8$；③标注公差带代号和极限偏差值，如：$\phi 50F8 \left(^{+0.064}_{+0.025} \right)$。

14. 国标规定，配合代号标注有三种方法：①标注配合代号：在公称尺寸后面标注配合代号，这样标注便于判定配合性质和公差等级；②标注极限偏差值：在公称尺寸后面标注极限偏差，这样标注便于判定配合松紧程度，便于生产；③在标注与标准件（如滚动轴承）配合的零件（轴或孔）的配合要求时，可只标注零件的公差带代号。

复习思考题

1. 什么叫孔与轴？如何区别它们？
2. 什么叫公称尺寸、极限尺寸？各用什么代号表示？如何确定公称尺寸？
3. 几何要素定义之间的相互关系是怎样的？
4. 极限尺寸的分类和作用如何？
5. 什么叫偏差？极限偏差是如何分类的？各用什么代号表示？
6. 什么叫尺寸公差？为什么尺寸公差必须大于零？尺寸公差与极限偏差或极限尺寸之间有何关系（写出计算关系式）？
7. 画出孔 $\phi 50^{+0.020}_{\ 0}$ 和轴 $\phi 80^{+0.030}_{-0.001}$ 的公差带图。
8. 计算表 1-18 中空格处数值，并按规定写在表中。

表 1-18 （单位：mm）

$D(d)$	$D_{max}(d_{max})$	$D_{min}(d_{min})$	ES(es)	EI(ei)	$T(T_h、T_s)$	尺寸标注
轴 $\phi 18$	18.050	18.032				
孔 $\phi 60$			+0.072		0.019	
孔 $\phi 50$		49.959			0.021	
轴 $\phi 90$			−0.010	−0.056		

9. 什么叫配合？配合分哪三类？各是如何定义的？各类配合的形成条件和配合特点是什么？
10. 什么叫配合公差？计算公式如何？
11. 计算下列各组配合的极限间隙或极限过盈及配合公差，并判定配合类型。

 (1) 孔为 $\phi 50^{+0.060}_{+0.020}$ mm，轴为 $\phi 50^{-0.010}_{-0.035}$ mm

 (2) 孔为 $\phi 80^{+0.020}_{\ 0}$ mm，轴为 $\phi 80^{+0.040}_{+0.020}$ mm

 (3) 孔为 $\phi 100^{+0.030}_{\ 0}$ mm，轴为 $\phi 100^{+0.040}_{+0.025}$ mm

 (4) 孔为 $\phi 100^{+0.010}_{-0.020}$ mm，轴为 $\phi 100^{\ 0}_{-0.050}$ mm

12. 什么是标准公差？它与哪些因素有关？共设置了多少公差等级？分别是什么？
13. 什么叫基本偏差？用什么来表示？孔和轴各有哪些基本偏差代号？
14. 基孔制与基轴制的区别是什么？
15. 孔和轴的公差带代号是怎样组成的？举例说明。
16. 图样上标注尺寸公差时，可用哪几种方法？试举例说明。
17. 配合代号是如何组成的？它有几种标注方法？试举例说明。
18. 利用标准公差数值表和基本偏差数值表，确定下列各公差带代号的公差值大小和基本偏差值大小，并计算另一极限偏差值的大小。

 (1) $\phi 100H9$　(2) $\phi 65D8$　(3) $\phi 40R5$　(4) $\phi 90f7$

 (5) $\phi 60h6$　(6) $\phi 20g5$　(7) $\phi 30js7$　(8) $60M6$

19. 利用极限偏差表确定 18 题的极限偏差数值，并计算其公差值。
20. 已知下列各组相配的孔和轴的公称尺寸和公差带代号，查表确定孔、轴的公差数值和基本偏差数值，并计算另一极限偏差和孔、轴的极限尺寸，然后画出公差带图解，并求配合的极限间隙或极限过盈及配合公差，并确定配合性质。

 (1) $\phi 80 \dfrac{H7}{f6}$　(2) $\phi 55 \dfrac{H8}{n7}$　(3) $\phi 40 \dfrac{H8}{h8}$

(4) $\phi100\frac{A10}{h9}$ (5) $\phi60\frac{K6}{h5}$ (6) $\phi120\frac{U8}{h7}$

21. 配合制选用的原则有哪些？为什么在一般情况下应优先采用基孔制？
22. 公差等级选用的原则是什么？主要的选用方法是什么？
23. 下列尺寸标注是否正确？如有错，请改正。

(1) $\phi40^{+0.060}_{+0.080}$ (2) $\phi70^{+0.060}_{0}$ (3) $\phi55^{-0.060}_{+0.030}$

(4) $\phi90^{+0.060}$ (5) $\phi80_{+0.030}$ (6) $\phi120^{+0.080}_{+0.060}$

(7) $\phi65^{+0.020}_{0}$ (8) $\phi50^{0}_{+0.02}$ (9) $\phi60^{-0.080}_{-0.050}$

24. 有三对配合，其孔、轴的公差带如下：

孔的公差带	轴的公差带
$\phi65^{+0.030}_{0}$ mm	$\phi65^{-0.060}_{-0.079}$ mm
$\phi65^{+0.030}_{0}$ mm	$\phi65\pm0.0095$ mm
$\phi65^{+0.030}_{0}$ mm	$\phi65^{0}_{-0.019}$ mm

1）试查表确定孔、轴的公差带和配合种类。

2）指出上面三种配合的区别

第二章 几何公差

学习目标：掌握几何公差（即旧标准中的"形状和位置公差"）的基本概念；熟悉几何公差的分类、项目、符号及代号；了解公差带和公差原则；掌握几何公差的标注方法；识读几何公差。

第一节 概　　述

一、几何误差在机器制造中的作用

1. 几何误差概念

零件在加工过程中，由于机床精度、加工方法等多种因素，使零件表面、轴线、中心对称平面等的实际形状、方向和位置相对于所要求的理想形状、方向和位置，不可避免地存在着误差，这种误差叫做几何误差。

2. 几何误差对零件的使用性能的影响

机器的使用功能是由组成产品的零件的使用性能来保证的，而零件的使用性能，如零件的工作精度，运动件的运动平稳性、润滑性、耐磨性、连接件的连接强度、密封性能等，不但与零件的尺寸误差有关，而且受到零件几何误差的影响。因此，不仅要控制零件的尺寸误差、表面粗糙度，还要控制零件的几何误差，以保证零件制造的工艺性、经济性和使用性能。

二、几何公差标准及新国标的主要修改内容

1. 几何公差标准

为了控制几何误差，国家参照国际标准，重新修订了部分几何公差（即旧标准中的"形状和位置公差"）的标准。

几何公差标准主要由以下国标组成：

GB/T 1182—2008《产品几何技术规范（GPS）　几何公差形状、方向、位置和跳动公差标注》（此标准代替 GB/T 1182—1996《形状和位置公差通则、定义、符号和图样表示方式》）；

GB/T 18780.1—2002《产品几何技术规范（GPS）　几何公差　第一部分：基本术语和定义》；

GB/T 18780.2—2003《产品几何技术规范（GPS）　几何公差　第二部分：圆柱面和圆锥面的提取中心线，提取中心面，提取要素的局部尺寸》；

GB/T 1184—1996《形状和位置公差未注公差值》；

GB/T 13319—2003《产品几何技术规范（GPS）　几何公差　位置度公差》；

GB/T 1958—2004《产品几何技术规范（GPS）　形状和位置公差检测规定》；

GB/T 16671—2009《产品几何技术规范（GPS）　几何公差　最大实体要求、最小实体要求和可逆要求》（此标准代替 GB/T 16671—1996《形状和位置公差最大实体要求、最小

实体要求和可逆要求》）；

GB/T 4249—2009《产品几何技术规范（GPS） 公差原则》（此标准代替 GB/T 4249—1996《公差原则》）。

2. 新国标的主要修改内容

1）标准名称增加了引导要素"产品几何技术规范（GPS）"，与新的标准体系取得一致。

2）部分术语名称的改变：将"形状和位置公差"改为"几何公差"，"中心要素"改为"导出要素"，"轮廓要素"改为"组成要素"，"测得要素"改为"提取要素"。

3）几何公差分类的改变，旧国标分为三类：形状、位置、跳动公差，新国标分为四类：形状、方向、位置、跳动公差。

4）标注符号的改变，如：

基准符号旧国标标注符号为：

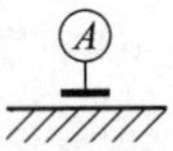

新国标标注符号为：

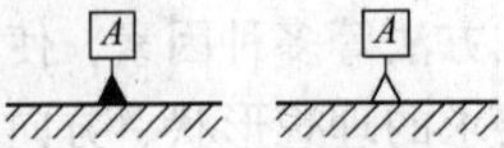

5）新国标中的"轴线"和"中心平面"用于表述理想形状的导出要素，"中心线"和"中心面"用于表述非理想形状的导出要素。

6）增加了术语和定义，给出了最大实体边界、最小实体边界、包容要求的定义。

7）简化了最大实体要求、最小实体要求和可逆要求的内容。

8）删除了"零形位公差"。

9）对带Ⓜ、Ⓡ的公差标注示例进行了改写。

10）将最大实体要求和最小实体要求进行了改写。

三、几何公差的符号及代号

1. 几何公差项目的符号（见表 2-1）

表 2-1 几何公差特征符号

公差类型	几何特征	符 号	有无基准
形状公差	直线度	—	无
	平面度	▱	无
	圆度	○	无
	圆柱度	⌭	无
	线轮廓度	⌒	无
	面轮廓度	⌓	无

(续)

公差类型	几何特征	符号	有无基准
方向公差	平行度	∥	有
	垂直度	⊥	有
	倾斜度	∠	有
	线轮廓度	⌒	有
	面轮廓度	⌒	有
位置公差	位置度	⊕	有或无
	同心度（用于中心点）	◎	有
	同轴度（用于轴线）	◎	有
	对称度	═	有
	线轮廓度	⌒	有
	面轮廓度	⌒	有
跳动公差	圆跳动	↗	有
	全跳动	↗↗	有

标准规定几何公差分为四类：

1）形状公差6个，分别为：直线度、平面度、圆度、圆柱度、线轮廓度、面轮廓度。

2）方向公差5个，分别为：平行度、垂直度、倾斜度、线轮廓度、面轮廓度。

3）位置公差6个，分别为：位置度、同心度（用于中心点）、同轴度（用于轴线）、对称度、线轮廓度、面轮廓度。

4）跳动公差2个，分别为：圆跳动、全跳动。

2. 几何公差的代号

几何公差的代号包括①几何公差特征项目的符号；②几何公差框格和指引线；③几何公差值和有关符号；④基准字母（形状公差无该项内容）。如图 2-1 所示为最基本的代号。标准规定，在图样中几何公差采用代号标注。当无法用代号标注时，允许在技术要求中用文字加以说明。

3. 几何公差的框格

几何公差的框格分为两格或多格式，应水平或垂直绘制。

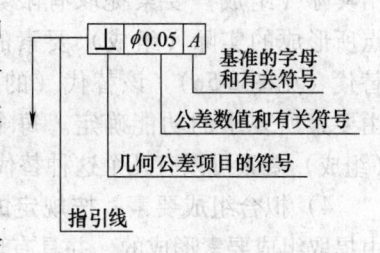

图 2-1 几何公差的代号

4. 几何公差框格的内容

框格内自左至右填写以下内容：第一格，几何公差特征符号；第二格，几何公差值和有关符号；第三格和以后各格，表示基准的字母和有关符号。

5. 指引线规定

原则上从框格一端的中间位置引出，指引线的箭头应指向公差带的宽度或直径方向。如图 2-2 所示。

四、几何公差的基准符号

对有方向、位置、跳动公差要求的零件，在图样上必须标明基准。基准符号包括：①三角形（涂黑或空白）；②方格；③连线（细实线）；④基准字母。如图 2-3a、b 所示。不论基准符号在图样中的方向如何，方格内的字母都一律水平大写。字母的字号应与图样中的尺寸数字相同。为了避免误解，基准字母不得采用 E、I、J、M、O、P、L、R、F。当字母不够用时可采用字母加数字（作下标）表示，如 A_1、A_2、…、B_1、B_2、…。

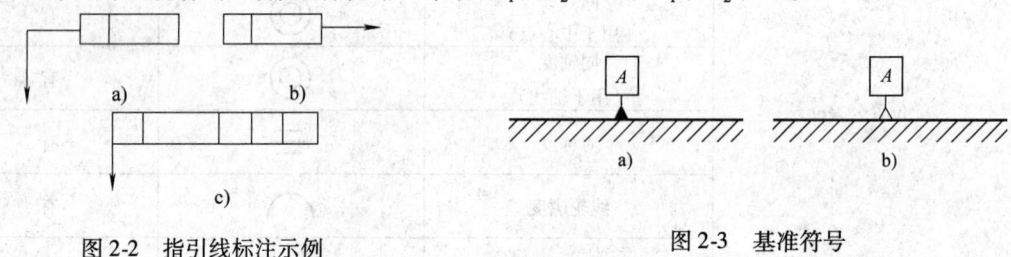

图 2-2 指引线标注示例   图 2-3 基准符号

五、几何要素的基本术语和定义

1. 几何要素

点、线、面称为几何要素。图 2-4 所示的零件就是由点（如球心、锥顶），线（如圆柱素线、圆锥素线、轴线），面（如球面、圆柱面、圆锥面、台阶面（端面））等几何要素组成。

2. 几何要素的分类

（1）组成要素 面或面上的线称为组成要素。它可分为：

1）公称组成要素：由技术制图或其他方法确定的理论正确组成要素（见图 2-5a）。

2）实际（组成）要素：由接近实际（组成）要素所限定的工件实际表面的组成要素部分（见图 2-5b）。

3）提取组成要素：按规定方法，由实际（组成）要素提取有限数目的点所形成的实际（组成）要素的近似替代（见图 2-5c）。该替代（的方法）由要素所要求的功能确定。每个实际（组成）要素可以有几个这种替代。

4）拟合组成要素：按规定的方法由提取组成要素形成的，并具有理想形状的组成要素（见图 2-5d）。

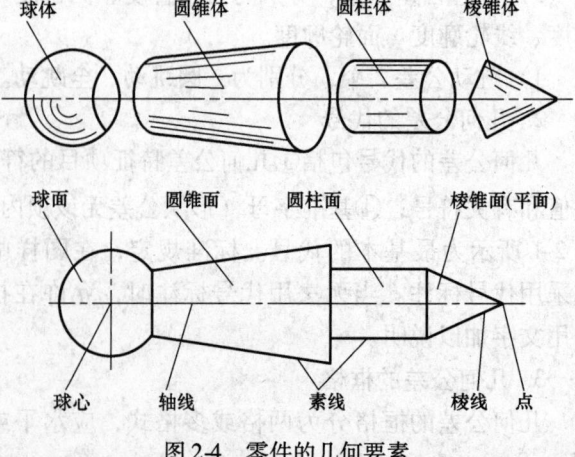

图 2-4 零件的几何要素

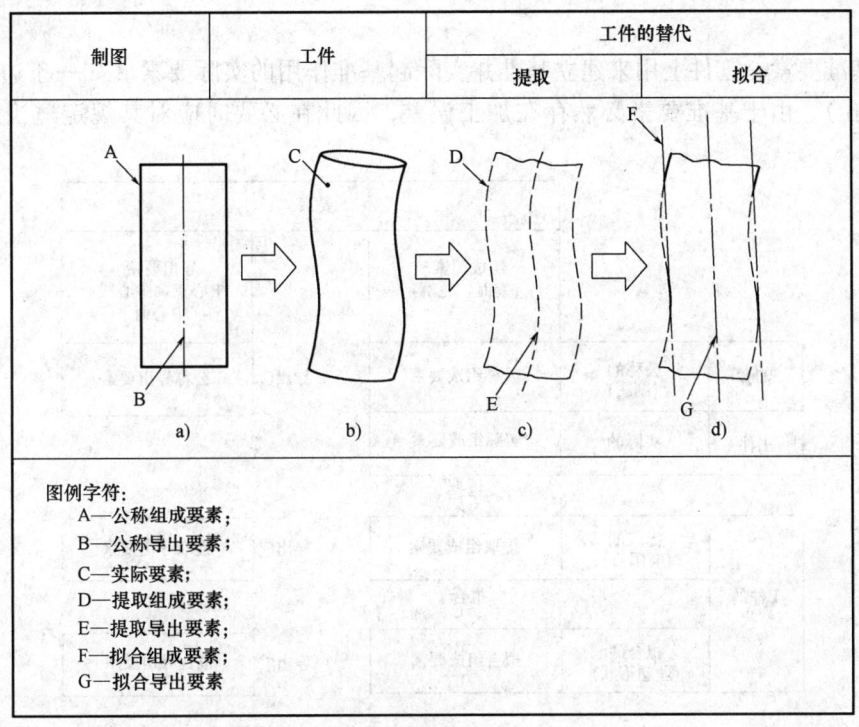

图 2-5 几何要素定义之间的相互关系

(2) 导出要素 由一个或几个组成要素得到的中心点、中心线或中心面。

例如：球心是由球面得到的导出要素，该球面为组成要素；圆柱的中心线是由圆柱面得到的导出要素，该圆柱面为组成要素。

导出要素可分为：

1) 公称导出要素：由一个或几个公称组成要素导出的中心点、轴线或中心平面（见图 2-5a）。

2) 提取导出要素：由一个或几个提取组成要素得到的中心点、中心线或中心面（见图 2-5c）。

注意（为方便起见）：提取圆柱面的组成中心线称为提取中心线；两相对提取平面的导出中心面称为提取中心面。

3) 拟合导出要素：由一个或几个拟合组成要素导出的中心点、轴线或中心平面（见图 2-5d）。

几何要素定义间相互关系的结构如图 2-6 所示。

(3) 被测要素 指图样上给出形状或（和）方向或（和）位置公差要求的要素，即图样上几何公差代号箭头所指的要素。图 2-7 中 ϕ32h6 的圆柱面、两端面、圆柱的轴线等都给出了几何公差要求，因此都是被测要素。

(4) 基准 与被测要素有关且用来确定其几何位置关系的一个几何理想要素（如轴线、直线、平面等），可由零件上的一个或多个要素构成。

1)基准体系:由两个或三个单独的基准构成的组合,用来确定被测要素几何位置关系。

2)基准要素:零件上用来建立基准并实际起基准作用的实际要素(如一条边、一个表面或一个孔)。由于基准要素必然存在加工误差,因此在必要时应对其规定适当的形状公差。

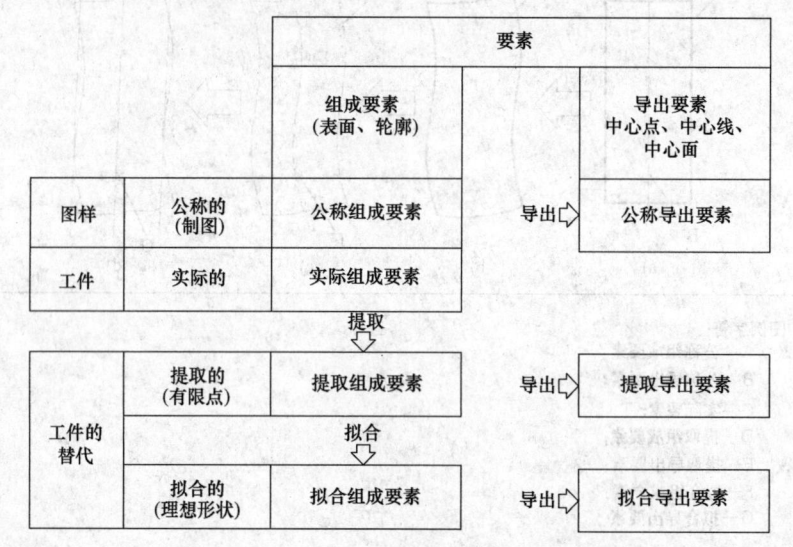

图 2-6　几何要素定义间相互关系的结构框图

基准要素的种类:

①单一基准是指作为单一基准使用的单个要素,即用一个要素作一个基准,如图 2-7 所示基准 A;

②公共基准是指用两个要素作为一个基准,图 2-8 中用两个圆柱的轴线组合成一条公共轴线作为一个基准。

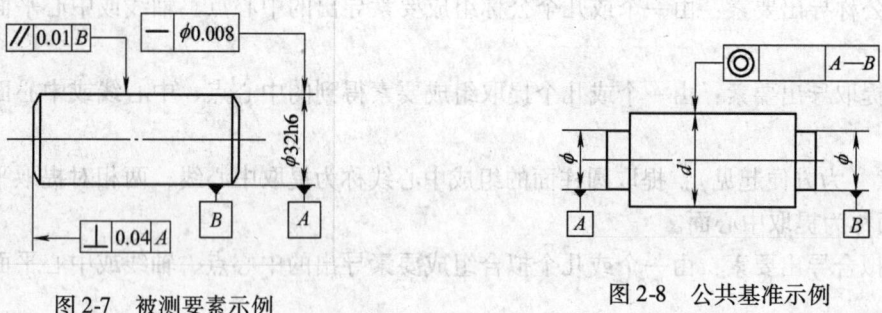

图 2-7　被测要素示例　　　　　　　图 2-8　公共基准示例

③基准目标:零件上与加工或检验设备相接触的点、线或局部区域,用来体现满足功能要求的基准。

3)模拟基准要素:在加工和检测过程中,用来建立基准并与基准要素相接触,且具有足够精度的实际表面(如一个平板、一个支承或一根心棒)。模拟基准要素是基准的实际体现。

第二节　几何公差和公差带

一、几何公差带

1. 几何公差带的定义

由一个或几个理想的几何线或面所限定的、由线性公差值表示其大小的区域称为几何公差带。

2. 几何公差带与尺寸公差带区别

几何公差带与尺寸公差带的控制对象不同，尺寸公差带是用来限制零件实际（组成）要素的大小，通常是平面的区域；而几何公差带是用来限制零件被测要素的实际形状、方向和位置的变动的，通常是空间的区域。

3. 几何公差带的组成

几何公差带由形状、大小、方向和位置四个因素确定。

（1）公差带的形状　公差带的形状根据公差的几何特征及其标注方式，公差带主要形状有九种形式，见表2-2。

表2-2　几何公差带的形状及应用范围

公差带		适用被测要素								用于公差特征项目													
构成要素	图示	球面	任意曲面	圆锥面	圆柱面	平面	任意曲线	直线	点	直线度	平面度	圆度	圆柱度	线轮廓度	面轮廓度	平行度	垂直度	倾斜度	同轴度	对称度	位置度	圆跳动	全跳动
两平行直线 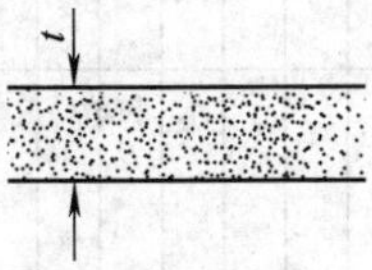								●		▲						▲	▲	▲		▲	▲		
两等距曲线 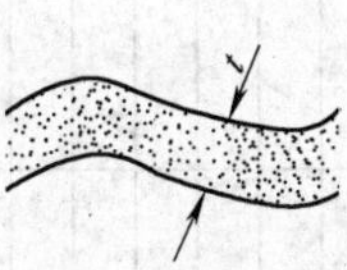							●							▲									
两同心圆 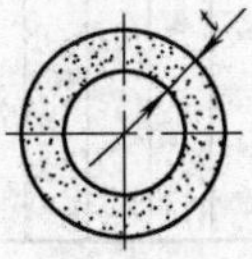		●	●	●	●							▲										▲	
一个圆 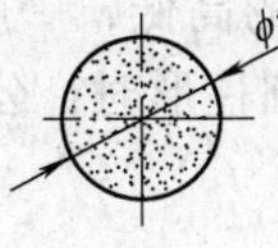									●										▲		▲		

(续)

构成要素	图示	适用被测要素								用于公差特征项目													
		球面	任意曲面	圆锥面	圆柱面	平面	任意曲线	直线	点	直线度	平面度	圆度	圆柱度	线轮廓度	面轮廓度	平行度	垂直度	倾斜度	同轴度	对称度	位置度	圆跳动	全跳动
一个球 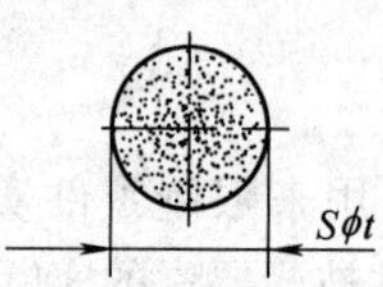	$S\phi t$								●												▲		
一个圆柱 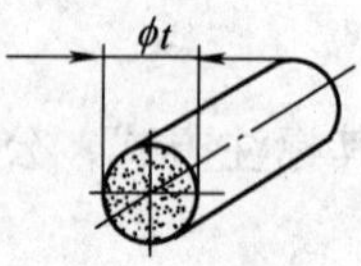	ϕt							●		▲						▲	▲	▲			▲		
两同轴圆柱 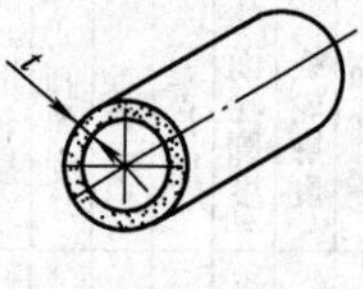	t				●								▲						▲				▲
两平行平面 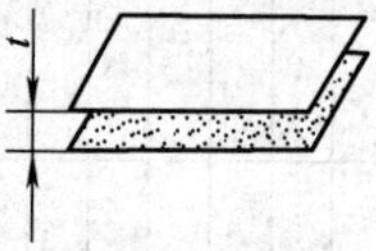	t					●	●			▲	▲					▲	▲	▲		▲	▲		▲
两等距曲面 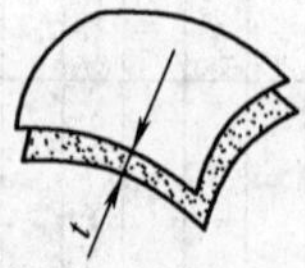	t		●												▲								

(2) 公差带的大小 由公差值表示,用以体现形位精度要求的高低,一般指几何公差带的宽度或直径,如表 2-2 中的 t 或 ϕt,$S\phi t$。当公差带为圆形或圆柱形时,公差值前加 ϕ,当公差带为球形时,公差值前加 $S\phi$。

(3) 公差带的宽度方向

1) 公差带的宽度方向为被测要素的法向,如图 2-9a、b 所示。另有说明的,如图 2-

10a、b 所示，α 角即使是 90°也应注出，指引线箭头的方向不影响对公差的定义。

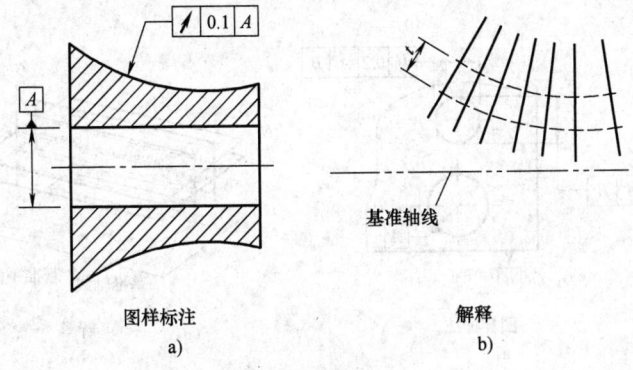

图样标注　　　　　　　　解释
a)　　　　　　　　　　b)

图 2-9　公差带的宽度方向（一）

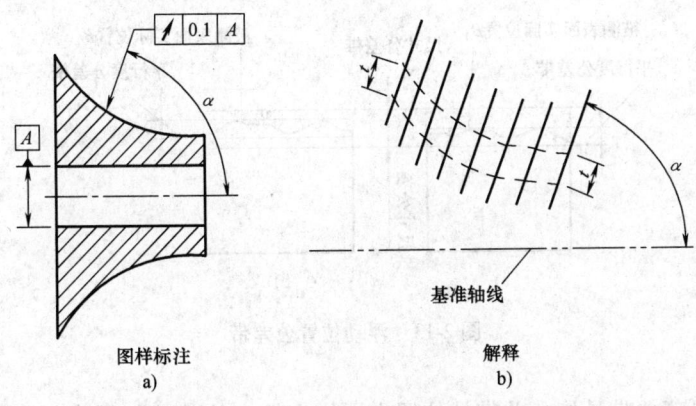

图样标注　　　　　　　　解释
a)　　　　　　　　　　b)

图 2-10　公差带的宽度方向（二）

2) 圆度公差带的宽度应垂直于公称轴线的平面内确定。

3) 当中心点、中心线、中心面在一个方向上给定公差时：

——除非另有说明，位置公差的公差带的宽度方向为理论正确尺寸（TED）图框的方向，并按指引线箭头互成 0°或 90°，如图 2-11 所示。

——除非另有说明，方向公差的公差带的宽度方向为指引线箭头方向，与基准互成 0°或 90°，如图 2-12a、b 所示。

——除非另有说明，当在同一基准体系中规定两个方向的公差时，它们的公差带是互相垂直的，如图 2-12a、b 所示。

(4) 公差带的位置　分为浮动和固定两种。

1) 浮动位置公差带是指几何公差带在尺寸公差带内，随实际（组成）要素

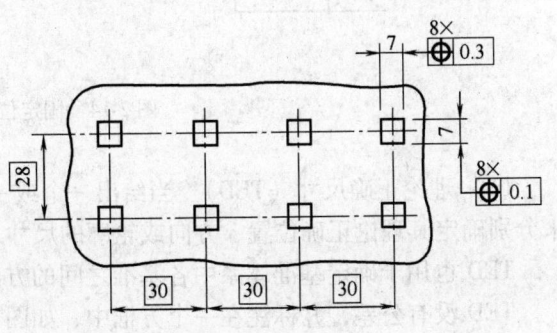

图 2-11　位置公差公差带的宽度方向

的不同而变动。其实际位置与实际（组成）要素有关，图 2-13 所示为平行度公差带的两个不同位置。

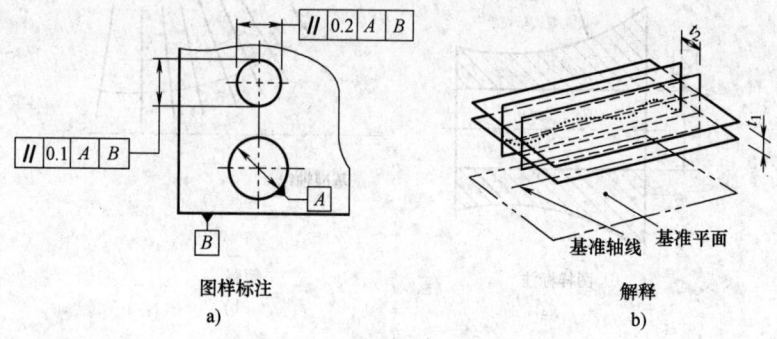

图 2-12　方向公差公差带的宽度方向

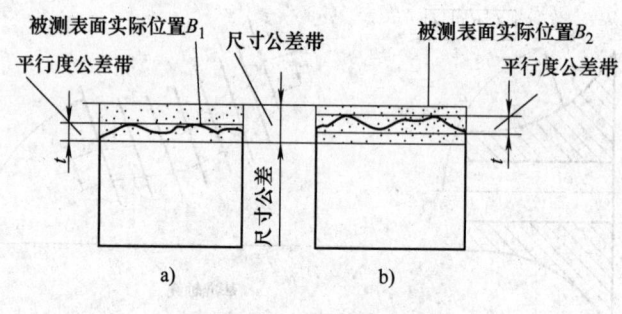

图 2-13　浮动位置公差带

2）固定位置公差带是指公差带的位置由图样上给定的基准和理论正确尺寸确定。如图 2-14 所示的同轴度公差带，其公差带为一圆柱面内的区域，该圆柱面的轴线应和基准在一条直线上，因而其位置由基准确定，此时理论正确尺寸为零。

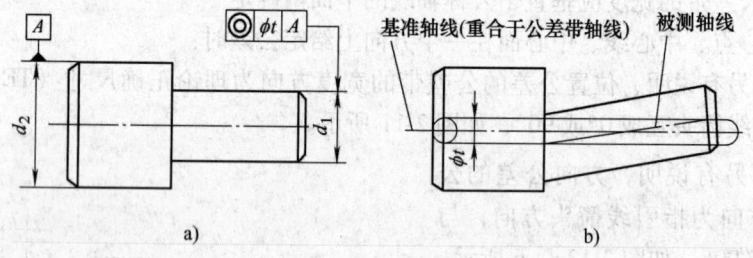

图 2-14　固定位置公差带

（5）理论正确尺寸（TED）　当给出一个或一组要素的位置、方向或轮廓度公差时，用来分别确定其理论正确位置、方向或轮廓的尺寸，称为理论正确尺寸，代号为 TED。

TED 也用于确定基准体系中各基准之间的方向、位置关系。

TED 没有公差，并标注在一个方框中，如图 2-15 所示。

在几何公差中，属于固定位置公差带的有同轴度、对称度、位置度和有基准要求的轮廓度，如无特殊要求，其他几何公差的公差带位置都是浮动的。

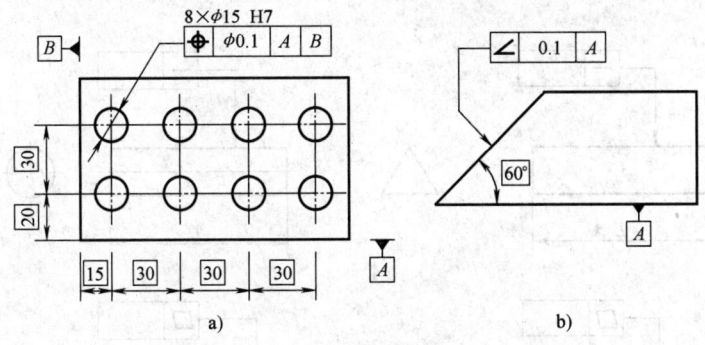

图 2-15 理论正确尺寸（TED）的标注

二、几何公差的公差值和公差等级

几何公差的公差值决定几何公差带的宽度或直径，是控制零件误差的重要指标。合理地给出几何公差的公差值，对保证产品质量和降低成本非常重要。

在图样上对几何公差值有两种表示方法：一是在图样中注出公差值，即在几何公差框格的第二格注出；另一种是在图样上不注出公差值，而用几何公差的未注公差来控制。这种图样上虽未用代号注出，但仍有一定要求的几何公差，称为未注几何公差。

1. 几何公差注出公差值的规定

（1）注出公差值的确定因素　由几何公差等级并依据主参数的大小确定，因此确定几何公差值实际上就是确定几何公差等级。

（2）注出公差值的等级　GB/T 1184—1996 对图样上的注出公差规定了 12 个等级，由 1 级起精度依次降低，6 级与 7 级为基本级。圆度和圆柱度还增加了精度更高的 0 级。

（3）注出公差值的数值系列

1）直线度和平面度公差值见表 2-3，主参数 L 的选择如图 2-16 所示。

表 2-3　直线度和平面度公差值

主参数 L/mm	公差等级											
	1	2	3	4	5	6	7	8	9	10	11	12
	公差值/μm											
≤10	0.2	0.4	0.8	1.2	2	3	5	8	12	20	30	60
>10~16	0.25	0.5	1	1.5	2.5	4	6	10	15	25	40	80
>16~25	0.3	0.6	1.2	2	3	5	8	12	20	30	50	100
>25~40	0.4	0.8	1.5	2.5	4	6	10	15	25	40	60	120
>40~63	0.5	1	2	3	5	8	12	20	30	50	80	150
>63~100	0.6	1.2	2.5	4	6	10	15	25	40	60	100	200
>100~160	0.8	1.5	3	5	8	12	20	30	50	80	120	250
>160~250	1	2	4	6	10	15	25	40	60	100	150	300
>250~400	1.2	2.5	5	8	12	20	30	50	80	120	200	400
>400~630	1.5	3	6	10	15	25	40	60	100	150	250	500
>630~1000	2	4	8	12	20	30	50	80	120	200	300	600
>1000~1600	2.5	5	10	15	25	40	60	100	150	250	400	800
>1600~2500	3	6	12	20	30	50	80	120	200	300	500	1000
>2500~4000	4	8	15	25	40	60	100	150	250	400	600	1200
>4000~6300	5	10	20	30	50	80	120	200	300	500	800	1500
>6300~10000	6	12	25	40	60	100	150	250	400	600	1000	2000

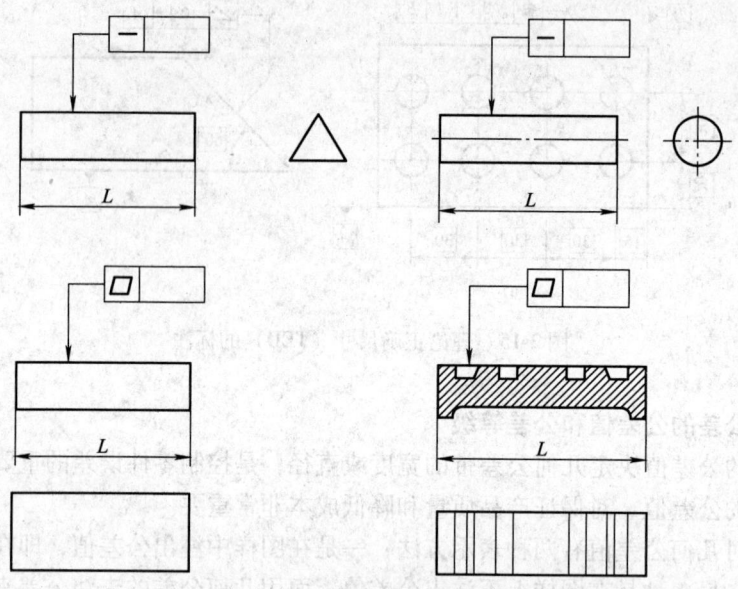

图 2-16 直线度和平面度公差值的主参数 L

2）圆度和圆柱度公差值见表 2-4，主参数 L 的选择如图 2-17 所示。

表 2-4 圆度和圆柱度公差值

主参数 $d(D)$ /mm	公差等级												
	0	1	2	3	4	5	6	7	8	9	10	11	12
	公差值/μm												
≤3	0.1	0.2	0.3	0.5	0.8	1.2	2	3	4	6	10	14	25
>3~6	0.1	0.2	0.4	0.6	1	1.5	2.5	4	5	8	12	18	30
>6~10	0.12	0.25	0.4	0.6	1	1.5	2.5	4	6	9	15	22	36
>10~18	0.15	0.25	0.5	0.8	1.2	2	3	5	8	11	18	27	43
>18~30	0.2	0.3	0.6	1	1.5	2.5	4	6	9	13	21	33	52
>30~50	0.25	0.4	0.6	1	1.5	2.5	4	7	11	16	25	39	62
>50~80	0.3	0.5	0.8	1.2	2	3	5	8	13	19	30	46	74
>80~120	0.4	0.6	1	1.5	2.5	4	6	10	15	22	35	54	87
>120~180	0.6	1	1.2	2	3.5	5	8	12	18	25	40	63	100
>180~250	0.8	1.2	2	3	4.5	7	10	14	20	29	46	72	115
>250~315	1.0	1.6	2.5	4	6	8	12	16	23	32	52	81	130
>315~400	1.2	2	3	5	7	9	13	18	25	36	57	89	140
>400~500	1.5	2.5	4	6	8	10	15	20	27	40	63	97	155

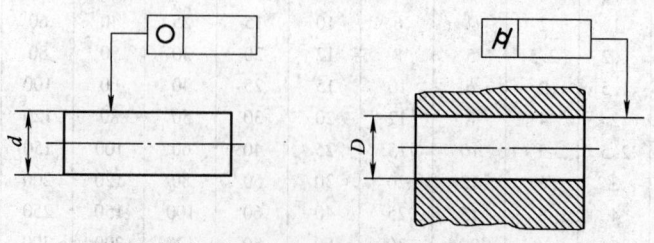

图 2-17 圆度和圆柱度公差值的主参数 L

3) 平行度、垂直度和倾斜度公差值见表2-5，主参数 L 的选择如图2-18 所示。

表 2-5　平行度、垂直度和倾斜度公差值

主参数 $L,d(D)$ /mm	公差等级											
	1	2	3	4	5	6	7	8	9	10	11	12
	公差值/μm											
≤10	0.4	0.8	1.5	3	5	8	12	20	30	50	80	120
>10~16	0.5	1	2	4	6	10	15	25	40	60	100	150
>16~25	0.6	1.2	2.5	5	8	12	20	30	50	80	120	200
>25~40	0.8	1.5	3	6	10	15	25	40	60	100	150	250
>40~63	1	2	4	8	12	20	30	50	80	120	200	300
>63~100	1.2	2.5	5	10	15	25	40	60	100	150	250	400
>100~160	1.5	3	6	12	20	30	50	80	120	200	300	500
>160~250	2	4	8	15	25	40	60	100	150	250	400	600
>250~400	2.5	5	10	20	30	50	80	120	200	300	500	800
>400~630	3	6	12	25	40	60	100	150	250	400	600	1000
>630~1000	4	8	15	30	50	80	120	200	300	500	800	1200
>1000~1600	5	10	20	40	60	100	150	250	400	600	1000	1500
>1600~2500	6	12	25	50	80	120	200	300	500	800	1200	2000
>2500~4000	8	15	30	60	100	150	250	400	600	1000	1500	2500
>4000~6300	10	20	40	80	120	200	300	500	800	1200	2000	3000
>6300~10000	12	25	50	100	150	250	400	600	1000	1500	2500	4000

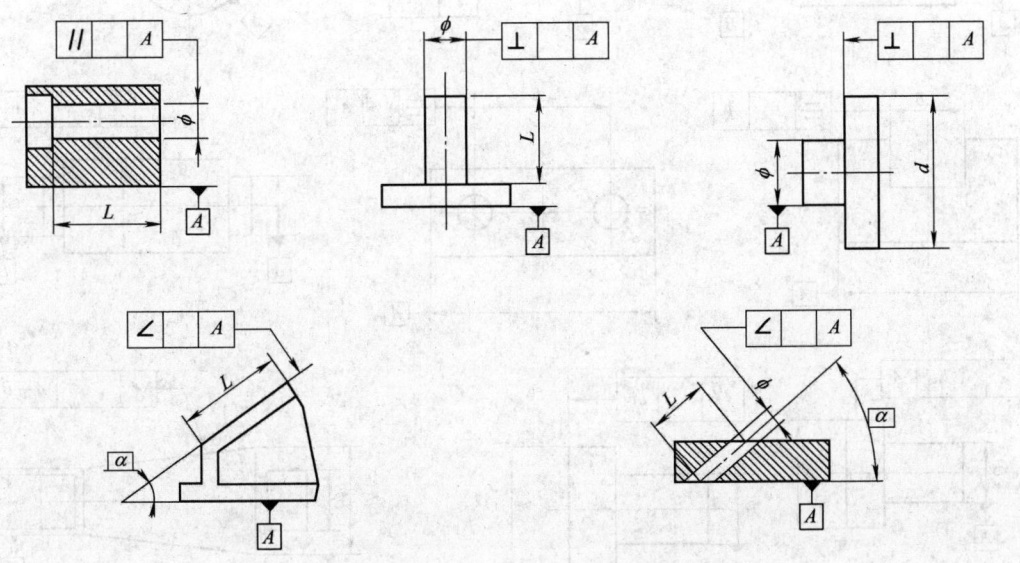

图 2-18　平行度、垂直度和倾斜度公差值的主参数 L

4) 同轴度、对称度、圆跳动和全跳动公差值见表2-6，主参数 L 的选择如图2-19 所示。

表2-6 同轴度、对称度、圆跳动和全跳动公差值

主参数 $d(D),B,L$ /mm	公差等级											
	1	2	3	4	5	6	7	8	9	10	11	12
	公差值/μm											
≤1	0.4	0.6	1.0	1.5	2.5	4	6	10	15	25	40	60
>1~3	0.4	0.6	1.0	1.5	2.5	4	6	10	20	40	60	120
>3~6	0.5	0.8	1.2	2	3	5	8	12	25	50	80	150
>6~10	0.6	1	1.5	2.5	4	6	10	15	30	60	100	200
>10~18	0.8	1.2	2	3	5	8	12	20	40	80	120	250
>18~30	1	1.5	2.5	4	6	10	15	25	50	100	150	300
>30~50	1.2	2	3	5	8	12	20	30	60	120	200	400
>50~120	1.5	2.5	4	6	10	15	25	40	80	150	250	500
>120~250	2	3	5	8	12	20	30	50	100	200	300	600
>250~500	2.5	4	6	10	15	25	40	60	120	250	400	800
>500~800	3	5	8	12	20	30	50	80	150	300	500	1000
>800~1250	4	6	10	15	25	40	60	100	200	400	600	1200
>1250~2000	5	8	12	20	30	50	80	120	250	500	800	1500
>2000~3150	6	10	15	25	40	60	100	150	300	600	1000	2000
>3150~5000	8	12	20	30	50	80	120	200	400	800	1200	2500
>5000~8000	10	15	25	40	60	100	150	250	500	1000	1500	3000
>8000~10000	12	20	30	50	80	120	200	300	600	1200	2000	4000

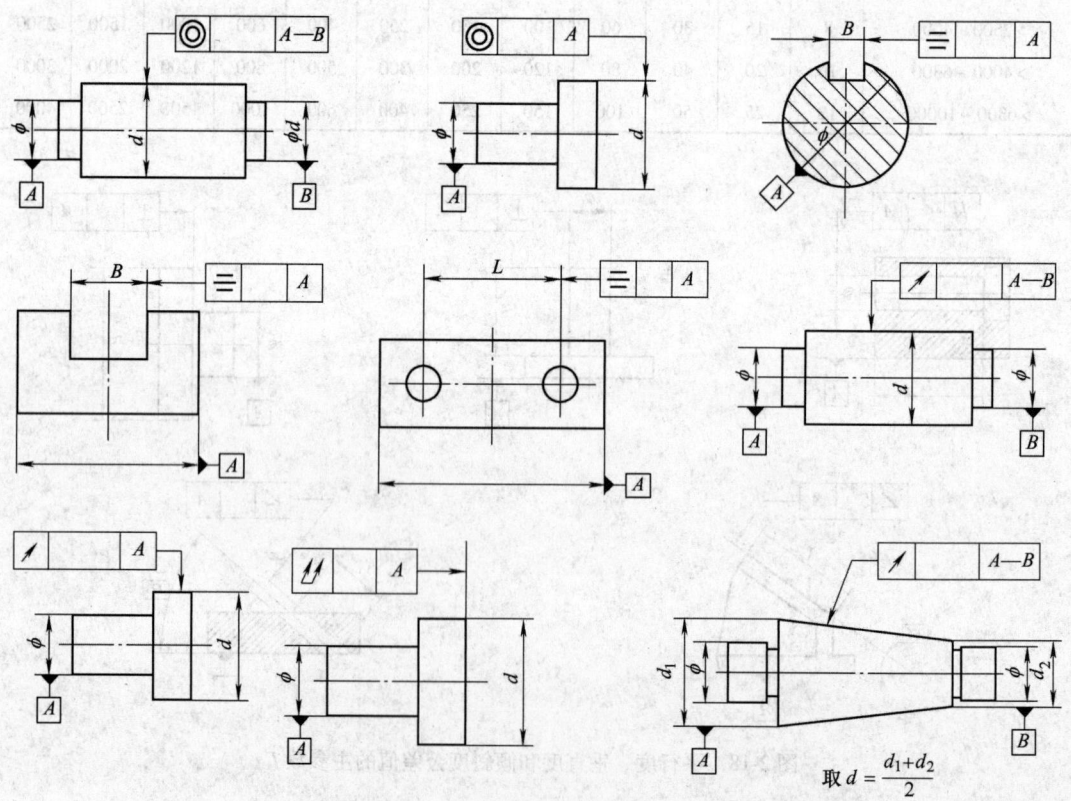

图2-19 同轴度、对称度、圆跳动和全跳动公差值的主参数 L

5) 位置度公差值仅给出一个数系表，见表2-7，表中的 n 为正整数，它没有主参数、精度等级、公差值。

表2-7 位置度公差值的数系　　　　　　　　　　　　（单位：μm）

1	1.2	1.5	2	2.5	3	4	5	6	8
1×10^n	1.2×10^n	1.5×10^n	2×10^n	2.5×10^n	3×10^n	4×10^n	5×10^n	6×10^n	8×10^n

6) 轮廓度公差没有规定统一的公差值。

(4) 公差值选择的原则

1) 在满足零件功能要求的前提下，选择的公差值应考虑加工的经济性。

2) 零件各要素的几何公差主要遵循独立原则，只有少数情况下才与尺寸有相互制约关系。

3) 应以主参数来选择数值，必要时也应考虑其他参数，如确定同轴度公差值时，应考虑其轴线的长度。

4) 同一要素上，单项公差值小于综合公差值，如直线度公差值应小于同要素的平面度公差值。形状公差值小于位置公差值，如同轴度公差值应小于圆跳动公差值，而圆跳动公差值则应小于全跳动公差值。

5) 对于下列情况，考虑到加工的难易程度和除主参数外其他参数的影响，适当降低成本1~2级选用：

——孔相对于轴；

——细长比较大的轴或孔；

——距离较大的轴或孔；

——宽度较大（一般大于1/2长度）的零件表面；

——线对线和线对面相对于面对面的平行度；

——线对线和线对面相对于面对面的垂直度。

2. 几何公差的未注公差值的规定

(1) 未注公差值的基本规定　未注公差值符合工厂的常用精度等级，不需在图样上注出。零件采用未注几何公差值时，其精度由设备保证，一般不需要检验，只有在仲裁时或为掌握设备精度时，才需要对批量生产的零件进行首检或抽检。采用了未注几何公差后可节省设计时间，使图样清晰易读，并突出了零件上几何精度要求较高的部位，便于更合理地安排加工和检验，从而更好地保证产品的工艺性和经济性。

(2) 未注出几何公差值的数值

1) GB/T 1184—1996规定了直线度、平面度、垂直度、对称度和圆跳动的未注公差值及未注公差等级分为H、K、L三个，其中H为高级，K为中间级，L为低级，见表2-8~表2-11。表中确定了基本长度的选择：对于直线度应按其相应线的长度确定；对于平面度应按其表面较长的一侧或圆表面的直径确定；对于垂直度和对称度，取两要素中较长者为基准，较短者作被测要素（两者相同时，可任取），以被测要素的长度确定基本长度；对于圆跳动应选择设计给出的支承面作为基准要素，如无法选择支承面，则对于径向圆跳动应取两要素中较长者为基准要素，如两要素的长度相同可任取其一作为基准要素，对于端面和斜向圆跳动的基准要素为支承它的轴线。

表 2-8　直线度和平面度的未注公差值　　　　　　　（单位：mm）

公差等级	基本长度范围					
	≤10	>10~30	>30~100	>100~300	>300~1000	>1000~3000
H	0.02	0.05	0.1	0.2	0.3	0.4
K	0.05	0.1	0.2	0.4	0.6	0.8
L	0.1	0.2	0.4	0.8	1.2	1.6

表 2-9　垂直度的未注公差值　　　　　　　（单位：mm）

公差等级	基本长度范围			
	≤100	>100~300	>300~1000	>1000~3000
H	0.2	0.3	0.4	0.5
K	0.4	0.6	0.8	1
L	0.6	1	1.5	2

表 2-10　对称度的未注公差值　　　　　　　（单位：mm）

公差等级	基本长度范围			
	≤100	>100~300	>300~1000	>1000~3000
H	0.5			
K	0.6		0.8	1
L	0.6	1	1.5	2

表 2-11　圆跳动的未注公差值　　　　　　　（单位：mm）

公差等级	圆跳动公差值
H	0.1
K	0.2
L	0.5

2）标准规定：圆度未注公差值等于标注的直径公差值，但不能大于径向圆跳动未注公差值。圆柱度的未注公差值不作规定，而将其分为圆度、直线度和相对素线的平行度三个部分，即由这三部分的注出或未注公差控制。平行度未注公差值等于给出的尺寸公差值，或是直线度和平面度未注公差值中的相应公差值取较大者。同轴度的未注公差值未作规定，在极限状况下可与径向圆跳动的未注公差值相等。

3）标准还规定：线、面轮廓度，倾斜度，位置度和全跳动均应由各要素的注出或未注几何公差、线性尺寸公差或角度公差控制。

（3）未注几何公差值的标注

1）若采用 GB/T 1184 所规定的未注公差值，应在其标题栏附近或在技术要求、技术文件中注出标准号及公差等级，如采用高公差等级时，应标注"GB/T 1184—H"。

2）如企业已制定了采用 GB/T 1184 的本企业标准，并统一规定了所采用的等级，则不必注写标准号及精度等级。

3）在同一张图样中，其未注公差值应采用同一等级。

第三节　几何公差的标注

一、几何公差的标注符号

几何公差标注的内容除用框格标注几何公差的项目符号外，还应有基准的符号、框格与要素的连接线或对应方式及按设计要求给出的一些附加要求的符号等，见表 2-12。

表 2-12　形位公差的标注符号

说　明	符　号	说　明	符　号
被测要素		最小实体要求	Ⓛ
	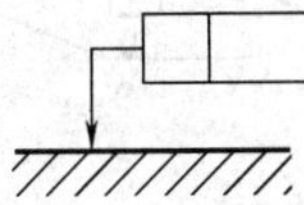	自由状态条件（非刚性零件）	Ⓕ
		全周（轮廓）	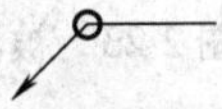
基准要素		包容要求	Ⓔ
	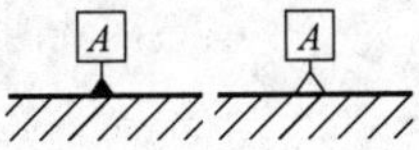	公共公差带	CZ
		小径	LD
基准目标	$\frac{\phi 2}{A1}$	大径	MD
		中径、节径	PD
理论正确尺寸	50	线素	LE
延伸公差带	Ⓟ	不凸起	NC
最大实体要求	Ⓜ	任意横截面	ACS

注：1. GB/T 1182—1996 中规定的基准符号为 ⌁。 
　　2. 如需标注可逆要求，可采用符号 Ⓡ，见 GB/T 16671。

如果需要限制被测要素在公差带内的形状，在公差框格的下方注明，如图 2-20 所示。

二、几何公差标注的基本规定

1. 被测要素或基准要素为组成要素时的标注

1）当被测要素或基准要素为轮廓线时，将指引线的箭头或基准符号的三角形置于要素的轮廓线或轮廓线的延长线上，并与尺寸线明显地错开，如图 2-21、图 2-22 所示。

图 2-20　需要限制被测要素在公差带内的形状示例

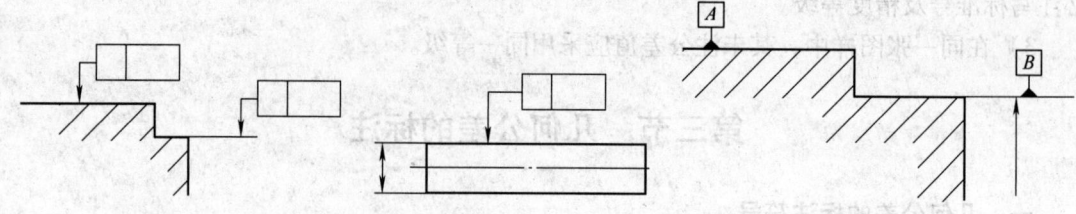

图 2-21　被测要素为组成要素的标注　　　　图 2-22　基准要素为轮廓要素的标注

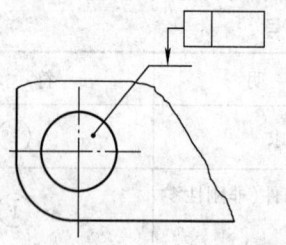
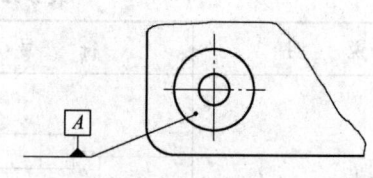

图 2-23　被测要素的投影为面的标注　　　　图 2-24　基准要素的投影为面的标注

2）当被测要素或基准要素为轮廓面时，指引线的箭头或基准三角形可置于该轮廓面引出线的水平线上，如图 2-23、2-24 所示。

注意当被测要素是线不是面时，应在公差框格附近注明，如图 2-25 中的 LE 所示。

2. 被测要素或基准要素为导出要素时的标注

当被测要素或基准要素为中心线、中心平面或中心点时，指引线的箭头或基准三角形与确定导出要素的轮廓的尺寸线对齐，如图 2-26、图 2-27 所示。

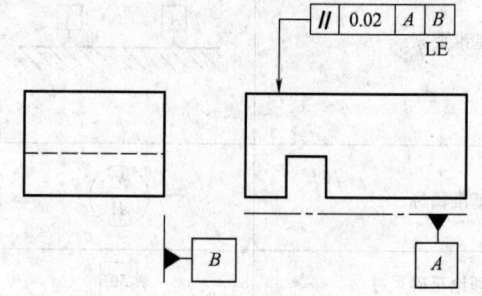

图 2-25　当被测要素是线不是面时的标注

3. 被测要素或基准要素为局部要素时的标注

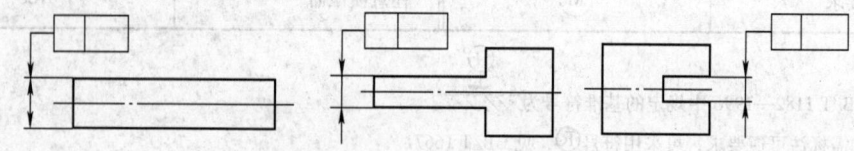

图 2-26　被测要素为导出要素时的标注

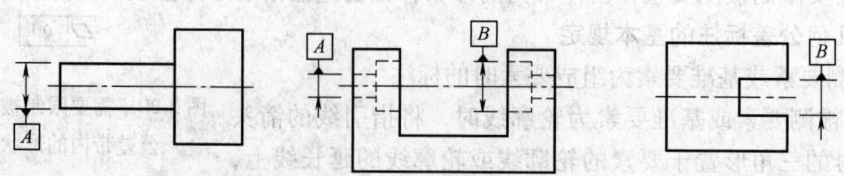

图 2-27　基准要素为导出要素时的标注

如只以要素的某一局部作被测要素或基准,则应用粗点划线示出该部分并加注尺寸,如图 2-28 所示。

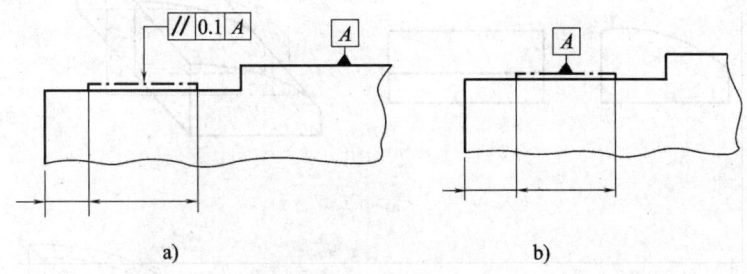

图 2-28 限定被测要素或基准要素的范围时的标注

三、几何公差标注的特殊规定

1. 公差值的进一步限制

对同一要素的公差值在整个被测要素内的任一部分有进一步的限制时,将限制的公差值和限制长度用斜线隔开。如图 2-29 所示,在被测要素的 1000mm 全长上,直线度公差为 0.05mm,在任一 200mm 长度上,直线度公差为 0.02mm。

2. 公共公差带

若干个分离要素给出单一公差带时,可按图 2-30 所示的用在公差带框格内公差值的后面加注公共公差带的符号"CZ"。

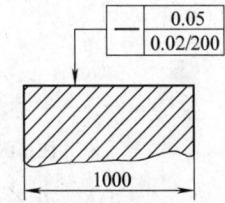

图 2-29 公差值的进一步限制的标注

3. 若干个分离要素具有相同几何特征和公差值的标注

一个公差框格可以用于具有相同几何特征和公差值的若干个分离要素,图 2-31 所示。

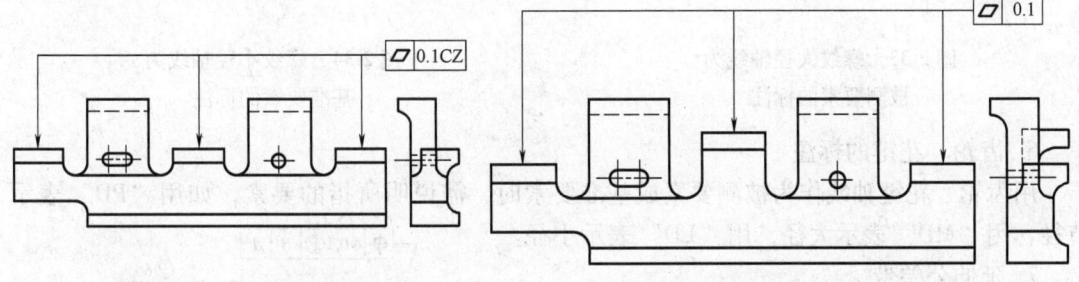

图 2-30 公共公差带的标注　　图 2-31 若干个分离要素具有相同几何特征和公差值的标注

4. 全周符号的标注

如果轮廓度特征适用于横截面的整周轮廓或由该轮廓所示的整周表面,则应采用全周符号,即在公差框格的指引线上画上一个圆圈,如图 2-32a、b 所示。"全周"符号并不包括整个工件表面,只包括由轮廓和公差标注所表示的各个表面,如图 2-32 所示,图中长画短画线表示所涉及的要素,不涉及图中的表面 a 和表面 b。

5. 螺纹的标注

通常,以螺纹轴线作为被测要素或基准要素时,默认为螺纹中径圆柱的轴线,否则应另有说明,用"MD"表示大径,用"LD"表示小径,如图 2-33、图 2-34 所示。

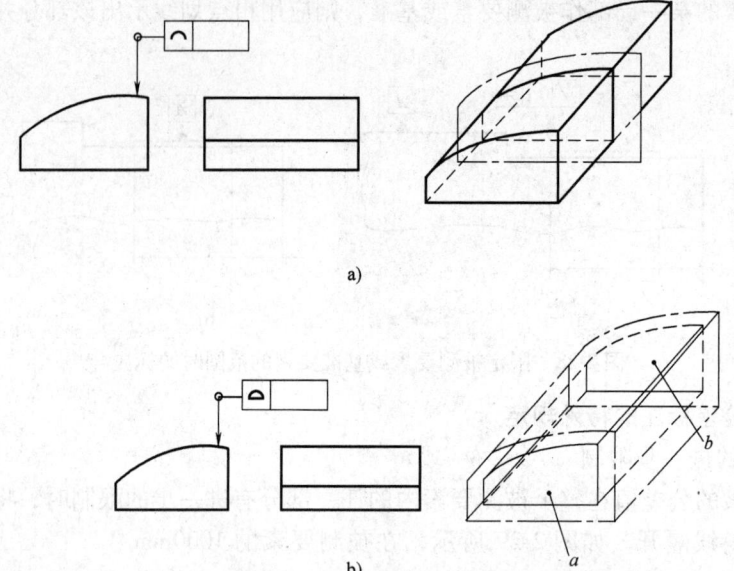

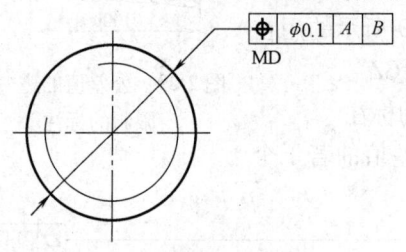

图 2-32 全周符号的标注

注：图中长画短画线表示所涉及的要求，不涉及图中的表面 a 和表面 b。

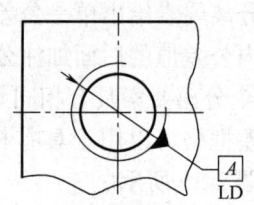

图 2-33 螺纹大径轴线为
被测要素的标注

图 2-34 螺纹小径轴线为
基准要素的标注

6. 齿轮、花键的标注

用齿轮、花键轴线作为被测要素成基准要素时，需说明所指的要素，如用"PD"表示节径，用"MD"表示大径，用"LD"表示小径。

7. 延伸公差带

延伸公差带用规范的附加符号 Ⓟ 表示，如图 2-35 所示。

8. 最大实体要求

最大实体要求用规范的附加符号 Ⓜ 表示。该附加符号可根据需要单独或者同时标注在相应公差值和（或）基准字母的后面，如图 2-36a、b、c 所示。

9. 最小实体要求

最小实体要求用规范的附加符号 Ⓛ 表示。该附加符号可根据需要单独或者同时标注在相应公差值和（或）基准字母的后面，如图 2-37a、b、c 所示。

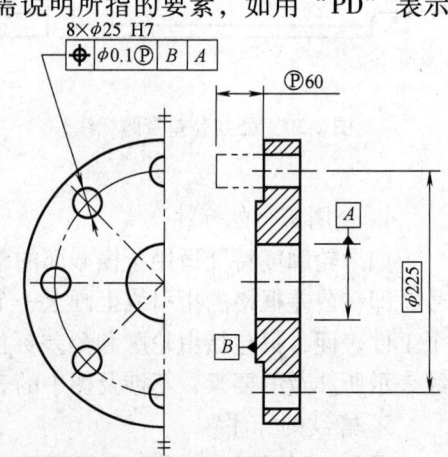

图 2-35 延伸公差带的标注

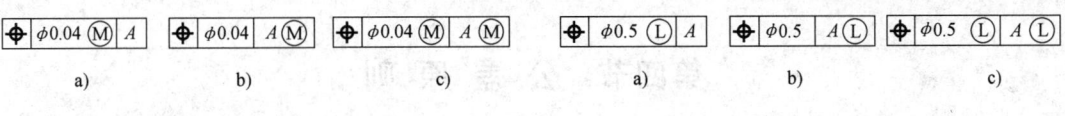

图 2-36 最大实体要求的标注	图 2-37 最小实体要求的标注

10. 自由状态下的要求

非刚性零件自由状态下的公差要求应该用在相应公差值的后面加注规范的附加符号Ⓕ的方法表示，如图 2-38a、b 所示。

注意：各附加符号Ⓟ、Ⓜ、Ⓛ、Ⓕ和CZ，可同时用于同一个公差框格中，如图 2-39 所示。

图 2-38 自由状态下的标注	图 2-39 各附加符号的同时的标注

四、各类几何公差之间的关系

如果功能需要，可以规定一种或多种几何特征的公差以限定要素的几何误差。限定要素某种类型几何误差的几何公差，亦能限制该要素其他类型的几何误差。

要素的位置公差可同时控制该要素的位置误差、方向误差和形状误差。

要素的方向公差同时控制该要素的方向误差和形状误差。

要素的形状公差只能控制该要素的形状误差。

五、简化标注

在不影响设计意图的表达和准确读图的前提下，可采用简化标注，见表 2-13。

表 2-13 简化标注法

一 般 规 定	图 例
如果需要就某个要素给出几种几何特征的公差，可将一个公差框格放在另一个的下面	─ 0.01 ∥ 0.06 B
当某项公差应用于几个相同要素时，应在公差框格的上方被测要素的尺寸之前注明要素的个数，并在两者之间加上符号"×"	6× ▱ 0.2　　6×φ12±0.02 ⊕ φ0.1
若干个分离要素具有相同几何特征和公差值的可以用一个公差框格标注	▱ 0.1
若干个分离要素给出单一公差带时，可按图示用在公差带框格内公差值的后面加注公共公差带的符号"CZ"	▱ 0.1CZ

第四节 公差原则

为了保证机械零件使用功能和互换性要求，零件上重要的几何要素常同时给出尺寸公差和几何公差。尺寸公差和几何公差是控制零件几何精度中两类不同性质的公差，在一般情况下，它们彼此独立，并应分别满足各自要求，但在一定条件下，两者又可以相互转化、相互补偿。因此，尺寸公差和几何公差之间有一定的关系，确定几何公差与尺寸（包括线性尺寸和角度尺寸）公差之间相互关系的原则称为公差原则。

公差原则的标准：

1) GB/T 16671—2009《产品几何技术规范（GPS）几何公差 最大实体要求、最小实体要求和可逆要求》（此标准代替 GB/T 16671—1996《形状和位置公差 最大实体要求、最小实体要求和可逆要求》），给出了与公差原则有关的术语和定义、基本规定、图样表示方法及应用示例；

2) GB/T 4249—2009《产品几何技术规范（GPS）公差原则》（此标准代替 GB/T 4249—1996《公差原则》），提出了处理几何公差与尺寸（线性尺寸和角度尺寸）公差之间的相互关系。

一、公差原则的基本术语和定义

1. 局部尺寸

（1）提取组成要素的局部尺寸（简称提取要素的局部尺寸） 是指一切提取组成要素上两对应点之间距离的统称。如图 2-40 所示，内外表面的提取要素的局部尺寸的代号分别为 D_a、d_a。

（2）提取圆柱面的局部尺寸 提取圆柱面的局部直径是指要素上两对应点之间的距离。其中两对应点之间的连线通过拟合圆圆心；横截面垂直于由提取表面得到的拟合圆柱面的轴线。

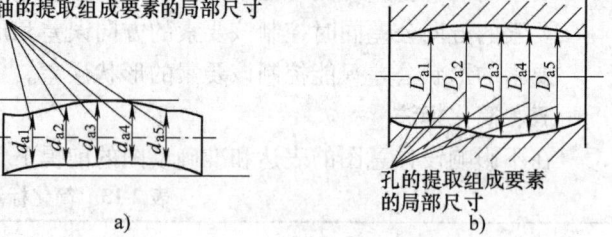

图 2-40 提取组成要素的局部尺寸

（3）两平行提取表面的局部尺寸 是指两平行对应提取表面上两对应点之间的距离。其中，所有对应点的连线均垂直于拟合中心面，拟合中心面是由两平行提取表面得到的两拟合平行平面的中心平面（两拟合平行平面之间的距离可能与公称距离不同）。

2. 作用尺寸

（1）体外作用尺寸 是指在被测要素的给定长度上，与实际内表面体外相接的最大理想面或实际外表面体外相接的最小理想面的直径或宽度。内表面和外表面的体外作用尺寸分别用符号 D_{fe} 和 d_{fe} 表示。图 2-41a 中的 D_{fe} 表示孔的体外作用尺寸；图 2-41b 中的 d_{fe} 表示轴的体外作用尺寸。

体外作用尺寸的特点是表示该尺寸的理想面处于零件的实体之外，它实际上为零件装配时起作用的尺寸，是由被测要素的提取要素的局部尺寸和形状（或方向、位置）误差综合形成的。若零件没有形状误差，则其体外作用尺寸等于提取要素的局部尺寸，否则，孔的体外作用尺寸小于该孔的最小局部尺寸，轴的体外作用尺寸大于该轴的最大局部尺寸。

（2）体内作用尺寸 是指在被测要素的给定长度上，与实际内表面体内相接的最小理想面或与实际外表面体内相接的最大理想面的直径或宽度。内表面和外表面的体内的作用尺寸分别用符号 D_{fi} 和 d_{fi} 表示。图 2-41a 中的 D_{fi} 表示孔的体内作用尺寸；图 2-41b 中 d_{fi} 表示轴的体内作用尺寸。

体内作用尺寸实际上是为零件强度起作用的尺寸。它是由被测要素的实际和形状（或方向、位置）误差综合形成的。孔的体内作用尺寸大于该孔的最大局部尺寸，轴的体内作用尺寸小于该轴的最小局部尺寸。

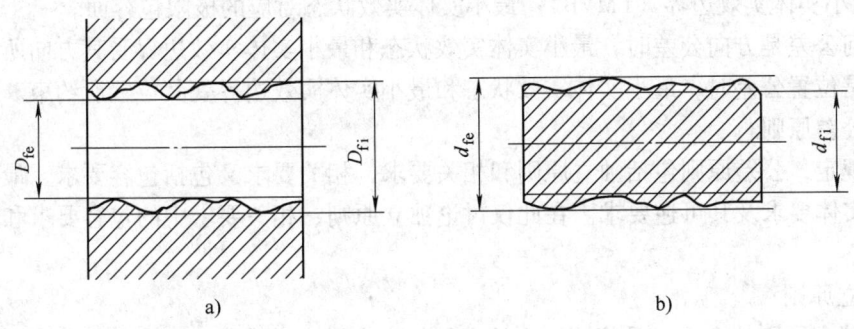

图 2-41　体外作用尺寸

3. 实体状态、尺寸及其边界

（1）最大实体状态、尺寸及其边界

1）最大实体状态（MMC）：是指假定提取组成要素的局部尺寸处处位于极限尺寸且使其具有实体最大时的状态。

2）最大实体尺寸（MMS）：确定要素最大实体状态的尺寸。即外尺寸要素的上极限尺寸，内尺寸要素的下极限尺寸。

3）最大实体边界（MMB）：是指最大实体状态的理想形状的极限包容面。

（2）最小实体状态、尺寸及其边界

1）最小实体状态（LMC）：是指假定提取组成要素的局部尺寸处处位于极限尺寸且使其具有实体最小时的状态。

2）最小实体尺寸（LMS）：确定要素最小实体状态的尺寸。即外尺寸要素的下极限尺寸，内尺寸要素的上极限尺寸。

3）最小实体边界（LMB）：是指最小实体状态的理想形状的极限包容面。

4. 实效状态、尺寸及其边界

（1）最大实体实效状态、尺寸及其边界

1）最大实体实效尺寸（MMVS）：尺寸要素的最大实体尺寸与其导出要素的几何公差（形状、方向或位置）共同作用产生的尺寸。

对于外尺寸要素：MMVS = MMS + 几何公差；

对于内尺寸要素：MMVS = MMS − 几何公差。

2）最大实体实效状态（MMVC）：拟合要素的尺寸为其最大实体实效尺寸时的状态。

3）最大实体实效边界（MMVB）：最大实体实效状态对应的极限包容面。

当几何公差是方向公差时，最大实体实效状态和最大实体实效边界受其方向所约束；当几何公差是位置公差时，最大实体实效状态和最大实体实效边界受其位置所约束。

(2) 最小实体实效状态、尺寸及其边界

1) 最小实体实效尺寸（LMVS）：尺寸要素的最小实体尺寸与其导出要素的几何公差（形状、方向或位置）共同作用产生的尺寸。

$$对于外尺寸要素：LMVS = LMS - 几何公差；$$

$$对于内尺寸要素：LMVS = LMS + 几何公差。$$

2) 最小实体实效状态（LMVC）：拟合要素的尺寸为其最大实体实效尺寸时的状态。

3) 最小实体实效边界（LMVB）：最小实体实效状态对应的极限包容面。

当几何公差是方向公差时，最小实体实效状态和最小实体实效边界受其方向所约束；当几何公差是位置公差时，最小实体实效状态和最小实体实效边界受其位置所约束。

二、公差原则

国标规定，公差原则包括独立原则和相关要求，相关要求又包括包容要求、最大实体要求、最小实体要求及其可逆要求。在此仅讨论独立原则、相关要求中的包容要求和最大实体要求。

1. 独立原则

（1）独立原则的含义　是指图样上给定的每一个尺寸和几何（形状、方向或位置公差）要求均是独立的，应分别满足要求的公差原则。如果对尺寸和几何（形状、方向或位置公差）要求之间有特定要求，应在图样上规定。

这是尺寸公差和几何公差相互关系遵循的基本原则。凡是图样上给出的尺寸公差和几何公差未用特定符号或文字说明它们有联系的，均视为遵循独立原则，如图 2-42a 所示，提取圆柱面的局部尺寸应在上极限尺寸与下极限尺寸即 $\phi 149.96 \sim \phi 150$mm 之间，其形状误差应在给定的相应形状公差之内，不论提取圆柱面的局部尺寸如何变动，均允许达到给定的最大值，如图 2-42b、c、d 所示。

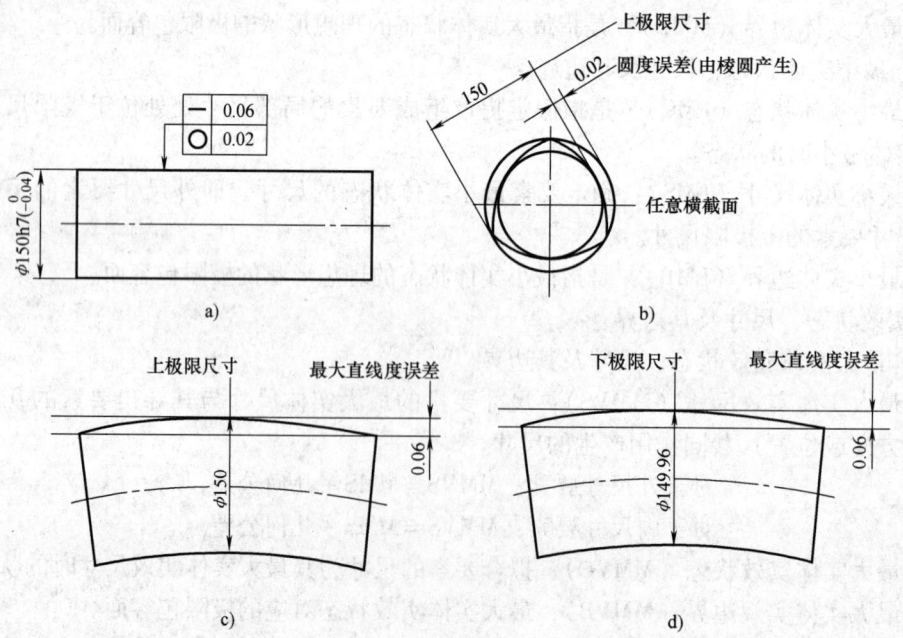

图 2-42　独立原则标注示例

（2）独立原则的特点

1）尺寸公差仅控制要素的提取组成要素的局部尺寸，不控制其几何误差。

2）给出的几何公差为定值，不随提取组成要素的局部尺寸的变化而变化。

（3）独立原则的应用 一般用于非配合零件，或对几何误差要求严格而对尺寸误差要求相对较低的场合。

2. 相关要求 是指图样上给定的尺寸公差和几何公差相互有关的公差要求，它包括包容要求、最大实体要求（MMR）[包括附加于最大实体要求的可逆要求（RPR）]和最小实体要求（LMR）[包括附加于最小实体要求的可逆要求（RPR）]。

（1）包容要求

1）包容要求的含义：是指尺寸要素的非理想要素不得违反其最大实体实效边界的一种尺寸要素要求。它表示提取组成要素不得超越其最大实体边界，其局部尺寸不得超出最小实体尺寸。

2）包容要求的适用范围：适用于处理圆柱表面或两平行对应面。

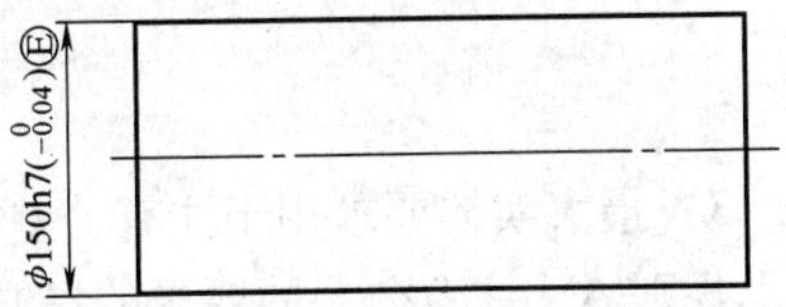

采用包容要求的尺寸要素应在其尺寸极限偏差或公差带代号之后加注符号Ⓔ，如图2-43所示，轴 $\phi150h7\,({}_{-0.04}^{0})$ 表示采用包容要求（Ⓔ），提取圆柱面应在其最大实体边界之内，该边界的尺寸为最大实体尺寸 $\phi150mm$。其局部尺寸不得小于149.96mm，如图2-44所示。

图2-43 包容要求标注示例

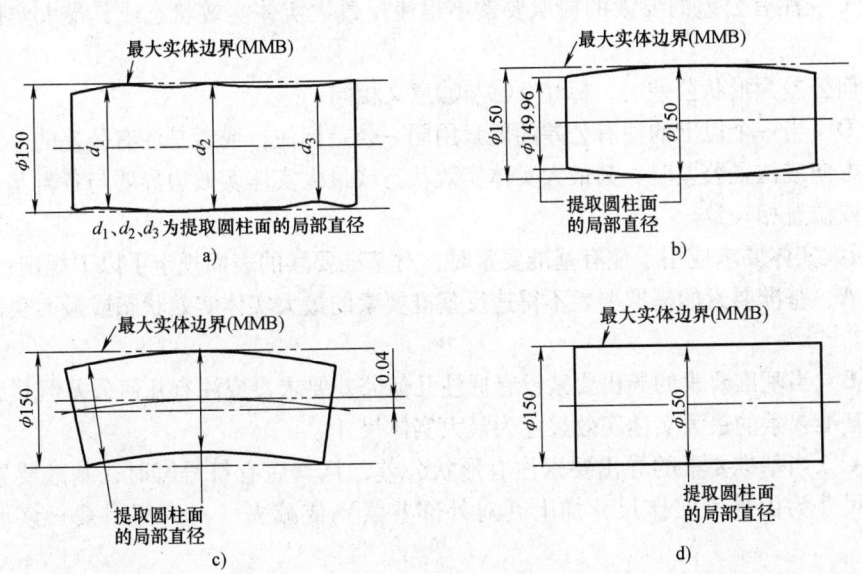

图2-44 包容要求标注说明

由此可见，尺寸公差不仅限制了提取组成要素的局部尺寸，还控制了要素的几何误差。

（2）最大实体要求

1）最大实体要求的含义：是指尺寸要素的非理想要素不得违反其最大实体实效状态的一种尺寸要素要求，即尺寸要素的非理想要素不得超越其最大实体实效状态的一种尺寸要素要求。

2) 最大实体要求的适用范围：只适用于尺寸要素的尺寸和导出要素几何公差的综合要求。

当最大实体要求应用于注有公差的要素时，应在导出要素的几何公差值后标注符号Ⓜ，如图 2-45a 所示；当用于基准要素时，应在几何公差框格内的基准字母后标注符号Ⓜ，如图 2-45b 所示。

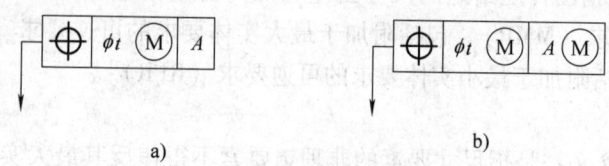

图 2-45 最大实体要求的图样标注

3) 最大实体要求用于注有公差的要素时，对尺寸要素的表面规定了以下规则：

规则 A 注有公差的要素的提取局部尺寸要：①对于外尺寸要素，等于或小于最大实体尺寸；②对于内尺寸要素，等于或大于最大实体尺寸。

但当标有可逆要求，即在Ⓜ之后加注Ⓡ时，此规则可以改变。

规则 B 注有公差的要素的提取局部尺寸要：①对于外尺寸要素，等于或大于最小实体尺寸；②对于内尺寸要素，等于或小于最小实体尺寸。

规则 C 注有公差的要素的提取要素不得违反最大实体实效状态或其最大实体实效边界。

当几何公差为形状公差时，标注 0 Ⓜ 与 Ⓔ 意义相同。

规则 D 当一个以上的注有公差的要素用同一公差标注，或者是注有公差的要素的导出要素标注方向或位置公差时，其最大实体实效状态或最大实体实效边界要与各自基准的理论正确方向或位置相一致。

4) 最大实体要求应用于注有基准要素时，对基准要素的表面规定了以下规则：

规则 A 基准要素的提取要素不得违反基准要素的最大实体实效状态或最大实体实效边界。

规则 B 当基准要素的导出要素没有标注几何公差要求，或注有几何公差但其后没有符号Ⓜ时，基准要素的最大实体实效尺寸为最大实体尺寸。

规则 C 当基准要素的导出要素注有形状公差，且其后有符号Ⓜ时，基准要素的最大实体实效尺寸为由最大实体尺寸加上（对外部要素）或减去（对内部因素）该形状公差值。

5) 最大实体要求的应用示例：

例 2-1 轴的提取要素具有尺寸要求和形状要求的 MMR 示例，如图 2-46a 所示。

基于 GB/T 16671—2009 给出的规则和定义，对本图例解释如下：

①轴的提取要素不得违反其最大实体实效状态，其直径为 MMVS = MMS + 几何公差 = $\phi 35$mm + $\phi 0.1$mm = $\phi 35.1$mm；

②轴的提取要素各处的局部直径应大于 LMS = 34.9mm 且应小于 MMS = 35mm；

③轴线的直线度公差（$\phi 0.1$mm）是该轴为其最大实体状态时给定的；若该轴为其最小

实体状态,其轴线直线度误差允许达到的最大值,即图 2-46a 中给定的轴线直线度公差 (ϕ0.1mm) 与该轴的尺寸公差 (0.1mm) 之和 ϕ0.2mm;

④若该轴处于最大实体状态与最小实体状态之间,其轴线直线度公差在 ϕ0.1 ~ ϕ0.2mm 之间变化,图 2-46c 给出了表述上述关系的动态公差图。

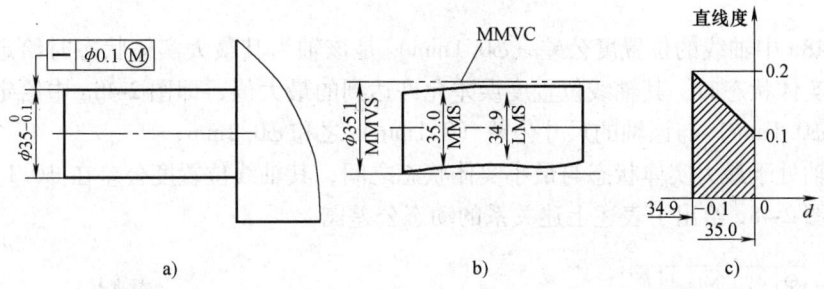

图 2-46 轴的提取要素具有尺寸要求和对其轴线形状(直线度)要求的 MMR 示例
a) 图样标注 b) 解释 c) 动态公差图

例 2-2 孔的提取要素具有尺寸要求和方向要求的 MMR 示例,如图 2-47a 所示。

基于 GB/T 16671—2009 给出的规则和定义,对本图例解释如下:

①孔的提取要素不得违反其最大实体实效状态,其直径为 MMVS = MMS − 几何公差 = ϕ35.2mm − ϕ0.1mm = ϕ35.1mm;

②孔的提取要素各处的局部直径应小于 LMS = 35.3mm 且应大于 MMS = 35.2mm;

③MMVC 的方向与基准垂直,但其位置无约束;

④孔的轴线的垂直度公差 (ϕ0.1mm) 是该孔为其最大实体状态时给定的;若该孔为其最小实体状态时,其轴线垂直度误差允许达到的最大值,即图 2-47a 中给定的轴线垂直度公差 (ϕ0.1mm) 与该孔的尺寸公差 (0.1mm) 之和 ϕ0.2mm;

⑤若该孔处于最大实体状态与最小实体状态之间,其轴线垂直度公差在 ϕ0.1 ~ ϕ0.2mm 之间变化,图 2-47c 给出了表述上述关系的动态公差图。

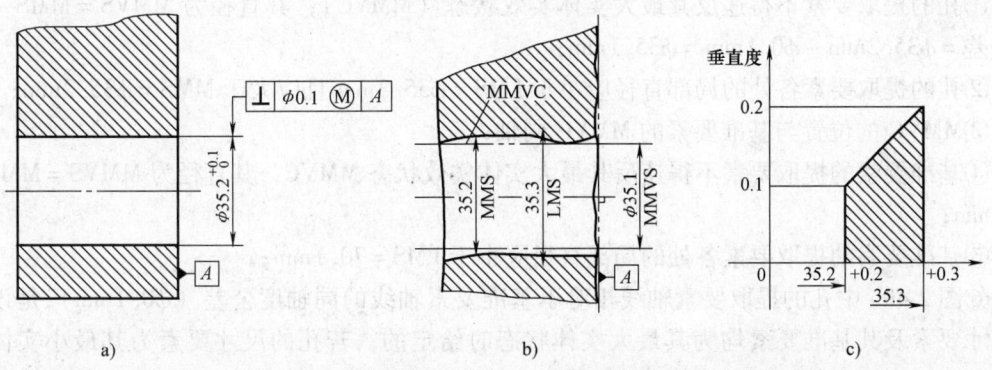

图 2-47 孔的提取要素具有尺寸要求和对其轴线具有方向(垂直度)要求的 MMR 示例
a) 图样标注 b) 解释 c) 动态公差图

例 2-3 轴的提取要素具有尺寸要求和位置要求的 MMR 示例,如图 2-48a 所示。

基于 GB/T 16671—2009 给出的规则和定义,对本图例解释如下:

①轴的提取要素不得违反其最大实体实效状态，其直径为 MMVS = MMS + 几何公差 = $\phi35$mm + $\phi0.1$mm = $\phi35.1$mm；

②轴的提取要素各处的局部直径应大于 LMS = 34.9mm 且应小于 MMS = 35.0mm；

③MMVC 的方向与基准 A 相垂直，并且其位置在与基准 B 相距 35mm 的理论正确位置上；

④图 2-48a 中轴线的位置度公差（$\phi0.1$mm）是该轴为其最大实体状态时给定的；若该轴为其最小实体状态时，其轴线位置度误差允许达到的最大值，即图 2-48a 中给定的轴线位置度公差（$\phi0.1$mm）与该轴的尺寸公差（0.1mm）之和 $\phi0.2$mm；

⑤若该轴处于最大实体状态与最小实体状态之间，其轴线位置度公差在 $\phi0.1 \sim \phi0.2$mm 之间变化，图 2-48c 给出了表述上述关系的动态公差图。

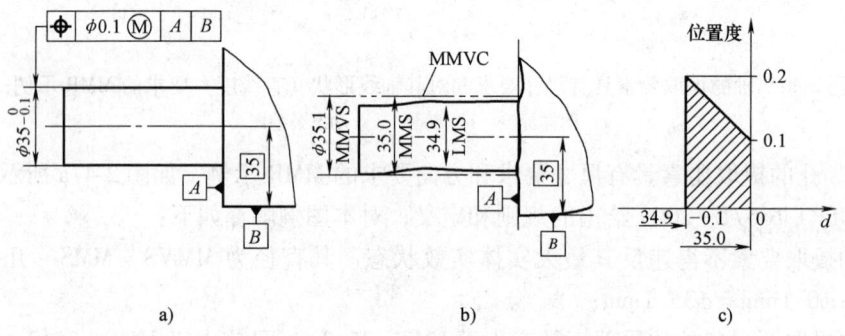

图 2-48　轴的提取要素具有尺寸要求和对其轴线位置（位置度）要求的 MMR 示例
a）图样标注　b）解释　c）动态公差图

例 2-4　孔的提取要素和基准同时具有尺寸要求和位置要求的 MMR 示例，如图 2-49a 所示。

基于 GB/T 16671—2009 给出的规则和定义，对本图例解释如下：

①孔的提取要素不得违反其最大实体实效状态（MMVC），其直径为 MMVS = MMS − 几何公差 = $\phi35.2$mm − $\phi0.1$mm = $\phi35.1$mm；

②孔的提取要素各处的局部直径应小于 LMS = $\phi35.3$mm 且应大于 MMS = $\phi35.2$mm；

③MMVC 的位置与基准要素的 MMVC 同轴；

④基准要素的提取要素不得违反其最大实体实效状态 MMVC，其直径为 MMVS = MMS = 70.0mm；

⑤基准要素的提取要素各处的局部直径应小于 LMS = 70.1mm；

⑥图 2-49a 中孔的提取要素轴线相对于基准要素轴线的同轴度公差（$\phi0.1$mm）是该孔的尺寸要素及其基准要素均为其最大实体状态时给定的；若孔的尺寸要素为其最小实体状态，基准要素仍为其最大实体状态时，孔的尺寸要素的轴线同轴度误差允许达到的最大值，即图 2-49a 中给定的同轴度公差（$\phi0.1$mm）与其尺寸公差（0.1mm）之和 $\phi0.2$mm；若图 2-49a 孔的尺寸要素处于最大实体状态与最小实体状态之间，基准要素仍为其最大实体状态时，则其轴线同轴度公差在 $\phi0.1 \sim \phi0.2$mm 之间变化。

⑦若基准要素偏离其最大实体状态，由此可使其轴线相对于其理论正确位置有一些浮

动（偏移、倾斜或弯曲）；若基准要素为其最小实体状态时，则其轴线相对于其理论正确位置的最大浮动量可以达到的最大值为 φ0.1(70.0 – 69.9)mm，在此情况下，若孔的尺寸要素也为其最小实体状态，则其轴线与基准要素轴线的同轴度误差可能会超过 φ0.3mm[图2-49a中给定的同轴度公差（φ0.1mm）、孔的尺寸要素的尺寸公差（0.1mm）与基准要素的尺寸公差（0.1mm）三者之和]，同轴度误差的最大值可以根据零件具体的结构尺寸近似估算。

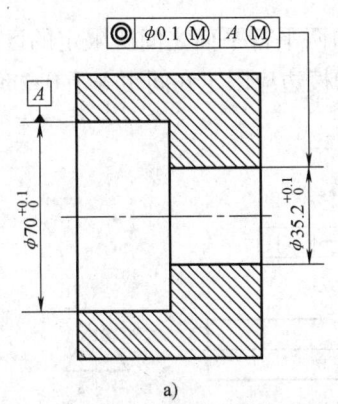 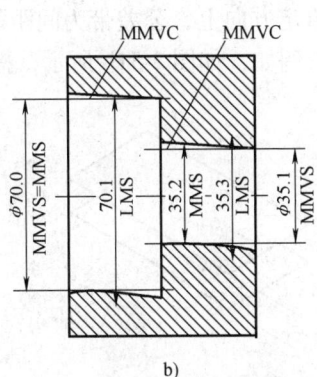

图 2-49 孔的提取要素具有尺寸要求和对其轴线具有位置（同轴度）要求的 MMR 和作为基准的尺寸要素具有尺寸要求同时也用 MMR 的示例
a) 图样标注 b) 解释

第五节 几何公差的定义和解释

一、几何公差的定义

学习几何公差主要搞清楚几何公差带的大小、形状、方向和位置四个要素，以及被测要素和基准要素六个方面的问题。对于几何公差带的方向和位置，我们前面已阐述，而几何公差带的大小、形状、被测要素和基准要素则可从几何公差带定义中可以知道。

1. 形状公差带

形状公差带是限制实际要素变动的区域。它由大小、形状、方向和位置四个要素组成，这四个要素均由形状公差的项目和最小条件决定。而形状公差带值是形状误差的最大允许值。

形状公差带的方向和位置一般是浮动的，大小就是公差框格中的公差值。

(1) 直线度公差 是限制被测实际直线对理想直线的变动全量。被测实际直线主要有平面内的直线、直线回转体（圆柱和圆锥）上的素线、平面与平面的交线（形成空间直线）和轴线等。

直线度公差带形状主要有：

1) 在给定平面内，公差带为间距等于公差值 t 的两平行直线之间所限定的区域，如图 2-50a 所示。例如，如图 2-50b 所示，在任一平行于图示投影面的平面内，上平面的提取（实际）线应限定在间距等于 0.1mm 的两平行直线内。

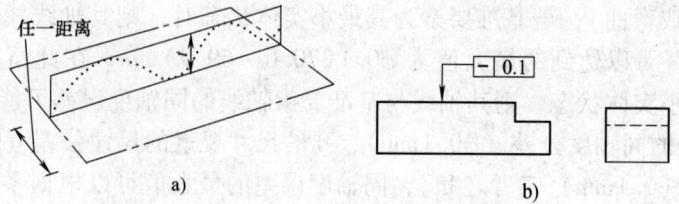

图 2-50　直线度公差带形状为两平行直线

2）在给定方向上，公差带为间距等于公差值 t 的两平行平面之间所限定的区域，如图 2-51a 所示。例如，如图 2-51b 所示，提取（实际）的棱边应限定在间距等于 0.1mm 的两平行平面内。

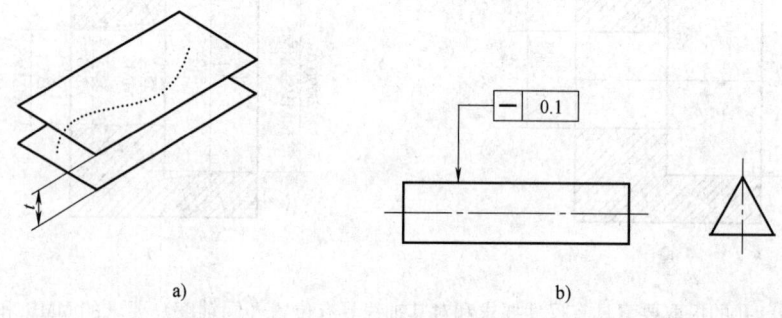

图 2-51　直线度公差带形状为两平行平面

3）在任意方向上，公差带为直径等于公差值 ϕt 的圆柱面所限定的区域，如图 2-52a 所示。例如，如图 2-52b 所示的外圆柱面的提取（实际）中心线应限定在直径等于 $\phi 0.08$mm 圆柱面内。

凡公差值 t 前加注表示直径的符号"ϕ"，即以"ϕt"表示公差带的形状为一个圆柱。

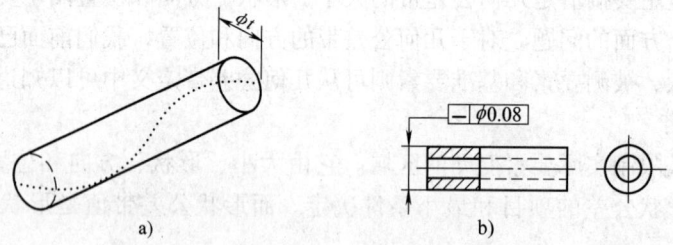

图 2-52　直线度公差带形状为一个圆柱

（2）平面度公差　是限制提取（实际）表面对其理想平面的变动全量，用于对提取（实际）表面的形状精度提出要求。

平面度的公差带为间距等于公差值 t 的两平行平面所限定的区域，如图 2-53a 所示。例如，如图 2-53b 所示，提取（实际）表面应限定在间距等于 0.08mm 的两平行平面之间。

（3）圆度公差　是限制提取（实际）圆（圆锥）对其理想圆（圆锥）的变动全量，用于对回转面在任意横截面上的圆轮廓提出形状精度要求。

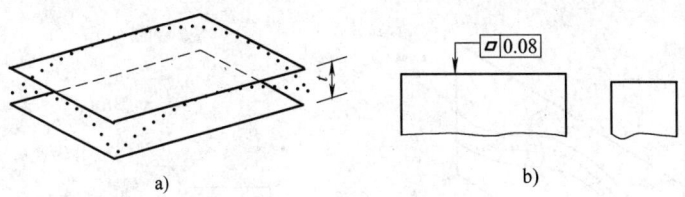

图 2-53 平面度的公差带

圆度公差带是在给定横截面内、半径差等于公差值 t 的两同心圆所限定的区域,如图 2-54a 所示。例如,如图 2-54b 所示,在圆柱面和圆锥面的任意横截面内,提取(实际)圆周应限定在半径差等于 0.03mm 的两共面同心圆之间。

(4) 圆柱度公差 是限制提取(实际)圆柱面对其理想圆柱面的变动全量。用于对提取(实际)圆柱面所有正截面和纵截面上的轮廓提出综合性形状精度要求。圆柱度公差可以同时控制圆度、素线和轴线的直线度,以及两条素线的平行度等。

圆柱度公差带是指半径差等于公差值 t 的两同轴圆柱面所限定的区域,如图 2-55a 所示。例如,如图 2-55b 所示,提取(实际)圆柱面应限定在半径差等于 0.1mm 的两同轴圆柱面之间。

(5) 无基准的线轮廓度公差 线轮廓度公差带和面轮廓度公差带,它们可以无基准要求也可以有基准要求,前者属于形状公差,后者属于方向公差。

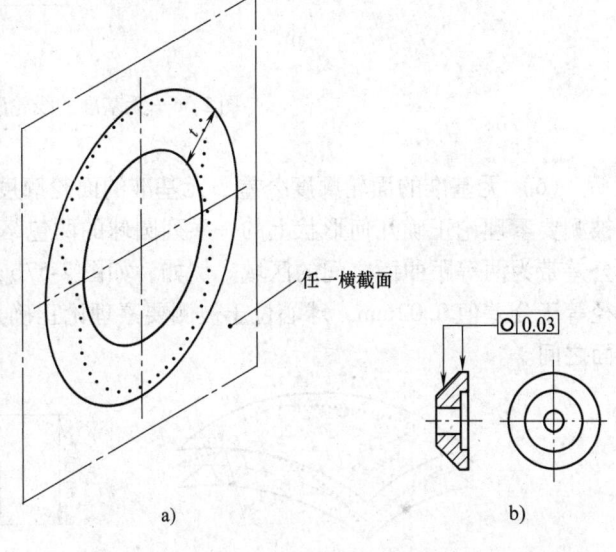

图 2-54 圆度公差带

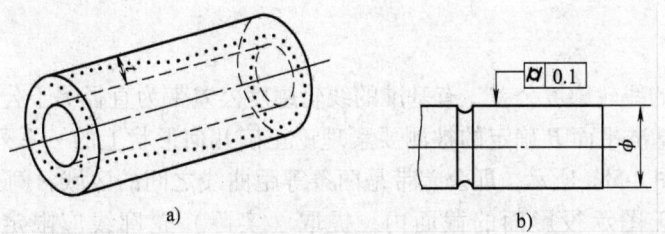

图 2-55 圆柱度公差带

无基准的线轮廓度公差带为直径等于公差值 t、圆心位于具有理论正确几何形状上的一系列圆的两包络线所限定的区域,如图 2-56a 所示,即公差带是两条等距曲线之间的区域。例如,如图 2-56b 所示,在任一平行于图示投影面的截面内,提取(实际)轮廓线应限定在直径为公差值 0.04mm、圆心位于被测要素理论正确几何形状的一系列圆的两包络线之间。

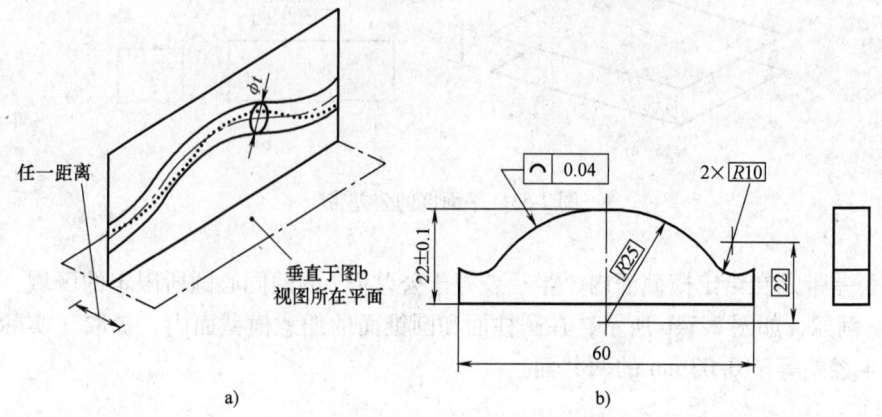

图 2-56 无基准的线轮廓度公差

（6）无基准的面轮廓度公差　无基准的面轮廓度公差带为直径等于公差值 t、球心位于被测要素理论正确几何形状上的一系列圆球的两包络面所限定的区域，如图 2-57a 所示，即公差带为两等距曲面之间的区域。例如，如图 2-57b 所示，提取（实际）轮廓面应限定在直径等于公差值 0.02mm，球心位于被测要素理论正确几何形状上的一系列圆球的两等距包络面之间。

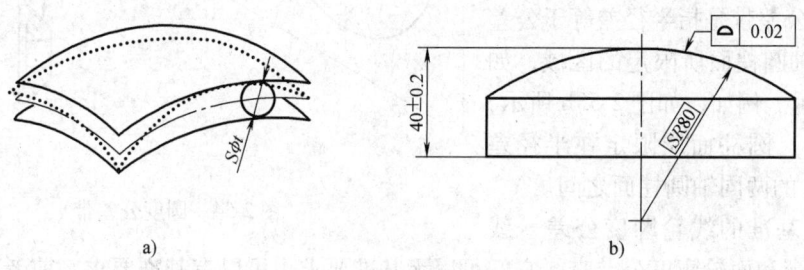

图 2-57 无基准的面轮廓度公差

2. 方向公差

（1）有基准的线轮廓度公差　有基准的线轮廓度公差带为直径等于公差值 t、圆心位于由基准平面 A 和基准平面 B 确定的被测要素理论正确几何形状上的一系列圆的两包络线所限定的区域，如图 2-58a 所示，即公差带是两条等距曲线之间的区域。例如，如图 2-58b 所示，在任一平行于图示投影面的截面内，提取（实际）轮廓线应限定在直径为公差值 0.04mm、圆心位于由基准平面 A 和基准平面 B 确定的被测要素理论正确几何形状的一系列圆的两包络线之间。

（2）有基准的面轮廓度公差　有基准的面轮廓度公差带为直径等于公差值 t、球心位于由基准平面 A 确定的被测要素理论正确几何形状上的一系列圆球的两包络面所限定的区域，如图 2-59a 所示，即公差带为两等距曲面之间的区域。例如，如图 2-59b 所示，提取（实际）轮廓面应限定在直径等于公差值 0.01mm，球心位于由基准平面 A 确定的被测要素理论正确几何形状上的一系列圆球的两等距包络面之间。

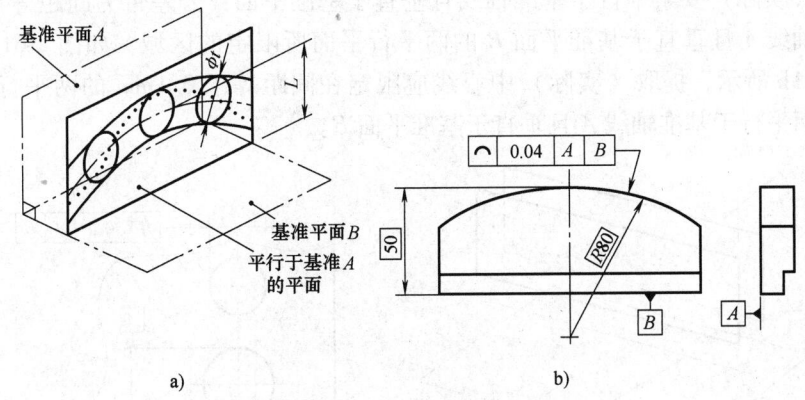

图 2-58 有基准的线轮廓度公差

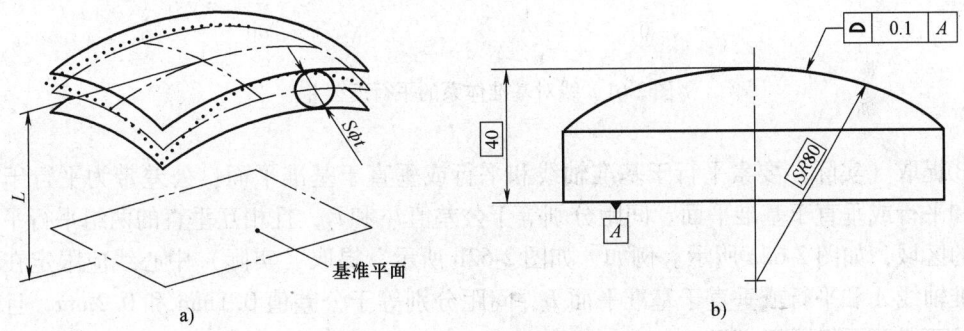

图 2-59 有基准的面轮廓度公差

（3）平行度公差 是限制提取（实际）要素对基准在平行方向上的变动全量。

1）线对基准体系的平行度公差有以下四种情况：

①提取（实际）要素平行于两基准：公差带为间距等于公差值 t、平行于两基准的两平行平面所限定的区域，如图 2-60a 所示。例如，如图 2-60b 所示，提取（实际）中心线应限定在间距等于 0.1mm、平行于基准轴线 A 和基准平面 B 的两平行平面之间。

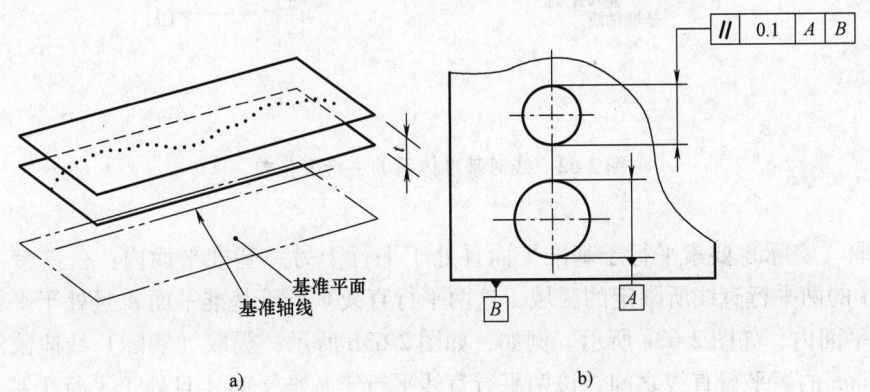

图 2-60 线对基准体系的平行度公差

②提取（实际）要素平行于基准轴线且垂直于基准平面：公差带为间距等于公差值 t、平行于基准轴线 A 且垂直于基准平面 B 的两平行平面所限定的区域，如图 2-61a 所示。例如，如图 2-61b 所示，提取（实际）中心线应限定在间距等于 0.1mm 的两平行平面之间，该两平行平面平行于基准轴线 A 且垂直于基准平面 B。

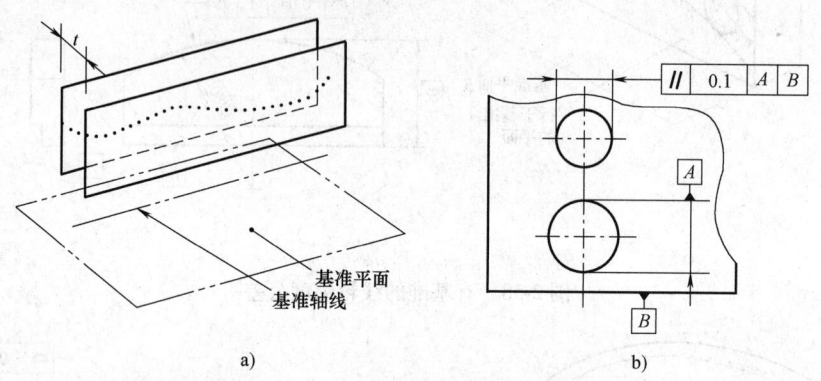

图 2-61　线对基准体系的平行度公差

③提取（实际）要素平行于基准轴线和平行或垂直于基准平面：公差带为平行于基准轴线和平行或垂直于基准平面、间距分别等于公差值 t_1 和 t_2，且相互垂直的两组平行平面所限定的区域，如图 2-62a 所示。例如，如图 2-62b 所示，提取（实际）中心线应限定在平行于基准轴线 A 和平行或垂直于基准平面 B、间距分别等于公差值 0.1mm 和 0.2mm，且相互垂直的两组两平行平面之间。

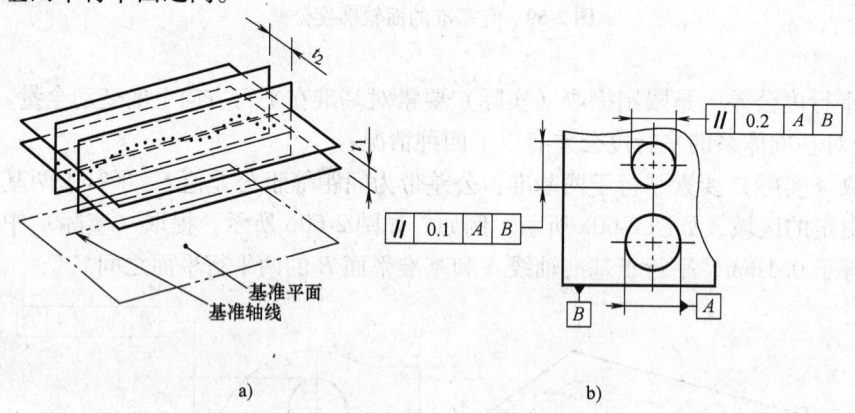

图 2-62　线对基准体系的平行度公差

④提取（实际）要素平行于基准平面且处于平行于另一基准平面内：公差带为间距等于公差值 t 的两平行直线所限定的区域，这两平行直线平行于基准平面 A 且处于平行于基准平面 B 的平面内，如图 2-63a 所示。例如，如图 2-63b 所示，提取（实际）线应限定在间距等于 0.02mm 的两平行直线之间，该两平行直线平行于基准平面 A 且处于平行于基准平面 B 的平面内。

2）线对基准线的平行度公差：若公差数值前加注了"ϕ"，公差带为平行于基准轴线、

直径等于公差值 ϕt 且的圆柱面所限定的区域,如图2-64a所示。例如,如图2-64b所示,提取(实际)中心线应限定在平行于基准轴线 A、直径等于 $\phi 0.03$mm 的圆柱面内。

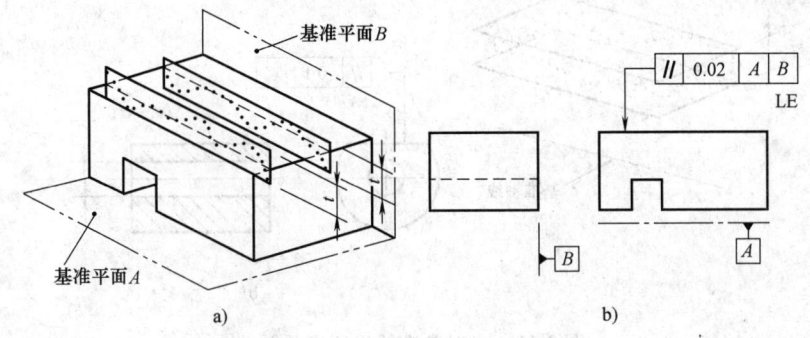

图2-63 线对基准体系的平行度公差

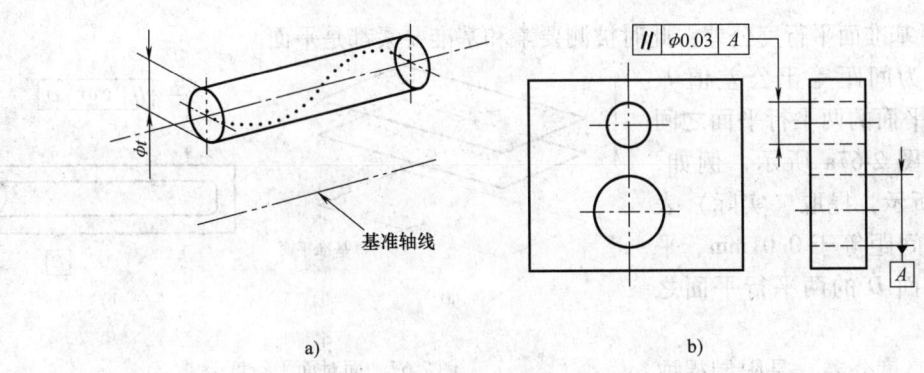

图2-64 线对基准线的平行度公差

3)线对基准面平行度公差:此时被测要素为直线,基准要素为平面。

公差带为平行于基准平面、间距等于公差值 t 的两平行平面所限定的区域,如图2-65a所示,例如,如图2-65b所示,提取(实际)中心线应限定在平行于基准平面 B、间距等于 0.01mm 的两平行平面之间。

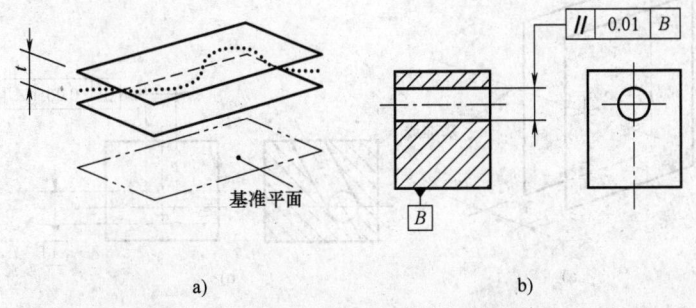

图2-65 线对基准面平行度公差

4)面对基准线平行度公差:此时被测要素为平面,基准要素为直线。

公差带为间距等于公差值 t、平行于基准线的两平行平面之间的区域,如图2-66a所示。

例如，如图 2-66b 所示，提取（实际）表面应限定在间距等于 0.1mm、平行于基准线 C 的两平行平面之间。

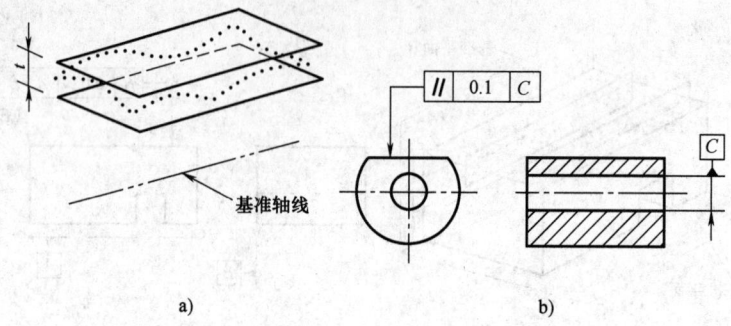

图 2-66 面对基准线平行度公差

5) 面对基准面平行度公差：此时被测要素和基准要素都是平面。

公差带为间距等于公差值 t、平行于基准平面的两平行平面之间的区域，如图 2-67a 所示，例如，如图 2-67b 所示，提取（实际）表面应限定在间距等于 0.01mm、平行于基准平面 D 的两平行平面之间。

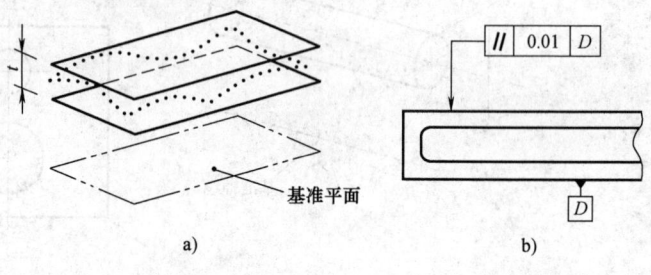

图 2-67 面对面平行度公差

(4) 垂直度公差 是限制提取（实际）要素对基准在垂直方向上的变动全量。

1) 线对基准线的垂直度公差：此时被测要素和基准要素均为直线。

线对线垂直度公差带为间距等于公差值 t、垂直于基准线的两平行平面所限定的区域，如图 2-68a 所示。例如，如图 2-68b 所示，提取（实际）中心线应限定在间距等于 0.06mm 垂直于基准轴线 A 的两平行平面之间。

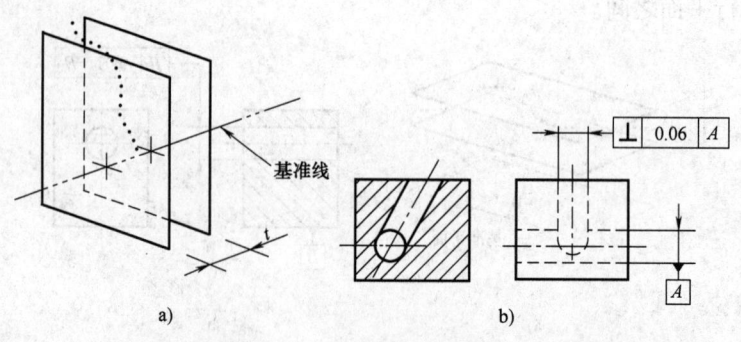

图 2-68 线对基准线垂直度公差

2) 线对基准体系的垂直度公差：此时被测要素为直线，基准要素为平面。根据所给出的检测方向，可分为以下几种情况。

①给定方向上，线对基准体系垂直度公差带为间距等于公差值 t 的两平行平面所限定的区域，该两平行平面垂直于基准平面 A，且平行于基准平面 B，如图 2-69a 所示。例如，如图 2-69b 所示，圆柱面的提取（实际）中心线应限定在间距等于 0.1mm 的两平行平面之间，该两平行平面垂直于基准平面 A，且平行于基准平面 B。

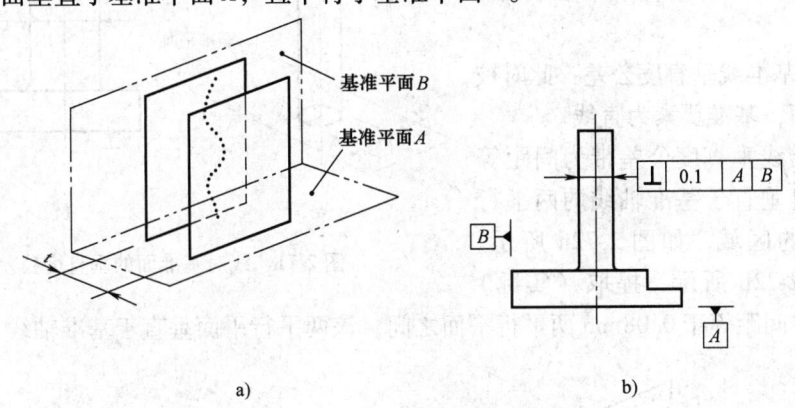

图 2-69 给定方向上线对面垂直度公差

②给定互相垂直的两个方向上：线对基准体系垂直度公差带为间距分别等于公差值 t_1 和 t_2，且互相垂直的两组平行平面所限定的区域，该两组平行平面都垂直于基准平面 A，其中一组平行平面垂直于基准平面 B，如图 2-70a 所示，另一组平行平面平行于基准平面 B，如图 2-70b 所示。例如，如图 2-70c 所示，圆柱面的提取（实际）中心线应限定在间距分别等于 0.1mm 和 0.2mm，且相互垂直的两组平行平面内，该两组平行平面垂直于基准平面 A，且垂直或平行于基准平面 B。

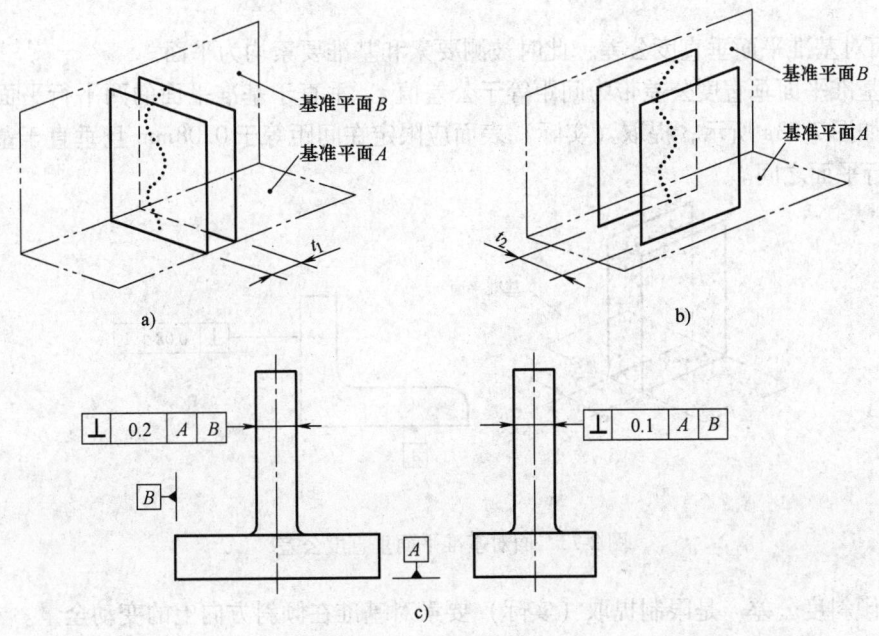

图 2-70 给定互相垂直的两个方向上线对面垂直度公差

3)线对基准面的垂直度公差:若公差数值前面加注"φ",公差带为直径等于公差值ϕt、轴线垂直于基准平面的圆柱面所限定的区域,如图2-71a所示。例如,如图2-71b所示,圆柱面的提取(实际)中心线应限定在直径等于$\phi 0.01$mm、垂直于基准平面A的圆柱面内。

4)面对基准线垂直度公差:此时被测要素为平面,基准要素为直线。

面对基准线垂直度公差带为间距等于公差值t且垂直于基准轴线的两平行平面所限定的区域,如图2-72a所示。例如,如图2-72b所示,提取(实际)

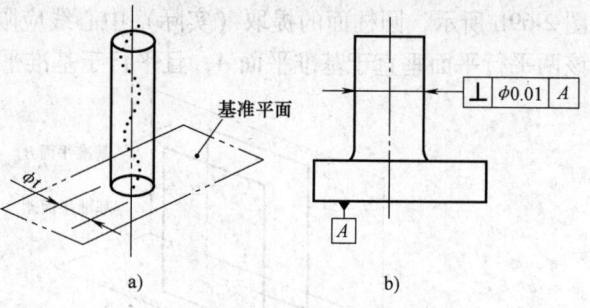

图2-71 线对基准面的垂直度公差

表面应限定在间距等于0.08mm两平行平面之间,该两平行平面垂直于基准轴线A。

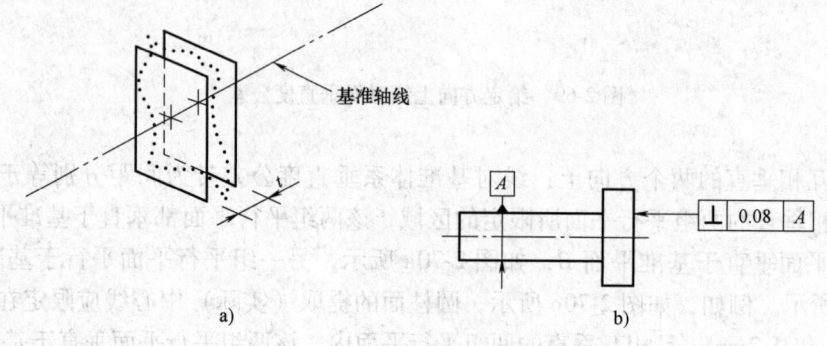

图2-72 面对基准线垂直度公差

5)面对基准平面垂直度公差:此时被测要素和基准要素均为平面。

面对基准平面垂直度公差带为间距等于公差值t、垂直于基准平面的两平行平面所限定的区域,如图2-73a所示,提取(实际)表面应限定在间距等于0.08mm且垂直于基准平面A的两平行平面之间。

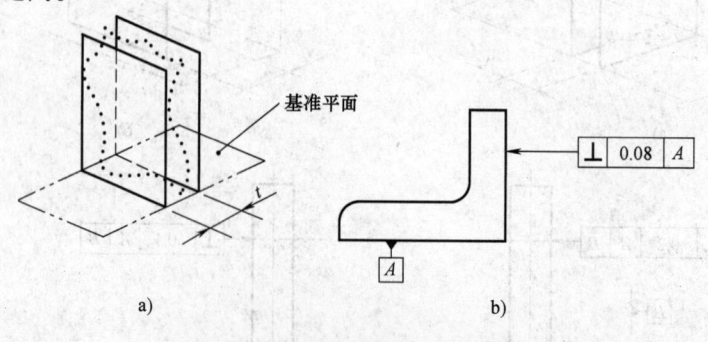

图2-73 面对基准平面垂直度公差

(5)倾斜度公差 是限制提取(实际)要素对基准在倾斜方向上的变动全量。

1)线对基准线倾斜度公差:此时被测要素和基准要素均为直线。

①被测线和基准线在同一平面内:线对基准线倾斜度公差带为间距等于公差值t的两平

行平面所限定的区域,该两平行平面按给定角度倾斜于基准轴线,如图2-74a所示。例如,如图2-74b所示,提取(实际)轴线应限定在间距等于0.08mm的两平行平面之间,该两平行平面按理论正确角度60°倾斜于公共基准轴线 $A—B$。

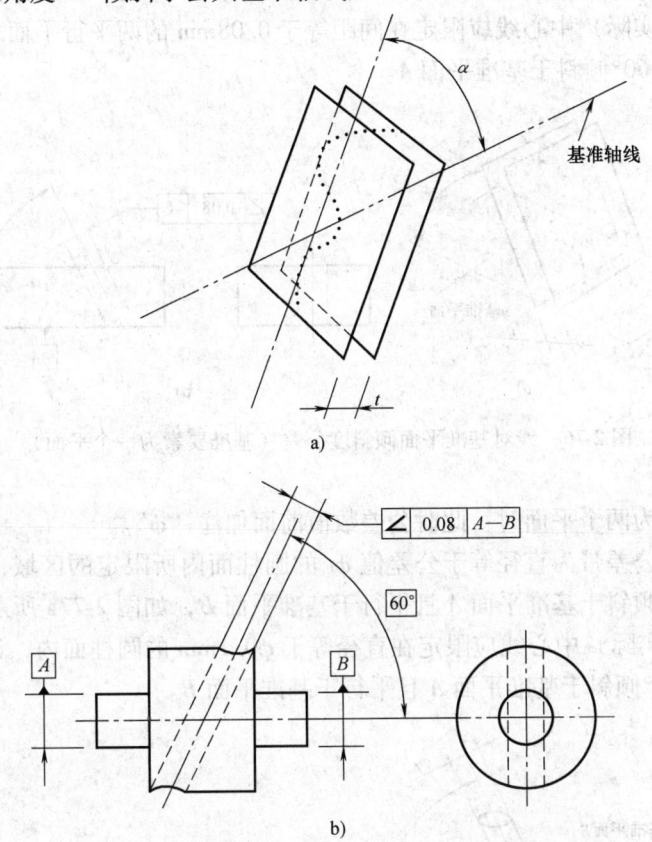

图2-74 在同一平面内线对基准线倾斜度公差带

②被测线和基准线不在同一平面内:线对基准线倾斜度公差带为间距等于公差值 t 的两平行平面所限定的区域,该两平行平面按给定角度倾斜于基准轴线,如图2-75a所示。例如,如图2-75b所示,提取(实际)轴线应限定在间距等于0.08mm的两平行平面之间,该两平行平面按理论正确角度60°倾斜于公共基准轴线 $A—B$。

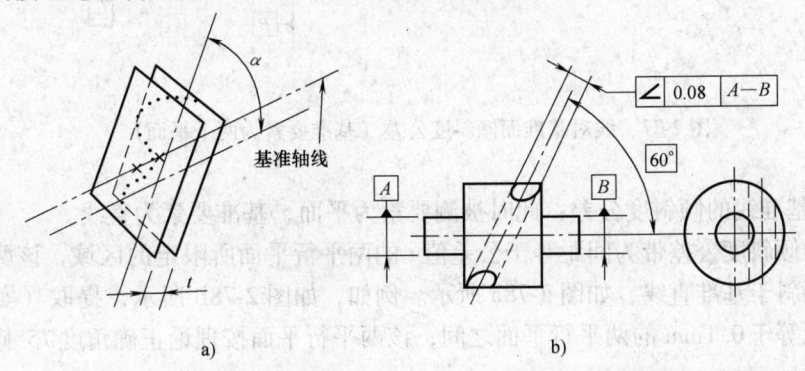

图2-75 不在同一平面内线对基准线倾斜度公差

2）线对基准面倾斜度公差：此时被测要素为直线，基准要素为平面。

①当基准要素为一个平面时：线对面倾斜度公差带为间距等于公差值 t 的两平行平面所限定的区域，该两平行平面按给定角度倾斜于基准平面，如图 2-76a 所示。例如，如图 2-76b 所示，提取（实际）中心线应限定在间距等于 0.08mm 的两平行平面之间，该两平行平面按理论正确角度 60°倾斜于基准平面 A。

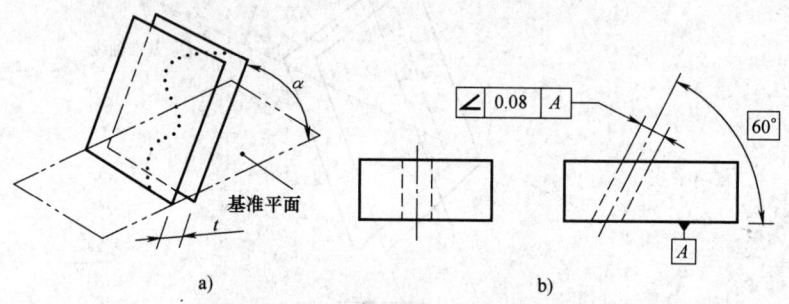

图 2-76 线对基准平面倾斜度公差（基准要素为一个平面）

②当基准要素为两个平面时：此时公差数值前面加注"ϕ"。

线对面倾斜度公差带为直径等于公差值 ϕt 的圆柱面内所限定的区域，该圆柱面公差带的轴线按给定角度倾斜于基准平面 A 且平行于基准平面 B，如图 2-77a 所示，例如，如图 2-77b 所示，提取（实际）中心线应限定在直径等于 $\phi 0.1$mm 的圆柱面内，该圆柱面的中心线按理论正确角度 60°倾斜于基准平面 A 且平行于基准平面 B。

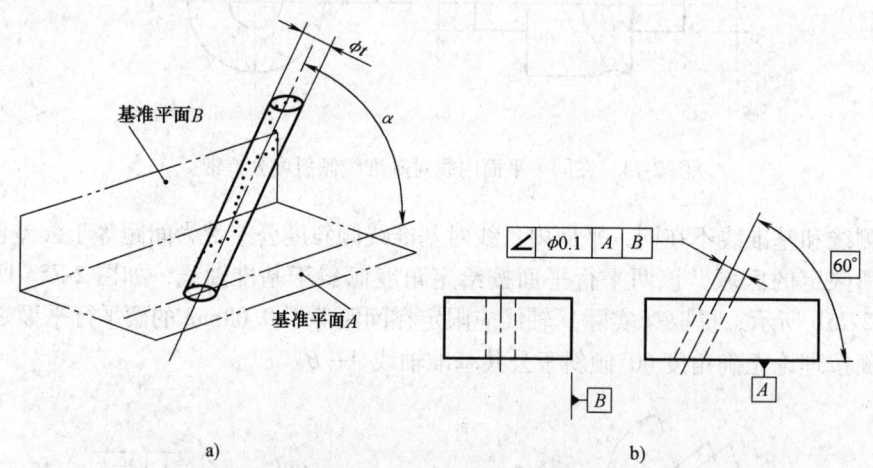

图 2-77 线对基准面倾斜度公差（基准要素为两个平面）

3）面对基准线的倾斜度公差：此时被测要素为平面，基准要素为直线。

面对线的倾斜度公差带为间距等于公差值 t 的两平行平面所限定的区域，该两平行平面按给定角度倾斜于基准直线，如图 2-78a 所示。例如，如图 2-78b 所示，提取（实际）表面应限定在间距等于 0.1mm 的两平行平面之间，该两平行平面按理论正确角度 75°倾斜于基准轴线 A。

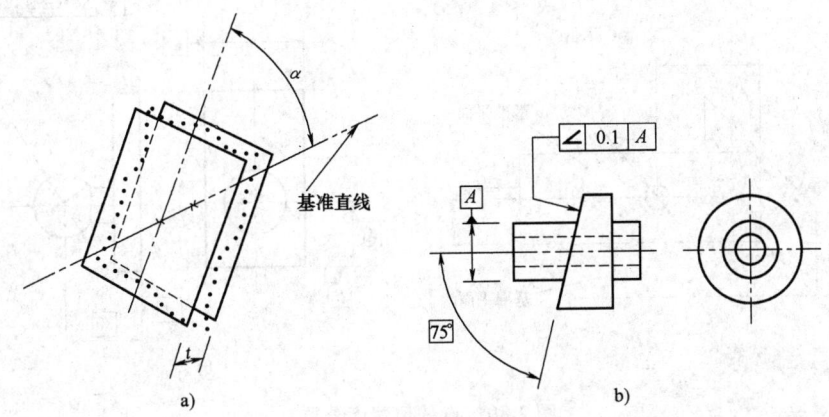

图 2-78 面对基准线的倾斜度公差

4) 面对基准面的倾斜度公差：此时被测要素和基准要素均为平面。

面对基准面的倾斜度公差带为间距等于公差值 t 的两平行平面所限定的区域，该两平行平面按给定角度倾斜于基准平面，如图 2-79a 所示。例如，如图 2-79b 所示，提取（实际）表面应限定在间距等于 0.08mm 的两平行平面之间，该两平行平面按理论正确角度 40°倾斜于基准平面。

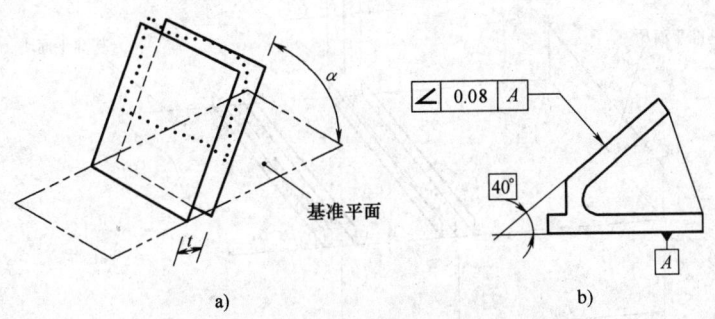

图 2-79 面对基准面的倾斜度公差

3. 位置公差

位置公差是提取（实际）要素对基准在位置上允许的变动全量。

位置公差带不但具有确定的方向，而且还具有确定的位置，其相对于基准的尺寸为理论正确尺寸。

（1）位置度公差

1) 点的位置度公差：此时公差值前加上 $S\phi$。

公差带为直径等于公差值 $S\phi t$ 的圆球面所限定的区域。该圆球面中心的理论正确位置由基准 A、B、C 和理论正确尺寸确定，如图 2-80a 所示。例如，如图 2-80b 所示，提取（实际）球心应限定在直径等于 $S\phi 0.3$mm 的圆球面内，该圆球面的中心由基准平面 A、基准平面 B、基准中心平面 C 和理论正确尺寸 30、25 确定。

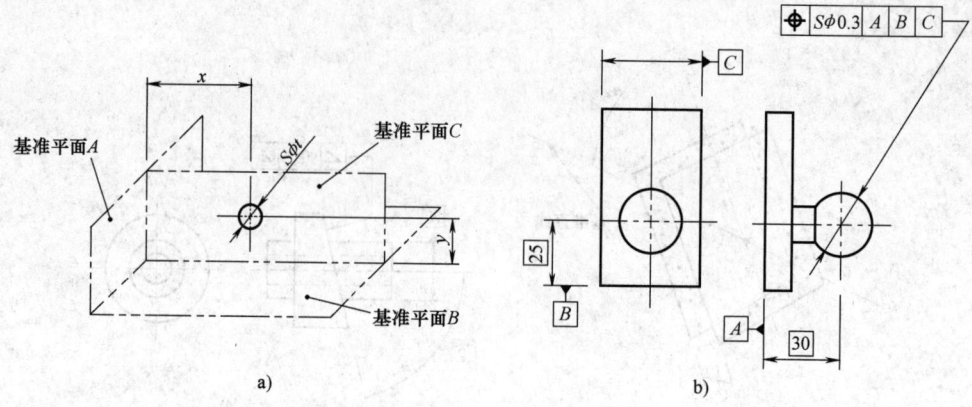

图 2-80 点的位置度公差

2) 线的位置度公差有两种情况：

①给定的一个方向上，线的位置度公差带为间距等于公差值 t、对称于线的理论正确位置的两平行平面所限定的区域。线的理论正确位置由基准平面 A、B 和理论正确尺寸确定，公差只在一个方向上给定，如图 2-81a 所示。例如，如图 2-81b 所示，各条刻线的提取（实际）中心线应限定在间距等于 0.1mm、对称于基准平面 A、B 和理论正确尺寸 25、10 确定的理论正确位置的两平行平面之间。

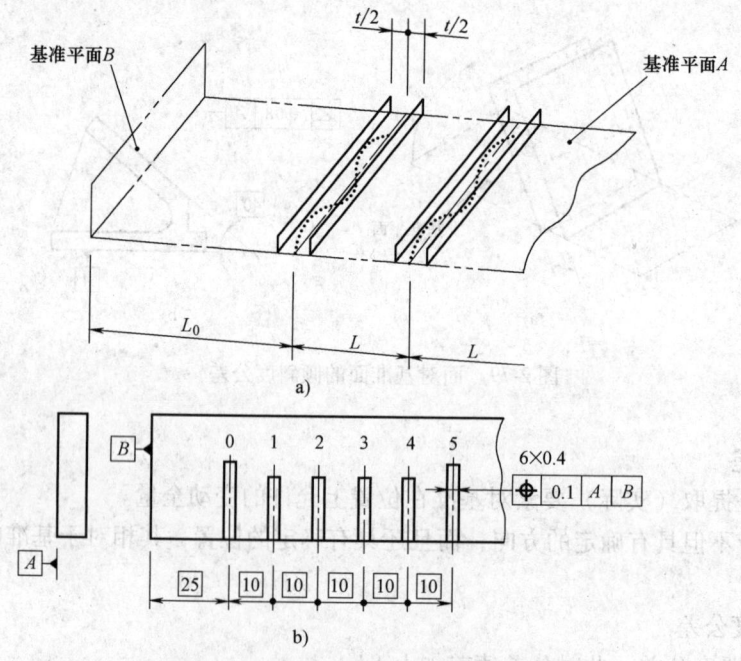

图 2-81 给定的一个方向上，线的位置度公差

②给定的两个方向上，线的位置度公差为间距分别公差值等于 t_1 和 t_2、以对称于线的理论正确（理想）位置的两对互相垂直的两平行平面所限定的区域，线的理论正确位置是由基准平面 C、A、B 和理论正确尺寸确定，该公差在基准体系的两个方向上给定，如图 2-

82a、b 所示。例如，如图 2-82c 所示，各孔的测得（实际）中心线在给定的两个方向上应各自限定在间距分别等于 0.05mm 和 0.2mm、且互相垂直的两对平行平面内，每对平行平面对称于基准平面 C、A、B 和理论正确尺寸 20、15、30 确定的各孔轴线的理论正确位置。

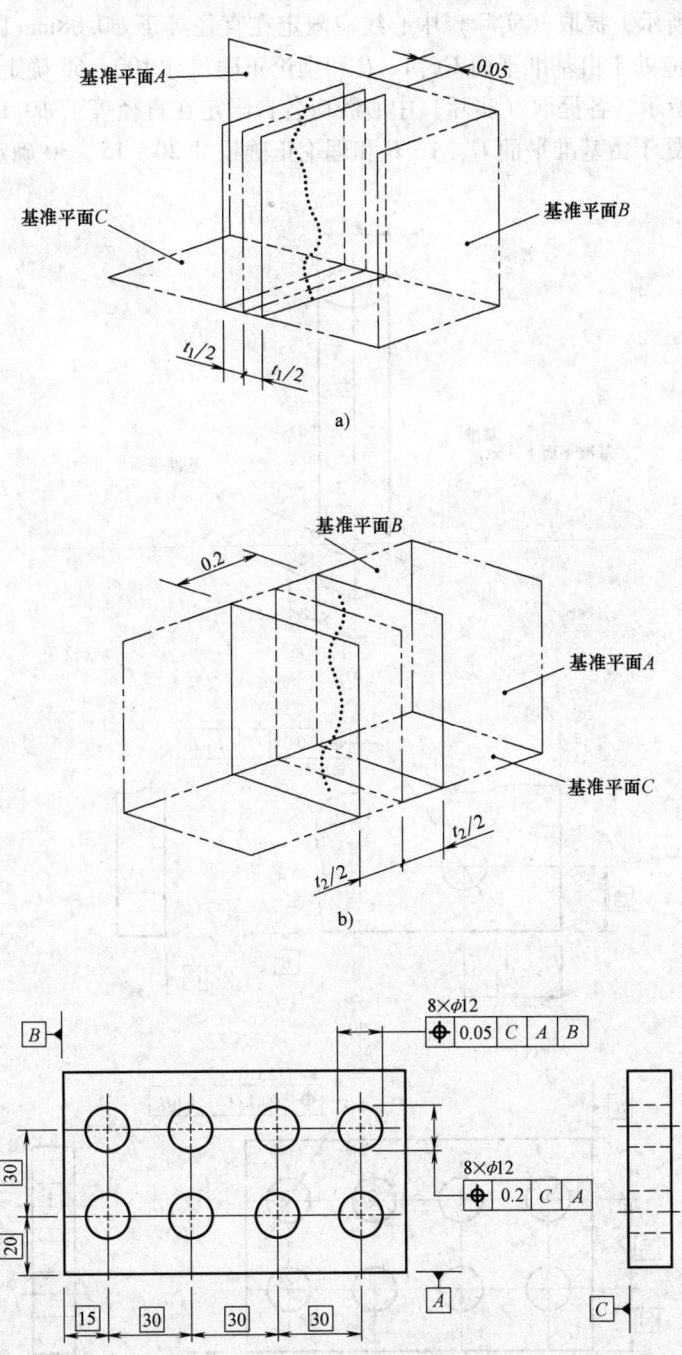

图 2-82 给定的两个方向上，线的位置度公差

③任意方向上，线的位置度公差：若公差值前面加注 ϕ，则为任意方向上线的位置度公差。

任意方向上线的位置度公差带为直径等于公差值 ϕt 的圆柱面所限定的区域，该圆柱面的轴线的位置基准平面 C、A、B 和理论正确尺寸确定，如图 2-83a 所示。例如：

如图 2-83b 所示，提取（实际）中心线应限定在直径等于 $\phi 0.08$mm 圆柱面内，该圆柱面的轴线的位置应处于由基准平面 C、A、B 和理论正确尺寸 100、68 确定的理论正确位置；

如图 2-83c 所示，各提取（实际）中心线应各自限定在直径等于 $\phi 0.1$mm 圆柱面内，该圆柱面的轴线应处于由基准平面 C、A、B 和理论正确尺寸 20、15、30 确定的各孔轴线的理论正确位置。

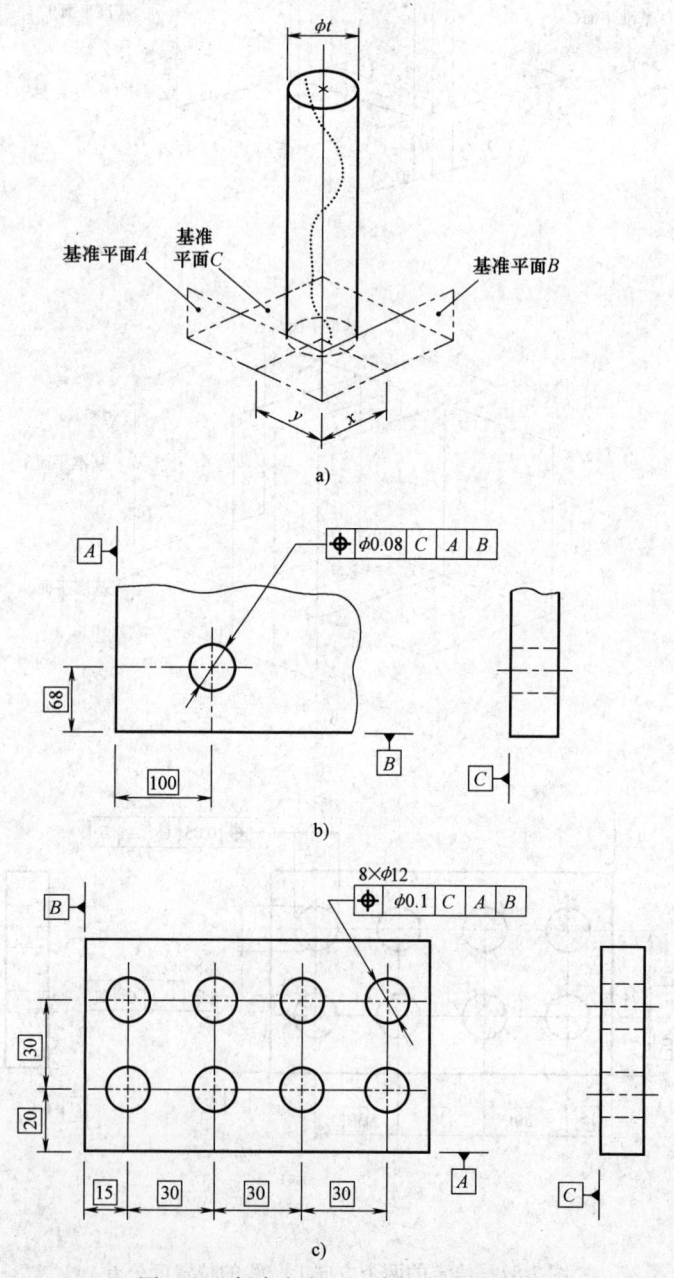

图 2-83　任意方向上，线的位置度公差

3) 轮廓平面或中心平面的位置度公差：此时被测要素为平面，即轮廓平面或中心平面。

轮廓平面或中心平面的位置度公差带为间距等于公差值 t 且对称于被测面理论正确位置的两平行平面所限定的区域。面的理论正确位置基面平面、基准轴线和理论正确尺寸确定，如图 2-84a 所示。例如：

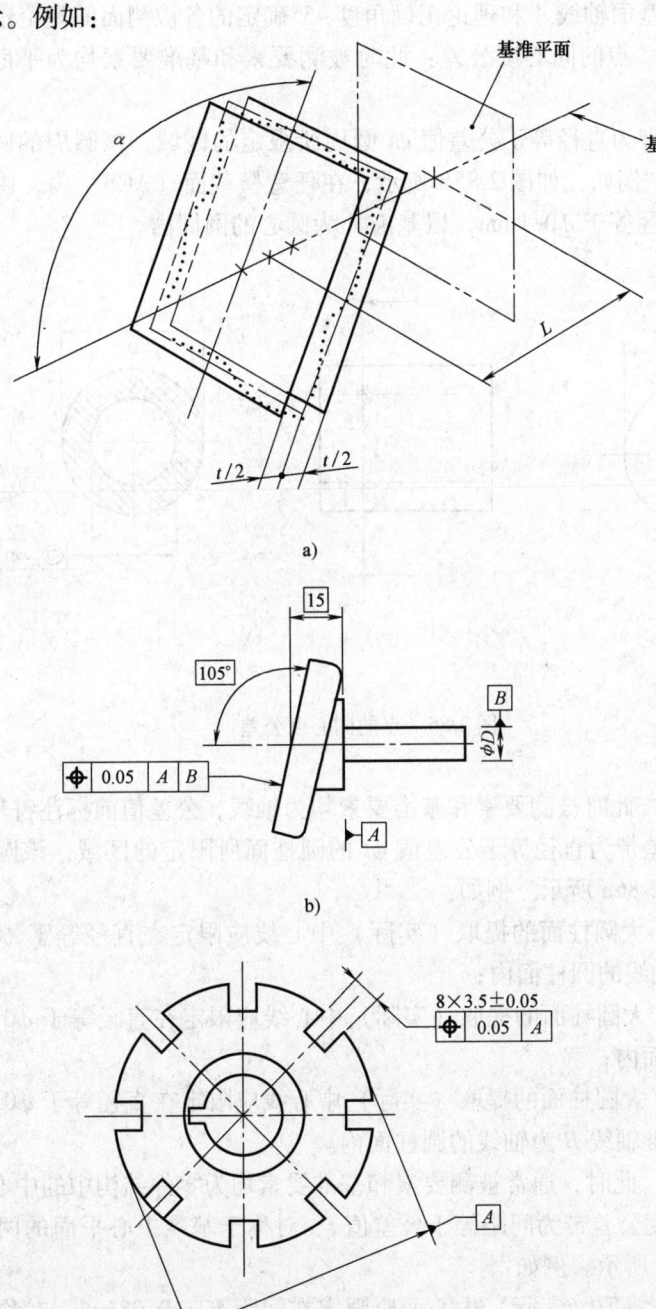

图 2-84　轮廓平面或中心平面的位置度公差

如图 2-84b 所示，提取（实际）表面应限定在间距等于 0.05mm 且对称于被测面理论正确位置的两平行平面之间，该两平行平面对称于基面平面 A、基准轴线 B 和理论正确尺寸 15、105°确定的被测面的理论正确位置。

如图 2-84c 所示，提取（实际）中心面应限定在间距等于 0.05mm 的两平行平面之间，该两平行平面对称于基面轴线 A 和理论正确角度 45°确定的各被测面的理论正确位置。

(2) 同心度公差　点的同心度公差：此时被测要素和基准要素均为平面上的点，公差值前标注符号"ϕ"。

点的同心度公差带为直径等于公差值 ϕt 圆周所限定的区域，该圆周的圆心与基准点重合，如图 2-85a 所示。例如，如图 2-85b 所示，在任意横截面（ACS）内，内圆的提取（实际）中心应限定在直径等于 $\phi 0.1$mm，以基准 A 为圆心的圆周内。

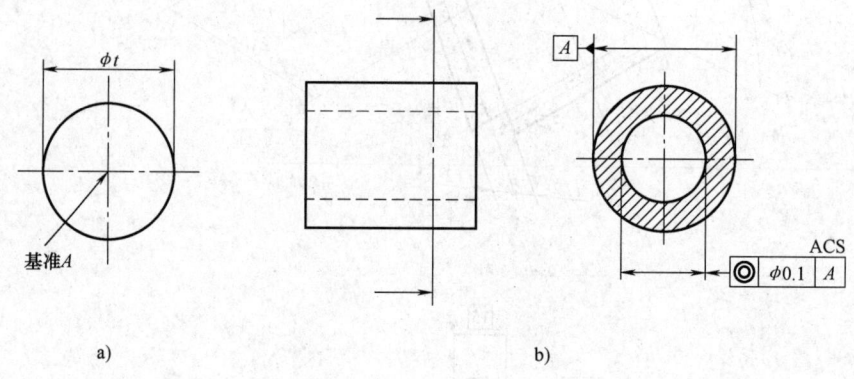

图 2-85　点的同心度公差

(3) 同轴度公差　此时被测要素和基准要素均为轴线，公差值前标注符号"ϕ"。

轴线的同轴度公差带为直径等于公差值 ϕt 的圆柱面所限定的区域，该圆柱面的轴线与基准轴线同轴，如图 2-86a 所示。例如：

如图 2-86b 所示，大圆柱面的提取（实际）中心线应限定在直径等于 $\phi 0.08$mm、以公共基准轴线 A—B 为轴线的圆柱面内；

如图 2-86c 所示，大圆柱面的提取（实际）中心线应限定在直径等于 $\phi 0.1$mm、以基准轴线 A 为轴线的圆柱面内；

如图 2-86d 所示，大圆柱面的提取（实际）中心线应限定在直径等于 $\phi 0.1$mm、以垂直于基准轴平面 A 的基准轴线 B 为轴线的圆柱面内。

(4) 对称度公差　此时，通常被测要素和基准要素均为零件结构中的中心平面。

中心平面的对称度公差带为间距等于公差值 t、对称于基准中心平面的两平行平面所限定的区域，如图 2-87a 所示。例如：

如图 2-87b 所示，提取（实际）中心面应限定在间距等于 0.08mm、对称于基准中心平面 A 的两平行平面之间；

如图 2-87c 所示，提取（实际）中心面应限定在间距等于 0.08mm、对称于公共基准中心平面 A—B 的两平行平面之间。

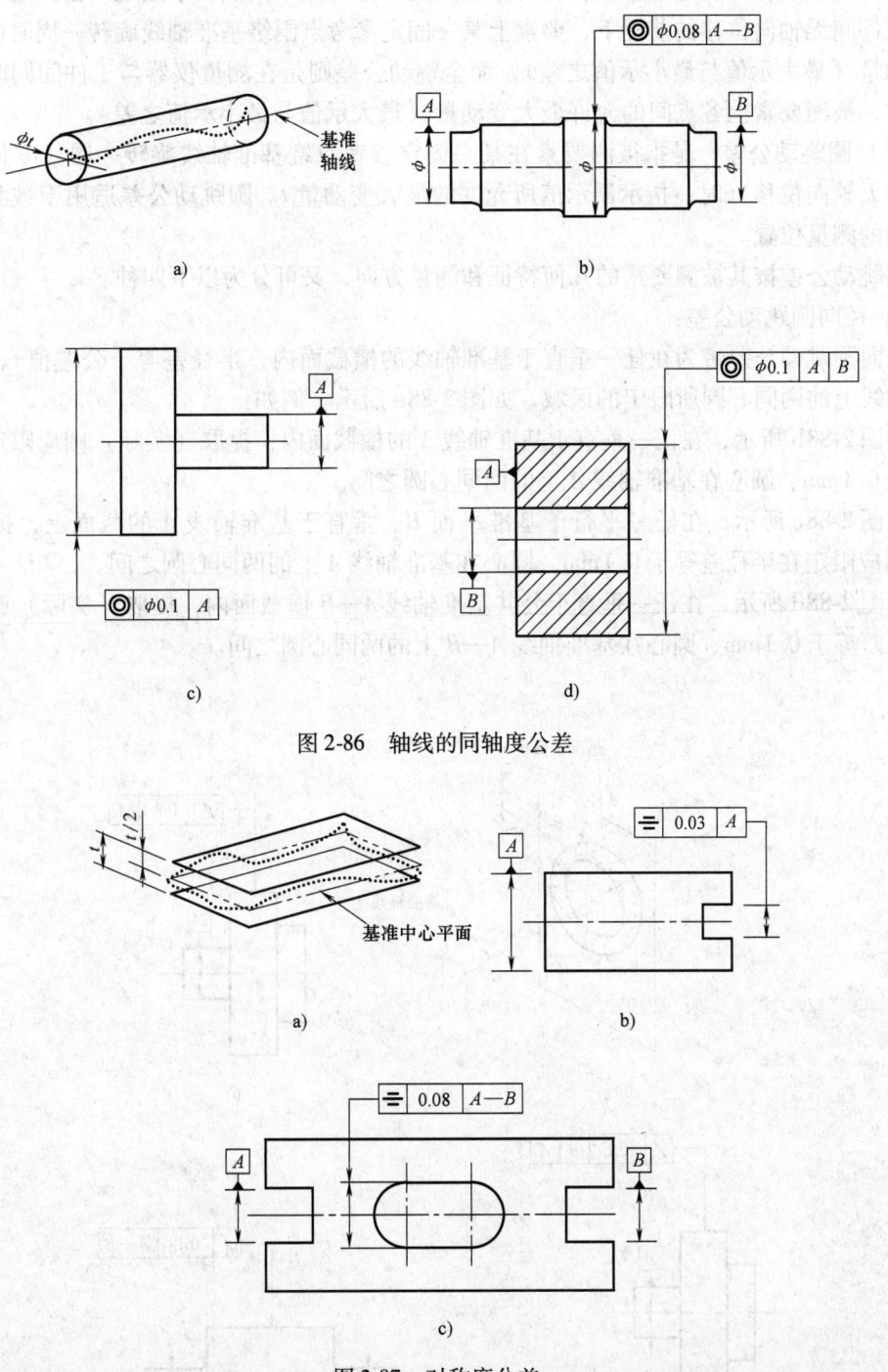

图 2-86 轴线的同轴度公差

图 2-87 对称度公差

4. 跳动公差

跳动公差是提取（实际）要素绕基准轴线旋转一周或若干次旋转时所允许的最大跳动量。它按被测要素旋转的情况，可分为圆跳动公差和全跳动公差两项。这两者的共同点是被测要素的测试点在围绕基准轴线旋转时的最大变动量,其不同点在于圆跳动公差是在测量仪器与工件间无轴向位移的前提下,要素上某一固定参考点围绕基准轴线旋转一周时的允许最大变动量(最大示值与最小示值之差),而全跳动公差则是在测量仪器与工件间同时作相对移动时,被测要素上各点间的允许最大变动量(最大示值与最小示值之差)。

(1) 圆跳动公差 是指被测要素在某一固定参考点绕基准轴线旋转一周(零件和测量仪器间无轴向位移)时,指示器示值所允许的最大变动量 t。圆跳动公差适用于被测要素任一不同的测量位置。

圆跳动公差按其被测要素的几何特征和测量方向,又可分为以下四种。

1) 径向圆跳动公差:

径向圆跳动公差带为在任一垂直于基准轴线的横截面内,半径差等于公差值 t、圆心在基准轴线上的两同心圆所限定的区域,如图 2-88a 所示。例如:

如图 2-88b 所示,在任一垂直于基准轴线 A 的横截面内,提取(实际)圆应限定在半径差等于 0.1mm、圆心在基准轴线 A 上的两同心圆之间。

如图 2-88c 所示,在任一平行于基准平面 B、垂直于基准轴线 A 的截面上,提取(实际)圆应限定在半径差等于 0.1mm,圆心在基准轴线 A 上的两同心圆之间。

如图 2-88d 所示,在任一垂直于公共基准轴线 $A—B$ 横截面内,提取(实际)圆应限定在半径差等于 0.1mm、圆心在基准轴线 $A—B$ 上的两同心圆之间。

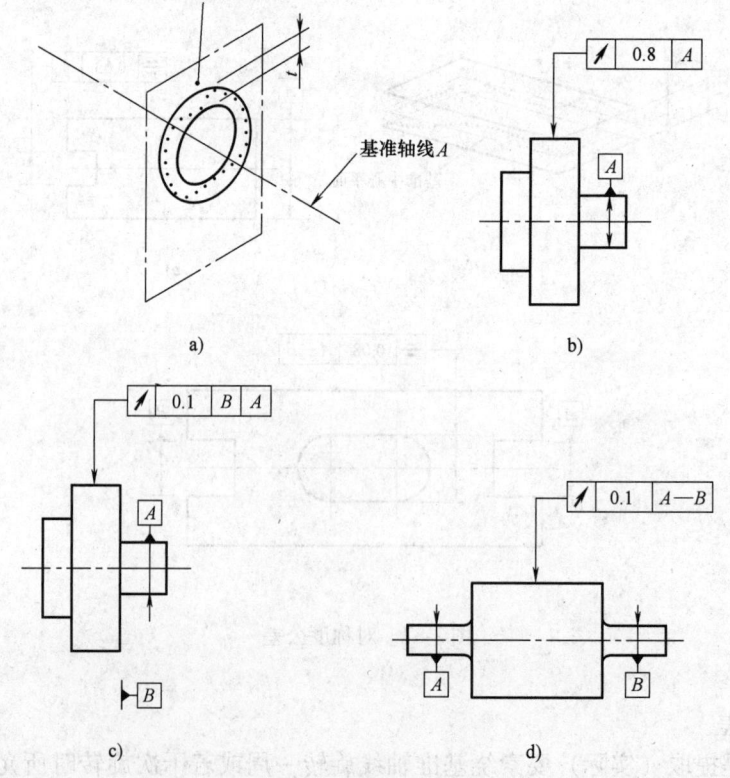

图 2-88 径向圆跳动公差

圆跳动通常适用于整个要素，但也可只适用于局部要素的某一指定部分，如图2-89a、b所示，在任一垂直于基准轴线 A 的横截面内，提取（实际）圆弧应限定在半径差等于 0.2mm、圆心在基准轴线 A 上的两同心圆弧之间。

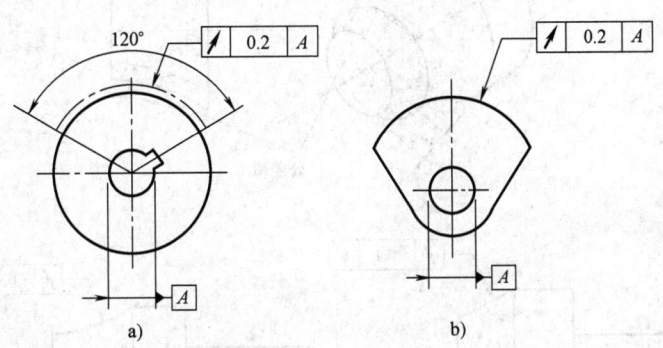

图 2-89　圆跳动适用于局部要素的某一指定部分

2）轴向圆跳动公差：被测要素一般为回转体类零件的端面或台阶面，且与基准轴线垂直，测量方向与基准轴线平行。

轴向圆跳动公差带为在与基准轴线同轴的任一半径的圆柱截面上，间距等于公差值 t 的两圆所限定的圆柱面区域，如图2-90a所示。例如，如图2-90b所示，在与基准轴线 D 同轴的任一圆柱形截面上，提取（实际）圆应限定在轴向距离等于0.1mm的两个等圆之间。

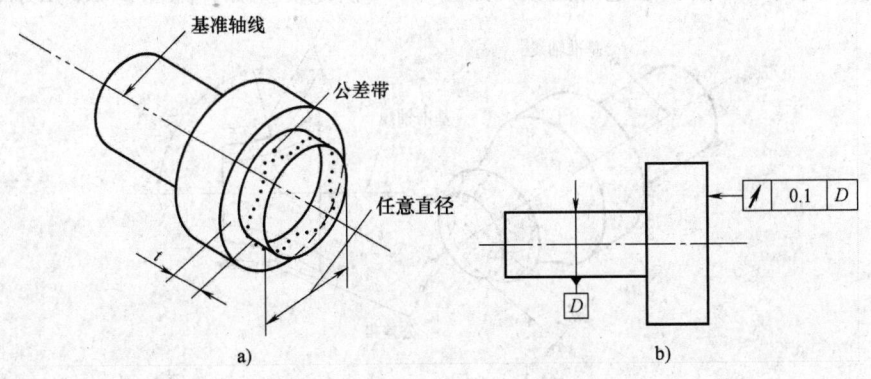

图 2-90　轴向圆跳动公差

3）斜向圆跳动公差：此时被测要素为圆锥面或其他类型的曲线回转面，测量方向除另有规定外，应沿被测表面的法向。

斜向圆跳动公差带为与基准同轴的任一测量圆锥面上、间距等于公差值 t 的两圆所限定的圆锥面区域，如图2-91a所示。例如，如图2-91b所示，在与基准同轴的任一测量圆锥面上，提取（实际）线应限定在素线方向间距等于0.1mm的两不等圆之间。

当标注公差的素线不是直线时，圆锥截面的锥角要随所测圆的实际位置而改变，如图2-91a右图和c所示。

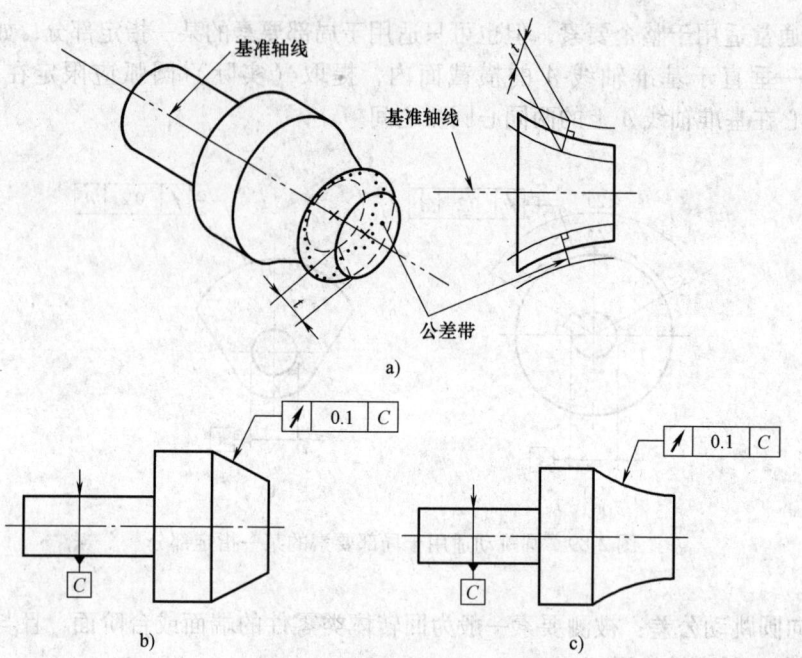

图 2-91 斜向圆跳动公差

4) 给定方向的斜向圆跳动公差：此时规定了测量方向与基准轴线所成的角度。

给定方向的斜向圆跳动公差带为与基准同轴的、具有给定锥角的任一圆锥截面上、间距等于公差值 t 的两不等圆所限定的区域，如图 2-92a 所示。例如，如图 2-92b 所示，在与基

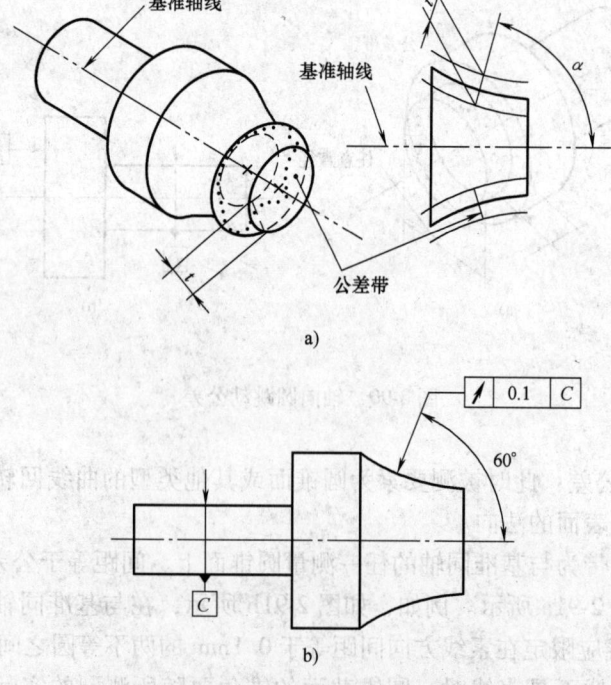

图 2-92 给定方向的斜向圆跳动公差

准轴线 C 同轴且具有给定角度 60°的一圆锥截面上，提取（实际）圆应限定在素线方向间距等于 0.1mm 的两不等圆之间。

（2）全跳动公差　是指被测要素绕基准轴线作若干次旋转，测量仪器与工件间同时作轴向或径向的相对移动时，指示器示值所允许的最大变动量。

全跳动公差按其被测要素的几何特征和测量方向的不同又可分为以下两种。

1) 径向全跳动公差：被测要素和测量方向与径向圆跳动相同，不同的是被测要素作若干次旋转，同时仪器和工件间沿轴向有相对移动。

径向全跳动公差带为半径差等于公差值 t、与基准同轴的两圆柱面所限定的区域，如图 2-93a 所示。例如，如图 2-93b 所示，提取（实际）表面应限定在半径差等于 0.1mm，与公共基准轴线 A—B 同轴的两圆柱面之间。

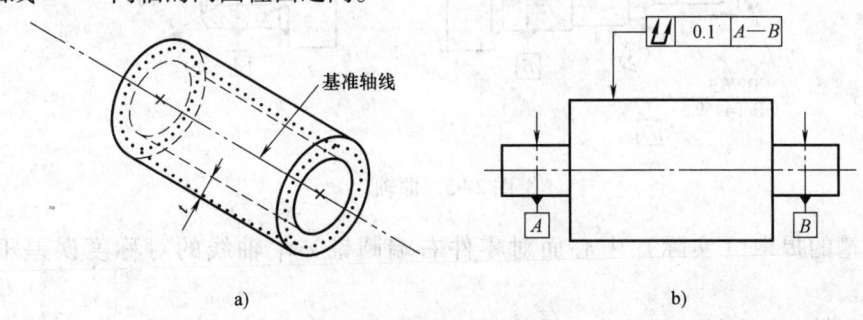

图 2-93　径向全跳动公差

2) 轴向全跳动公差：被测要素和测量方向与轴向圆跳动相同，不同的是被测要素要作若干次旋转，同时测量仪器与工件间有径向相对移动。

轴向全跳动公差带为间距等于公差值 t、垂直于与基准轴线的两平行平面所限定的区域，如图 2-94a 所示。例如，如图 2-94b 所示，提取（实际）表面应限定在间距等于 0.1mm、垂直于与基准轴线 D 的两平行平面之间。

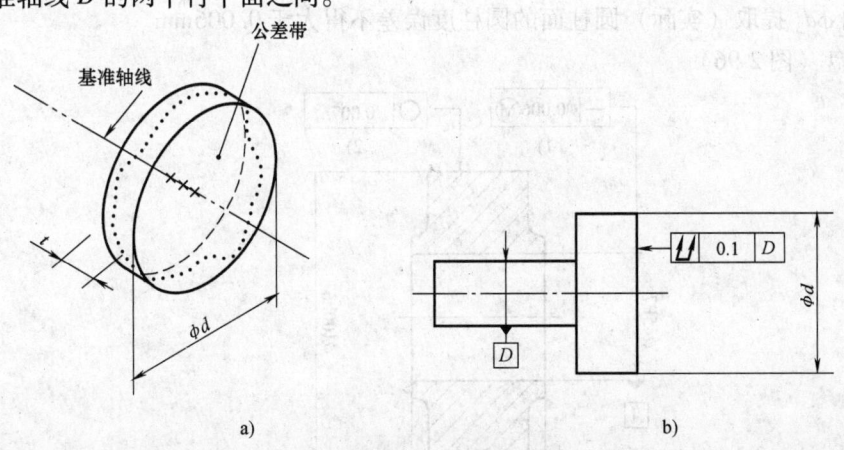

图 2-94　轴向全跳动公差

二、几何公差的解释

学习几何公差，掌握零件图样上几何公差符号的含义、了解技术要求对保证产品质量有重要的作用。作为生产操作者必须会看懂图，看懂图样上的几何公差，了解几何公差的全部含义：几何公差的项目，公差带的大小、形状、方向、位置，被测要素和基准要素，公差原则等。以下试举两例进行说明，如图 2-95 和图 2-96 所示，给出了几何公差要求，分别解释如下。

1. 曲轴（图 2-95）

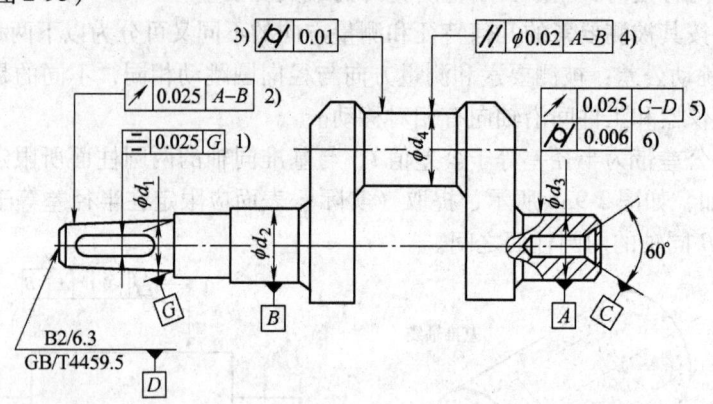

图 2-95　曲轴

1）键槽的提取（实际）中心面对零件右端圆锥 ϕd_1 轴线的对称度误差不得大于 $\phi 0.025$ mm；

2）在与轴 ϕd_2 和轴 ϕd_3 的公共轴线同轴的左端圆锥面的任一正截面上，提取（实际）线对轴 ϕd_2 与轴 ϕd_3 的公共轴线的斜向圆跳动误差不得大于 0.025 mm；

3）轴 ϕd_4 的提取（实际）圆柱面的圆柱度误差不得大于 0.01 mm；

4）轴 ϕd_4 的提取（实际）中心线对轴 ϕd_2 与轴 ϕd_3 的公共轴线的平行度误差不得大于 $\phi 0.02$ mm；

5）在轴 ϕd_3 圆柱面的任意正截面内，提取（实际）圆柱面对两端中心孔公共基准轴线的径向圆跳动误差不得大于 0.025 mm；

6）轴 ϕd_3 提取（实际）圆柱面的圆柱度误差不得大于 0.006 mm。

2. 圆盘（图 2-96）

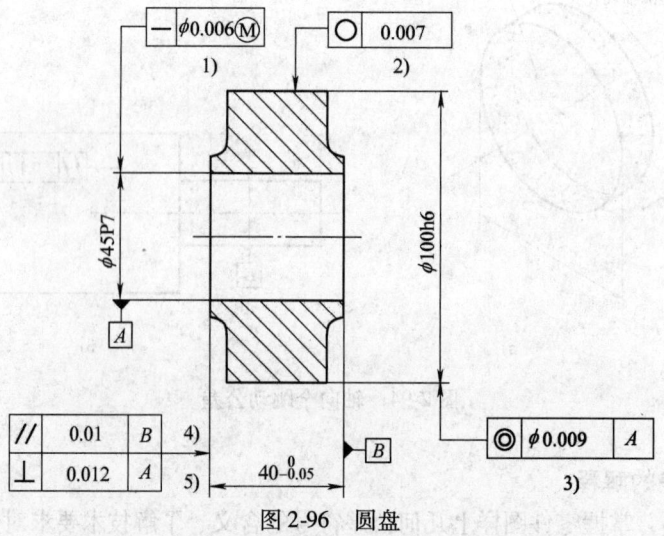

图 2-96　圆盘

1) 孔 ϕ45P7 的提取（实际）中心线的直线度误差不得大于 ϕ0.06mm，Ⓜ代表最大实体要求；

2) 在轴 ϕ100h6 的任意横截面内，提取（实际）圆周的圆度误差不得大于 0.007mm；

3) 轴 ϕ100h6 的提取（实际）中心线对孔 ϕ45P7 轴线的同轴度误差不得大于 0.009mm；

4) 尺寸 $40^{\ 0}_{-0.05}$mm 左端面的提取（实际）表面对右端面的平行度误差不得大于 0.01mm；

5) 尺寸 $40^{\ 0}_{-0.05}$mm 左端面的提取（实际）表面对孔的轴垂直度误差不得大于 0.012mm。

本 章 小 结

1. 标准规定几何公差分为四种：①形状公差6个，分别为：直线度、平面度、圆度、圆柱度、线轮廓度、面轮廓度；②方向公差5个，分别为：平行度、垂直度、倾斜度、线轮廓度、面轮廓度；③位置公差6个，分别为：位置度、同心度（用于中心点）、同轴度（用于轴线）、对称度、线轮廓度、面轮廓度；④跳动公差2个，分别为：圆跳动、全跳动。

2. 标准规定，在图样中几何公差采用代号标注，当无法用代号标注时，允许在技术要求中用文字加以说明。几何公差的代号包括：①几何公差特征项目的符号；②几何公差框格和指引线；③几何公差值和有关符号；④基准字母（形状公差无该项内容）。

3. 对有方向、位置、跳动公差要求的零件，在图样上必须标明基准。基准符号包括：①三角形（涂黑或空白）；②方格；③连线（细实线）；④基准字母。

4. 点、线、面称为几何要素。它可分为：组成要素、导出要素等。

5. 由一个或几个理想的几何线或面所限定的、由线性公差值表示其大小的区域称为几何公差带，它由形状、大小、方向和位置四个因素组成。

6. 公差带的形状根据公差的几何特征及其标注方式来分，主要有九种：一个圆、两同心圆、两等距线或两平行直线、一个圆柱、两同轴圆柱、两等距面或两平行平面、一个圆球。

7. 几何公差的公差值决定几何公差带的宽度或直径，是控制零件误差的重要指标。在图样上，对几何公差值有两种表示方法：一是在图样中注出公差值，即在几何公差框格的第二格注出；另一种是在图样上不注出公差值，而用几何公差的未注公差来控制。

8. 几何公差注出公差值的等级国标规定了12个等级，由1级起精度依次降低，6级与7级为基本级。圆度和圆柱度还增加了精度更高的0级。

9. 几何公差未注公差等级分为 H、K、L 三个，其中 H 为高级，K 为中间级，L 为低级。

10. 各类几何公差之间的关系为：要素的位置公差可同时控制该要素的位置误差、方向误差和形状误差；要素的方向公差同时控制该要素的方向误差和形状误差；要素的形状公差只能控制该要素的形状误差。

11. 把确定几何公差与尺寸公差之间相互关系的原则称为公差原则，它包括独立原则和相关要求。相关要求又包括包容要求、最大实体要求、最小实体要求及其可逆要求。

12. 图样上给定的每一个尺寸和形状、位置公差要求均是独立的，应分别满足要求，此称为独立原则。这是尺寸公差和几何公差相互关系遵循的基本原则。凡是图样上给出的尺寸公差和几何公差未用特定符号或文字说明它们是有联系的，均视为遵循独立原则。

13. 包容要求是指为使实际要素处处位于理想形状的包容面之内的一种公差要求。它表示实际要素应遵守最大实体边界，其提取组成要素的局部尺寸不得超出最小实体尺寸。包容要求只适用于处理单一要素（如圆柱表面或两平行表面）的尺寸公差与几何公差的相互关系。采用包容要求的单一要素应在其尺寸的极限偏差或公差带代号之后加注符号Ⓔ。

14. 最大实体要求是指控制被测要素的实际轮廓处于其最大实体实效边界之内的一种公差要求。当其提取组成要素的局部尺寸偏离最大实体尺寸时，几何误差值可超出在最大实体状态下给出的几何公差值，即此时的几何公差值可以增大。最大实体要求适用于导出要素，其符号用Ⓜ表示。当最大实体要求用于被测要素时，应在被测要素几何公差框格的公差值后标注符号Ⓜ；当用于基准要素时，应在几何公差框格内的基准字母后标注符号Ⓜ。

复习思考题

1. 几何公差有哪些特征项目？各用什么符号表示？
2. 画出几何公差的代号和基准符号，并说明各组成部分的含义。
3. 什么是几何要素？它是如何分类的？
4. 组成要素有哪些？它们之间的区别是什么？
5. 导出要素的定义是什么？它如何分类？
6. 几何要素定义间的相互关系如何？
7. 什么叫基准体系和基准要素？基准要素是如何分类的？
8. 什么是几何公差带？它由哪几部分组成？几何公差带和尺寸公差带有哪些主要区别？
9. 几何公差带的形状有哪些？
10. 几何公差带的位置有哪两种？各是如何定义的？它们各自应用在哪些几何公差项目中？
11. 指出图 2-97 中各图的几何公差要求中的被测要素与基准要素，并分析几何公差带的四因素。

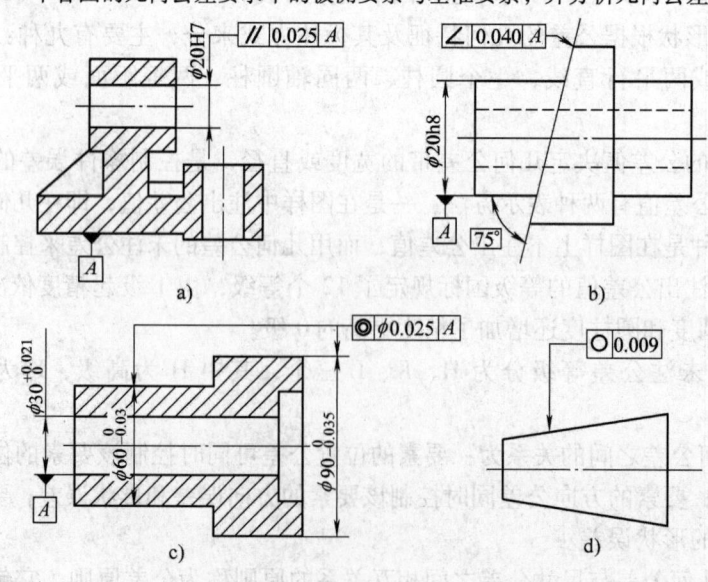

图 2-97

12. 将下列要求用几何公差代号标注在图 2-98 所示的零件图上：

1) 对称度公差：120°V 形槽的提取（实际）中心面必须位于距离为公差值 0.02mm 且相对距离为 $60_{-0.03}^{\ 0}$ mm 的两平面的中心平面对称配置的两平行平面之间。

2) 平面度公差：两处 b 提取（实际）表面必须位于距离为公差值 0.03mm 的两平行平面之间。

13. 试将下列各项几何公差要求标注在图 2-99 所示的图样上：

1) ϕ100h8 的提取（实际）圆柱面对 ϕ40H7 孔轴线的圆跳动公差为 0.015mm；

2) 左、右两凸台提取（实际）表面对 ϕ40H7 孔轴线的圆跳动公差为 0.020mm；

3) 轮毂键槽提取（实际）中心面对 ϕ40H7 孔轴线的对称度公差为 0.03mm。

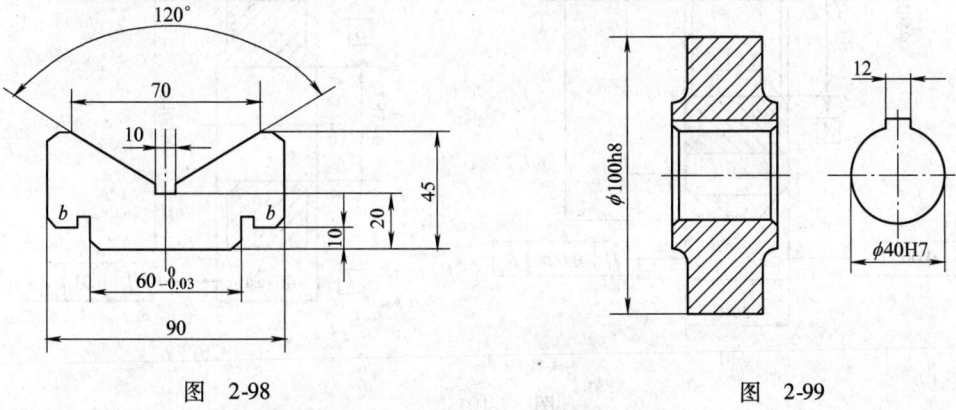

图 2-98　　　　　　　　　　　图 2-99

14. 试将下列各项几何公差要求标注在图 2-100 所示的图样上：

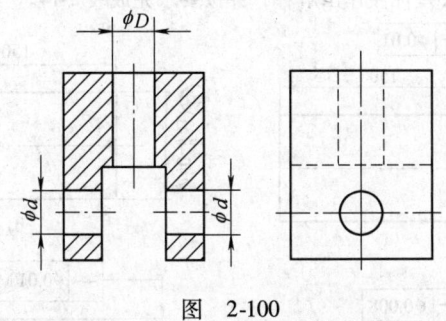

图 2-100

1) 两个轴 ϕd 的提取（实际）中心线对其公共轴线的同轴度公差均为 0.03mm；

2) 轴 ϕD 的提取（实际）中心线对两个 ϕd 公共轴线的垂直度公差为 0.02mm/100mm。

15. 试说明图 2-101 中几何公差代号标注的意义。

16. 什么是公差原则？国标规定它包括哪两种公差原则？

17. 什么是提取组成要素的局部尺寸？

18. 什么是体外作用尺寸和体内作用尺寸？它们代表内表面和外表面的符号各是什么？

19. 什么是最大实体状态和最小实体状态？

20. 什么是最大实体尺寸和最小实体尺寸？它们与最大极限尺寸和最小极限尺寸有什么关系？

21. 什么是最大实体实效状态和最小实体实效状态？

22. 什么是最大实体实效尺寸和最小实体实效尺寸？它们如何计算？

23. 什么是独立原则？其应用范围如何？

24. 什么是包容原则？其应用范围如何？

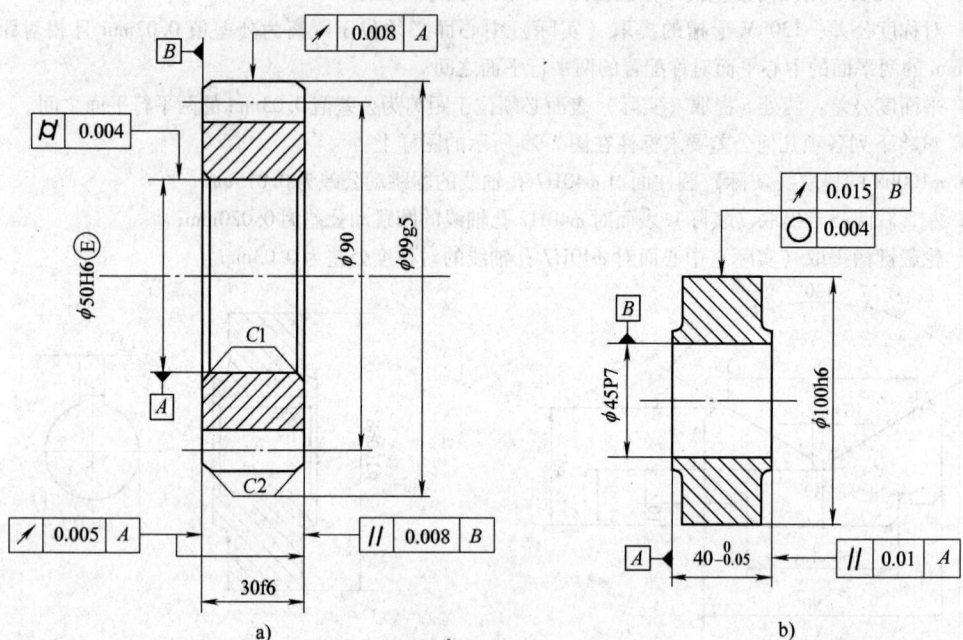

图 2-101

25. 什么是最大实体要求？其应用范围如何？
26. 将图 2-102 所示的几何公差标注作出解释，并按要求完成表 2-14。

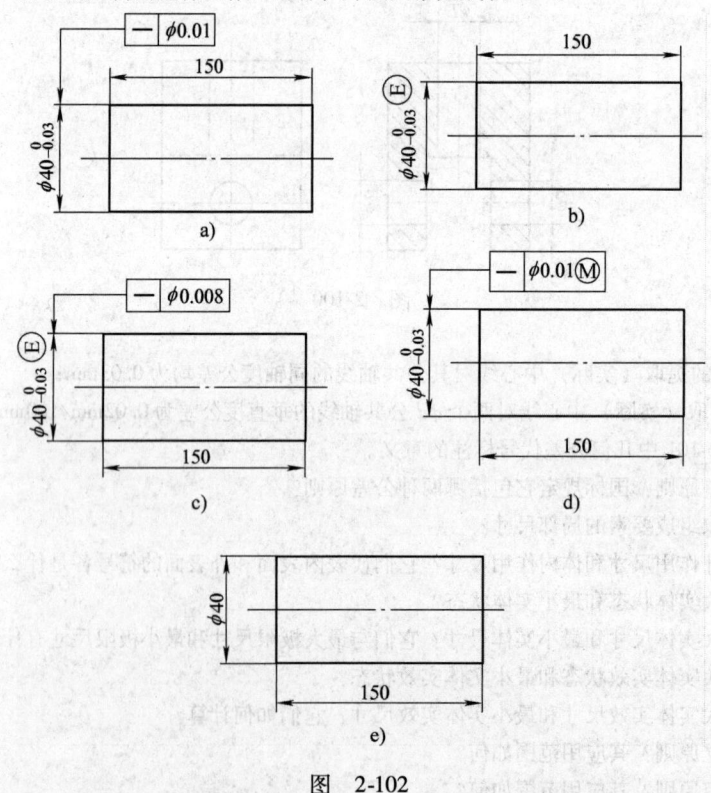

图 2-102

表 2-14 几何公差标注解释(一)

图样序号	采用的公差原则	理想边界名称及边界尺寸	给定的形状公差值	允许的最大形状误差值	实际尺寸合格范围
a					
b					
c					
d					
e					

27. 将图 2-103 所示的几何公差标注作出解释,并按要求完成表 2-15。

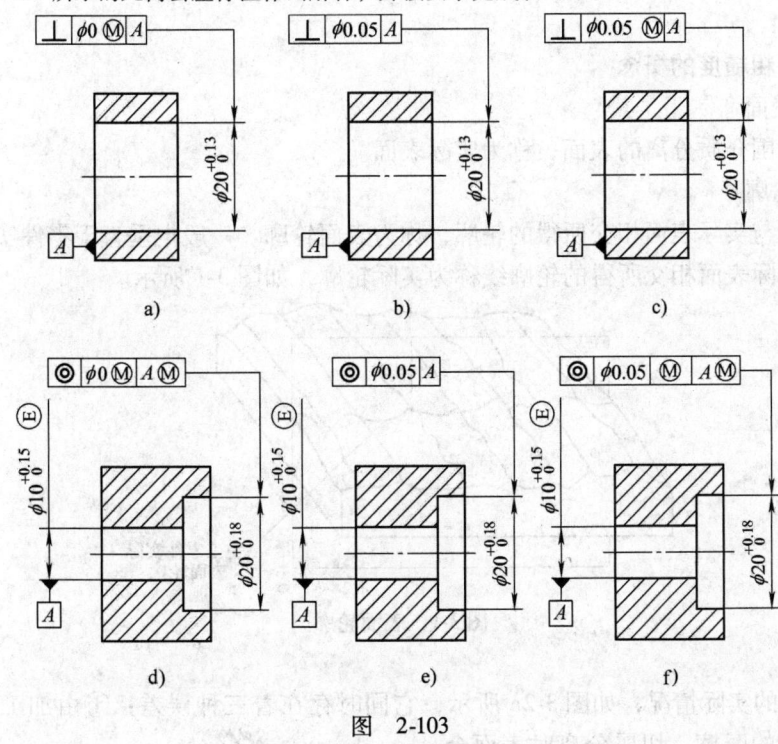

图 2-103

表 2-15 几何公差标注解释(二)

图样序号	采用的公差原则	理想边界名称及边界尺寸	最大实体实效下的位置公差值	允许的最大位置误差值	基准能否浮动及最大浮动量
a					
b					
c					
d					
e					
f					

第三章　表面粗糙度

学习目标：了解表面粗糙度对机械零件使用性能和寿命影响；掌握表面粗糙度的符号、代号；理解表面粗糙度评定的基本术语和参数；熟悉表面粗糙度的标注方法；了解表面粗糙度的应用及检测。

第一节　表面粗糙度概述

一、表面粗糙度的概念

1. 实际表面

物体与周围介质分离的表面，称为实际表面。

2. 表面轮廓

一个平面与实际表面相交所得的轮廓，称为表面轮廓。一般把垂直于零件实际表面的平面与该零件实际表面相交所得的轮廓线称为实际轮廓，如图 3-1 所示。

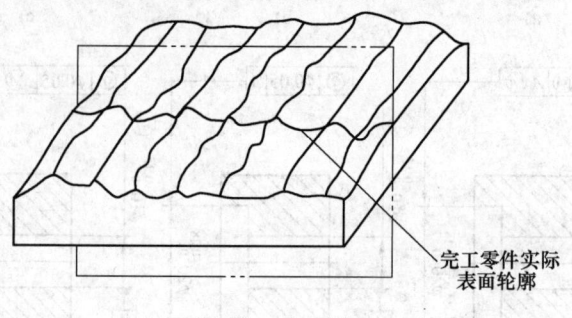

图 3-1　表面轮廓

零件表面的实际情况，如图 3-2a 所示，它同时存在着三种误差：①由加工过程中刀具和零件表面间的摩擦、切屑分离时表面金属层的塑性变形及工艺系统的高频振动等原因形成的微观几何形状误差即表面粗糙度，如图 3-2b 所示；②在加工过程中，由机床—刀具—工件系统的振动、发热和运动不平衡等因素引起的中间几何形状误差即表面波纹度轮廓，如图 3-2c 所示；③由机床几何精度方面的误差引起的表面宏观几何形状误差，如图 3-2d 所示。目前，划分这三种误差还没有的统一的标准，通常可按波距 λ 来划分：间距 λ 小于 1mm 的为表面粗糙度；间距 λ 为 1~10mm 为表面

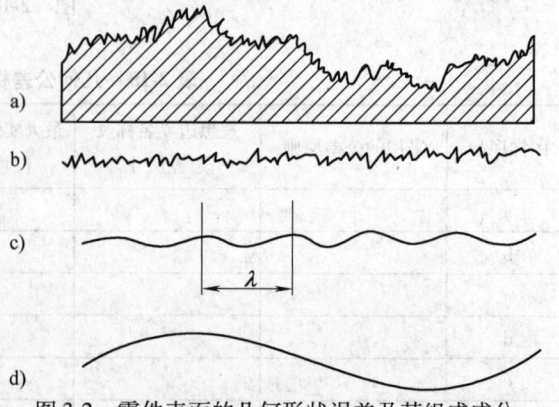

图 3-2　零件表面的几何形状误差及其组成成分
a) 表面实际轮廓　b) 表面粗糙度轮廓
c) 表面波纹度轮廓　d) 宏观形状轮廓

波纹度轮廓；间距 λ 大于 10mm 为形状误差。

3. 表面粗糙度的概念

无论是什么加工方法获得的零件表面，总会存在着由较小间距和峰谷组成的微量高低不平的痕迹，表述这些峰谷的高低程度和间距状况的微观几何形状特性，称为表面粗糙度。它是反映零件被加工后表面上的微观几何形状误差。

二、表面粗糙度的国家标准

1. 表面粗糙度的主要标准

为了提高产品表面质量，促进互换性生产，并与国际标准接轨，我国参照国际标准，修订了表面粗糙度的主要标准：

1）GB/T 3505—2009《产品几何技术规范 表面结构 轮廓法 术语、定义及表面结构参数》（代替 GB/T 3505—2000《产品几何技术规范 表面结构 轮廓法 表面结构的术语定义及参数》）；

2）GB/T 1031—2009《产品几何技术规范 表面结构 轮廓法表面粗糙度参数及其数值》（代替 GB/T 1031—1995《轮廓法表面粗糙度参数及其数值》）；

3）GB/T 131—2006《产品几何技术规范（GPS） 技术产品文件中表面结构的表示法》（代替 GB/T 131—1993《机械制图 表面粗糙度符号、代号及其注法》）。

2. 新国标的主要修改内容

1）标准名称增加了引导要素"产品几何技术规范（GPS）"，与新的标准体系取得一致；

2）部分术语代号的改变：将原标准中的"轮廓最大高度"参数代号"R_y"改为"Rz"，"轮廓微观不平度的平均间距"参数代号"S_m"改为"Rsm"，取样长度代号"l"改为"lr"；

3）部分术语名称的改变：将"水平位置 c"改为"截面高度 c"，将"轮廓单元的平均线高度"改为"轮廓单元的平均高度"等；

4）局部斜率的计算公式 $\left(\dfrac{Xp}{Zp}\right)$ 改为 $\dfrac{\mathrm{d}Z}{\mathrm{d}X}$。

三、表面粗糙度与零件使用性能的关系

1. 对配合性质的影响

对于有配合要求的零件表面，配合性质都会受到表面粗糙度的影响，如间隙配合，表面粗糙度值过大则易磨损，使间隙很快地增大，从而引起配合性质的改变，特别是在零件尺寸小和公差小的情况下，此影响更为明显。又如过盈配合，表面粗糙度值过大会减小实际有效过盈量，从而降低连接强度。因此，提高零件的表面质量，可以提高间隙配合的稳定性或过盈配合的连接强度，从而更好地满足零件的使用要求。

2. 对摩擦、磨损的影响

两个不平的表面接触时首先是表面的凸峰接触，这样两配合表面的实际有效接触面积减少，接触部分压力增大，凸峰被挤压变形甚至折断，若为动配合，凸峰之间的作用会形成摩擦阻力，使零件磨损。通常表面越粗糙，摩擦因数就越大，摩擦阻力越大，摩擦所消耗的能量也越大，零件磨损也就越快。

但是，在某些场合（如滑动轴承及液压导轨面的配合处），若表面过于光滑，则不利于

润滑油的储存，形成半干摩擦甚至干摩擦，有时还会增加零件接触面的吸附力，反而使摩擦因数增大，加剧磨损。因此选择合适的表面粗糙度，才能有效地减小零件的摩擦和磨损。

3. 对抗腐蚀性的影响

若零件的表面越粗糙，腐蚀性的物质则越容易在凹谷处积聚，并逐渐渗透到金属材料的表层，形成表面锈蚀。因此，降低零件表面粗糙度值可提高其抗腐蚀性能。

4. 对零件抗疲劳强度的影响

零件承受交变载荷的作用时，在表面上凹痕容易形成应力集中现象，零件的负荷加重，其疲劳强度会降低，并有可能因应力集中产生疲劳断裂。因此，在加工中要特别注意提高零件沟槽和台阶圆角处的表面质量，以增加零件的抗疲劳强度。

5. 对接触刚度的影响

零件表面越粗糙，表面间的实际接触面积就越小，单位面积受力就越大，峰顶处的塑性变形增大，接触刚度降低，从而影响机器的工作精度和抗振性能。

6. 对结合密封性的影响

表面凹凸不平会导致气体或液体通过表面接触的空隙渗漏。表面越粗糙，结合面的密封性就越差。因而降低表面粗糙度值，可提高零件的密封性能。

综上所述，表面粗糙度直接影响机械零件的使用性能和寿命，因此，应对零件的表面粗糙度数值进行合理的选择确定。

第二节 表面粗糙度的评定

一、基本术语与定义

1. 中线

具有几何轮廓形状并划分轮廓的基准线称为中线，如图3-3所示。

2. 轮廓峰

（1）轮廓峰 被评定轮廓上连接轮廓与 X 轴在两相邻交点的向外（从材料向周围介质）的轮廓部分称为轮廓峰。

（2）轮廓峰高（Zp） 轮廓峰的最高点距 X 轴线的距离称为轮廓峰高，代号为 Zp，如图3-3所示。

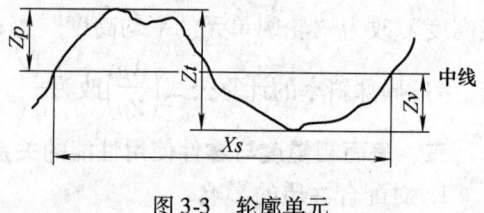

图3-3 轮廓单元

（3）最大轮廓峰高（Rp） 在一个取样长度内，最大的轮廓峰高称为最大轮廓峰高，代号为 Rp，如图3-6所示。

3. 轮廓谷

（1）轮廓谷 被评定轮廓上连接轮廓与 X 轴在两相邻交点的向内（从周围介质到材料）的轮廓部分称为轮廓谷。

（2）轮廓谷深（Zv） 轮廓谷的最低点距 X 轴线的距离称为轮廓谷深，代号为 Zv，如图3-3所示。

（3）最大轮廓谷深（Rv） 在一个取样长度内，最大的轮廓谷深称为最大轮廓谷深，代号为 Rv，如图3-6所示。

4. 轮廓单元

轮廓峰和相邻轮廓谷的组合称为轮廓单元,如图 3-3 所示。

5. 轮廓单元高度（Zt）

一个轮廓单元的峰高和谷深之和称为轮廓单元高度,代号为 Zt。

6. 轮廓单元宽度（Xs）

一个轮廓单元与 X 轴相交线段的长度称为轮廓单元宽度,代号为 Xs,如图 3-3 所示。

7. 取样长度（lr）

在 X 轴方向判别被评定轮廓不规则特征的的长度称为取样长度,代号为 lr。

为了在测量范围内较好地反映粗糙度的实际情况,标准规定取样长度按表面粗糙程度选取相应的数值,在取样长度范围内,一般至少包含 5 个轮廓峰和轮廓谷。规定和选择取样长度目的是为了限制和削弱其他几何形状误差,尤其是表面波度对测量结果的影响。

8. 评定长度（ln）

用于判别被评定轮廓的 X 轴方向上的长度称为评定长度,代号为 ln。它可以包含一个或几个取样长度。

为了较充分和客观地反映被测表面的粗糙度,须连续取几个取样长度的平均值作为测量结果。国标规定,$ln = 5lr$ 为默认值。选取评定长度的目的是为了减小被测表面上表面粗糙度的不均匀性的影响。

取样长度（lr）和评定长度（ln）的数值见表 3-1。

一般情况下,在测量 Ra,Rz 时,推荐按表 3-1 选用对应的取样长度,此时取样长度值的标注在图样上或技术文件中可省略。当有特殊要求时,应给出相应的取样长度值,并在图样上或技术文件中注出。

表 3-1 取样长度（lr）和评定长度（ln）的数值

$Ra/\mu m$	$Rz/\mu m$	lr/mm	$ln/mm(ln = 5lr)$
>（0.006）~0.02	>（0.025）~0.1	0.08	0.4
>0.02~0.1	>0.1~0.5	0.25	1.25
>0.1~2	>0.5~10	0.8	4
>2~10	>10~50	2.5	12.5
>10~80	>50~200	8	40

9. 在水平截面高度 c 上轮廓的实体材料长度 $Ml(c)$

在水平截面高度 c 上轮廓的实体材料长度 $Ml(c)$ 是指在一个给定水平截面高度 c 上用一平行于 X 轴的线与轮廓单元相截所获得的各段截线长度之和,如图 3-4 所示。用算式可表示为:

$$Ml(c) = Ml_1 + Ml_2 + \cdots + Ml_n$$

二、评定表面粗糙度的参数

GB/T 3505—2009《产品几何技术规范 表面结构 轮廓法 术语、定义及表面结构参数》（此标准的前两个版本是 GB/T 3505—2000《产品几何技术规范（GPS） 表面结构 轮廓法 表面结构的术语定义及参数》、GB/T 3505—1983《表面粗糙度 术语 表面及其参数》,两者与 GB/T 3505—2009 的基本术语、参数以及符号的主要区别见表 3-2、表 3-3）规定评定表面粗糙度的参数应从幅度参数、间距参数、混合参数及曲线和相关参数等中选取。这里只介绍主要的评定参数。

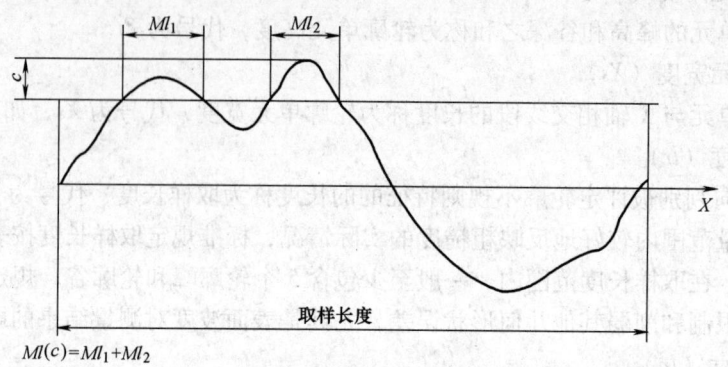

图 3-4 实体材料长度 $Ml(c)$

表 3-2 GB/T 3505—2009 与 GB/T 3505—2000、GB/T 3505—1983
基本术语符号的比较

基本术语	GB/T 3505—1983	GB/T 3505—2000	GB/T 3505—2009
取样长度	l	lr	lr
评定长度	l_n	ln	ln
纵坐标值	y	$Z(x)$	$Z(x)$
轮廓峰高	y_p	Zp	Zp
轮廓谷深	y_v	Zv	Zv
轮廓单元的高度	—	Zt	Zt
轮廓单元的宽度	—	Xs	Xs
水平位置	—	C	—
水平截面高度 c	—	—	c
在给定水平截面高度 c 上轮廓的实体材料长度	η_p	$Ml(c)$	$Ml(c)$

表 3-3 GB/T 3505—2009 与 GB/T 3505—2000、GB/T 3505—1983
参数符号的比较

参数	GB/T 3505—1983	GB/T 3505—2000	GB/T 3505—2009	在测量范围内	
				评定长度	取样长度
最大轮廓峰高	R_p	Rp	Rp		√
最大轮廓谷深	R_m	Rv	Rv		√
轮廓的最大高度	R_y	Rz	Rz		√
轮廓单元的平均高度	R_c	Rc	Rc		√
轮廓的总高度	—	Rt	Rt	√	

(续)

参　数	GB/T 3505—1983	GB/T 3505—2000	GB/T 3505—2009	在测量范围内	
				评定长度	取样长度
轮廓的算术平均偏差	R_a	Ra	Ra		√
轮廓单元的平均宽度	S_m	RSm	Rsm		√
轮廓的支承长度率	—	$Rmr(c)$	$Rmr(c)$	√	
相对支承比率	t_p	Rmr	Rmr	√	
十点高度	R_z	—	—		

注：√表示在测量范围内，现采用的评定长度和取样长度。

1. 幅度参数

（1）轮廓算术平均偏差（Ra）　是指在取样长度内纵坐标值绝对值的算术平均值，代号为 Ra，如图 3-5 所示。其表达式近似为

$$Ra \approx \frac{1}{n}(|Z_1| + |Z_2| + \cdots + |Z_n|) = \frac{1}{n}\sum_{i=1}^{n}|Z_i|$$

式中，$|Z_1|$，$|Z_2|\cdots|Z_n|$ 分别为轮廓线上各点的轮廓偏距，即各点到轮廓中线的距离。

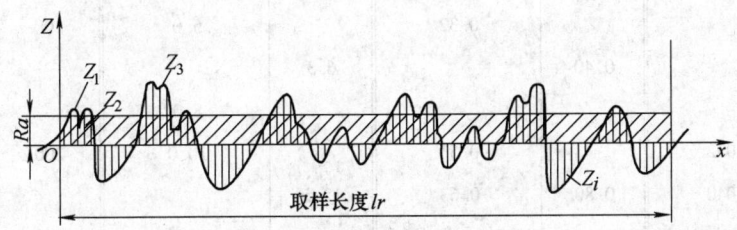

图 3-5　轮廓算术平均偏差 Ra

Ra 参数测量方便，能充分反映表面微观几何形状的特性。

（2）轮廓最大高度 Rz　是指在取样长度内，最大的轮廓峰高 Rp 与最大的轮廓谷深 Rv 之和，代号为 Rz，如图 3-6 所示。Rz 的表达式可表示为

$$Rz = Rp + Rv$$

国标 GB/T 1031—2009 规定了 Ra，Rz 参数允许值，分别见表 3-4 和表 3-5。

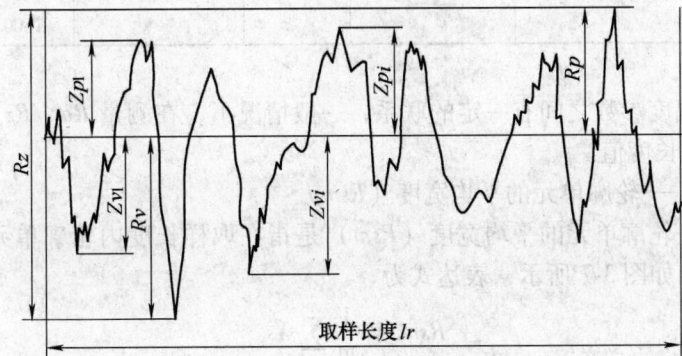

图 3-6　轮廓最大高度 Rz

表 3-4 轮廓算术平均偏差 Ra 的系列值 （单位：μm）

系列值	补充系列值	系列值	补充系列值	系列值	补充系列值	系列值	补充系列值
	0.008						
	0.010						
0.012			0.125			1.25	12.5
	0.016		0.160	1.60			16.0
	0.020	0.20			2.0		20
0.025			0.25		2.5	25	
	0.032		0.32	3.2			32
	0.040	0.40			4.0		40
0.050			0.50		5.0	50	
	0.063		0.63	6.3			63
	0.080	0.80			8.0		80
0.100			1.00		10.0	100	

表 3-5 轮廓最大高度 Rz 的系列值 （单位：μm）

系列值	补充系列值	系列值	补充系列值	系列值	补充系列值	系列值	补充系列值
			0.25		4.0		80
			0.32		5.0	100	
			0.40		6.3		125
0.025					8.0		160
	0.032		0.50		10.0	200	
	0.040	0.80	0.63		12.5		250
0.050					16.0		320
	0.063		1.00		20	400	
	0.080		1.25		25		500
0.100		1.60			32		630
	0.125		2.0		40	800	
	0.160		2.5		50		1000
0.20		3.2			63		1250
						1600	

取样长度与幅度参数之间有一定的联系，一般情况下，在测量 Ra、Rz 时，推荐按表 3-1 选取对应的取样长度值。

2. 间距参数——轮廓单元的平均宽度（Rsm）

间距参数——轮廓单元的平均宽度（Rsm）是指在取样长度内轮廓单元宽度 Xs 的平均值，代号为 Rsm，如图 3-7 所示，表达式为

$$Rsm = \frac{1}{m} \sum_{i=1}^{m} Xs_i$$

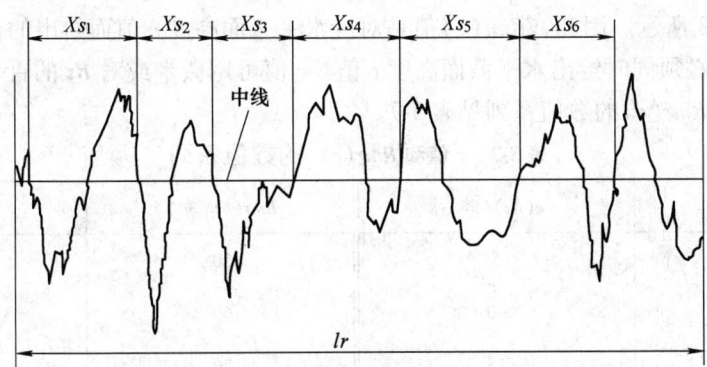

图 3-7 轮廓单元的宽度（Xs）和轮廓单元的平均宽度（Rsm）

Rsm 的大小反映了轮廓表面峰谷的疏密程度，Rsm 越小，峰谷越密，密封性越好。GB/T 1031—2009 规定了 Xs 和（Rsm）参数允许值，分别见表3-6。

表 3-6 轮廓单元宽度 Xs 和轮廓单元的平均宽度（Rsm）的系列值

（单位：μm）

系列值	补充系列值	系列值	补充系列值	系列值	补充系列值	系列值	补充系列值
		0.0125			0.125		1.25
			0.0160		0.160	1.60	
			0.020	0.20			2.0
	0.002	0.025		0.25			2.5
	0.003		0.032		0.32	3.2	
	0.004		0.040	0.40			4.0
	0.005	0.050			0.50		5.0
0.006			0.063		0.63	6.3	
	0.008		0.080	0.80			8.0
	0.010	0.100			1.00	12.5	10.0

3. 曲线和相关参数

轮廓的支承长度率 $Rmr(c)$ 是指在给定水平截面高度 c 上轮廓的实体材料长度 $Ml(c)$ 与评定长度 ln 之比，代号为 $Rmr(c)$，如图 3-8 所示，其表达式为

$$Rmr(c) = \frac{Ml(c)}{ln}$$

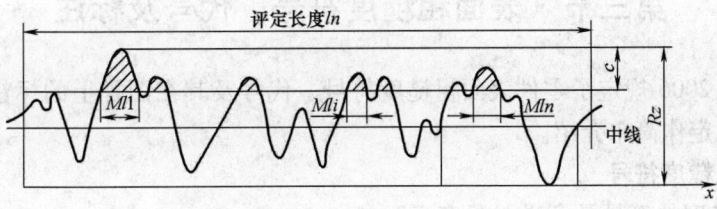

图 3-8 轮廓的支承长度率 $Rmr(c)$

显然,在同一轮廓上由于轮廓水平截面高度 c 不同,所得到的 $Ml(c)$ 值不同,$Rmr(c)$ 也就不同,如图 3-8 所示。因此,$Rmr(c)$ 值是对应水平截面高度 c 值而给出的,选用轮廓的支承长度率参数时必须同时给出水平截面高度 c 值。c 值可用微米或对 Rz 的百分数来表示。标准规定的 c 值和 $Rmr(c)$ 的数值系列见表 3-7。

表 3-7　c 值和 $Rmr(c)$ 的数值系列

$Rmr(c)(\%)$	$c(Rz)(\%)$	$Rmr(c)(\%)$	$c(Rz)(\%)$
10	5	50	40
15	10	60	50
20	15	70	60
25	20	80	70
30	25	90	80
40	30		90

轮廓的支承长度率是用来评定和度量表面的耐磨性的,一般情况下,$Rmr(c)$ 的值越大,零件表面的耐磨性越好。

三、规定表面粗糙度要求的一般规则

1)在规定表面粗糙度要求时,应给出表面粗糙度值和测定时的取样长度值两项基本要求。必要时也可规定表面加工纹理、加工方法或加工顺序和不同区域的粗糙度等附加要求。

2)表面粗糙度的标注方法应符合 GB/T 131 的规定,缺省评定长度值应符合 GB/T 10610。

3)为保证制品表面质量,可按功能需要规定表面粗糙度参数值。否则,可不规定其参数值,也不需要检查。

4)表面粗糙度各参数的数值应在垂直于基准面的各截面上获得。对于给定的表面,如截面方向与高度参数（Ra,Rz）最大值的方向一致时,则可不规定测量截面的方向,否则应在图样上标出。

5)对表面粗糙度的要求不适用于表面缺陷。在评定过程中,不应把表面缺陷（如沟槽、气孔、划痕等）包含进去,必要时,应单独规定对表面缺陷的要求。

6)根据表面功能和生产的经济合理性,当选用表 3-4～表 3-6 的系列值不能满足要求时,可选取补充系列值。

第三节　表面粗糙度符号、代号及标注

GB/T 131—2006 规定了零件表面粗糙度符号、代号及其在图样上的标注方法,现仅就国标中的基本规定作简单介绍。

一、表面粗糙度符号

1. 表面粗糙度的符号及意义（见表 3-8）

表 3-8 表面粗糙度的符号

符号类型		符　号	说　明
基本图形符号		 ∨	仅用于简化代号标注，没有补充说明时不能单独使用
扩展图形符号	要求去除材料的图形符号	 ▽	在基本图形符号上加一短横，表示指定表面是用去除材料的方法获得，如通过机械加工获得的表面
	不去除材料的图形符号	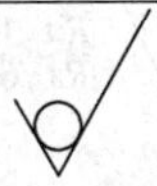 ▽○	在基本图形符号上加一个圆圈，表示指定表面是用不去材料方法获得
完整图形符号	允许任何工艺	 ∨—	当要求标注表面粗糙度特征的补充信息时，应在图形的长边上加一横线
	去除材料	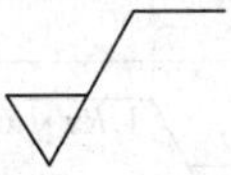 ▽—	
	不去除材料	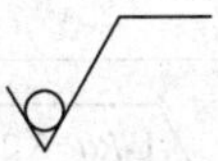 ▽○—	
工件轮廓各表面的图形符号		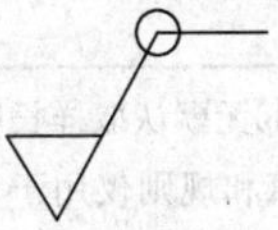 ▽○—	当在图样某个视图上构成封闭轮廓的各表面有相同的表面粗糙度要求时，应在完整图形符号上加一圆圈，标注在图样中工件的封闭轮廓线上。如果标注会引起歧义，各表面则应分别标注

2. 表面粗糙度要求图样标注的演变

表面粗糙度要求图样标注从 GB/T 131—1983 演变到现在，已是第三版，见表 3-9。

表 3-9 表面粗糙度要求图样标注的演变

GB/T 131 的版本			说明主要问题的示例
1983（第一版）[①]	1993（第二版）[②]	2006（第三版)[③]	
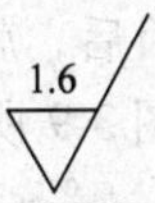 1.6 ∨	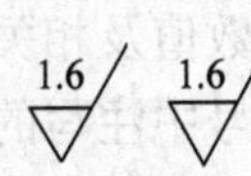 1.6 ∨ 1.6 ▽	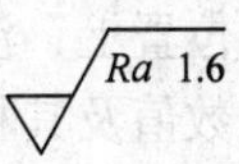 Ra 1.6 ▽	Ra 只采用 "16% 规则"
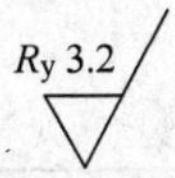 R_y 3.2 ∨	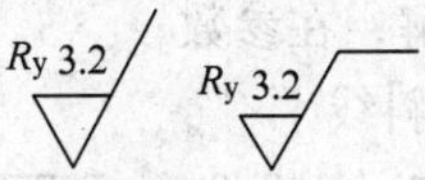 R_y 3.2 ∨ R_y 3.2 ▽	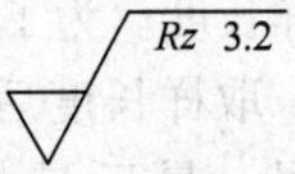 Rz 3.2 ▽	除了 Ra "16% 规则" 的参数
[④]	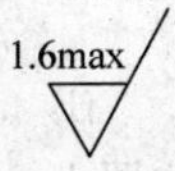 1.6max ▽	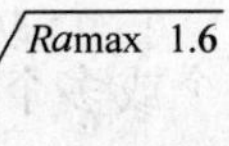 Ramax 1.6 ▽	"最大规则"
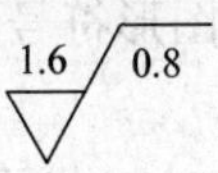 1.6 / 0.8 ∨	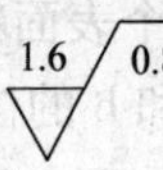 1.6 / 0.8 ▽	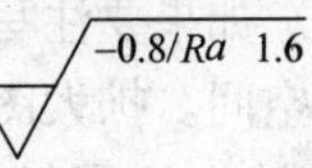 −0.8/Ra 1.6 ▽	Ra 加取样长度

(续)

GB/T 131 的版本			说明主要问题的示例
1983（第一版）①	1993（第二版）②	2006（第三版）③	
$R_y 3.2 / 0.8$ ▽	$R_y 3.2 / 0.8$ ▽	▽ $-0.8/Rz\ 6.3$	除 R_a 外，其他参数及取样长度
$R_y 6.3 / 1.6$ ▽	$R_y 6.3 / 1.6$ ▽	▽ $Ra\ 1.6$ $Rz\ 6.3$	R_a 及其他参数
④	$R_y 3.2$ ▽	▽ $Rz3\ 6.3$	评定长度中的取样长度个数如果不是 5
④	④	▽ $L\ Rz\ 1.6$	下限值
$3.2 / 1.6$ ▽	$3.2 / 1.6$ ▽	▽ $U\ Ra\ 3.2$ $L\ Rz\ 1.6$	上、下限值

① 既没有默认值也没有其他细节，尤其是ⓐ无默认评定长度，ⓑ无默认取样长度，ⓒ无"16%规则"或"最大规则"。
② 在 GB/T 3505—1983 和 GB/T 10610—1989 中定义的默认值和规则仅用于参数 R_a，R_y 和 R_z（十点高度）。此外，GB/T 131—1993 存在着参数代号书写不一致的问题，标准正文要求参数代号第二个字母标注为下标，但在所有的图表中，第二个字母都是小写，而当时所有的其他表面结构标准都使用下标。
③ 新的 Rz 为原 R_y 的定义，原 R_y 的符号不再使用。
④ 表示没有该项。

二、表面粗糙度代号

1. 表面粗糙度代号

在表面粗糙度符号的规定位置上，注出表面粗糙度数值及相关的规定项目后，就形成了表面粗糙度代号。表面粗糙度数值及其相关的规定在符号中注写的位置，如图 3-9 所示。

（1）位置 a 注写表面粗糙度的单一要求　标注表面粗糙度参数代号、极限值和取样长度。为了避免误解，在参数代号和极限值间应插入空格。取样长度后应有一斜线"/"，之后是表面粗糙度参数符号，最后是数值，如：$-0.8/Rz6.3$。

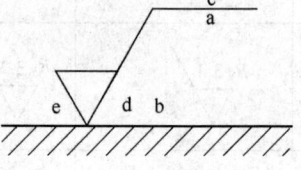

图 3-9　表面粗糙度代号

（2）位置 a 和 b 注写两个或多个表面粗糙度要求　在位置 a 注写第一个表面粗糙度要求的方法同（1）。在位置 b 注写第二个表面粗糙度要求。如果要注写第三个或更多个表面粗糙度要求，图形符号应在垂直方向扩大，以空出足够的空间。扩大图形符号时，a 和 b 的位置随之上移。

（3）位置 c 注写加工方法　注写加工方法、表面处理、涂层或其他加工工艺要求等。

如车、磨、镀等加工表面。

(4) 位置 d 注写表面纹理和方向　注写所要求的表面纹理和纹理的方向，如"＝"、"X"、"M"（见表3-11）。

(5) 位置 e 注写加工余量　注写所要求的加工余量，以毫米为单位给出数值。

2. 表面粗糙度评定参数的标注

表面粗糙度评定参数必须注出参数代号和相应数值，数值的单位均为微米（μm），数值的判断规则有两种：①16% 规则，是所有表面粗糙度要求默认规则；②最大规则，应用于表面粗糙度要求时，则参数代号中应加上"max"。

当图样上标注参数的最大值（max）或（和）最小值（min）时，表示参数中所有的实测值均不得超过规定值。当图样上采用参数的上限值（用 U 表示）（或、和）下限值（用 L 表示）时（表中未标注 max 或 min 的），表示参数的实测值中允许少于总数的 16% 的实测值超过规定值。具体标注示例及意义见表3-10。

表3-10　表面粗糙度代号的标注示例及意义

符　号	含义/解释
$\sqrt{}$ Rz 0.4	表示不允许去除材料，单向上限值，粗糙度的最大高度 0.4μm，评定长度为 5 个取样长度（默认），"16% 规则"（默认）
$\sqrt{}$ Rzmax 0.2	表示去除材料，单向上限值，粗糙度最大高度的最大值 0.2μm，评定长度为 5 个取样长度（默认），"最大规则"（默认）
$\sqrt{}$ −0.8/Ra3 3.2	表示去除材料，单向上限值，取样长度 0.8μm，算术平均偏差 3.2μm，评定长度包含 3 个取样长度，"16% 规则"（默认）
$\sqrt{}$ U Ramax 3.2 L Ra 0.8	表示不允许去除材料，双向极限值，上限值：算术平均偏差 3.2μm，评定长度为 5 个取样长度（默认），"最大规则"，下限值：算术平均偏差 0.8μm，评定长度为 5 个取样长度（默认），"16% 规则"（默认）

3. 评定长度的（ln）的标注

评定表面粗糙度参数中，若所标注的参数代号没有"max"，则表明采用有关标准中默认的评定长度；若不存在默认的评定长度，参数代号中则应标注取样长度的个数，如 Ra3，Rz3，Rsm3……（要求评定长度为 3 个取样长度）。

4. 加工方法或相关信息的注法

当零件的加工表面的粗糙度要求由指定的加工方法获得时，用文字标注在符号上边的横线上，如图 3-10 所示。

在符号的横线上面也可注写镀（涂）覆或其他表面处理要求。图 3-11 所示的镀覆后达到的参数值，也可在图样的技术要求中说明。

5. 表面纹理的注法

需要控制表面加工纹理方向时，可在完整符号的右下角加注加工纹理方向符号，如图 3-12 所示。

常见的加工纹理方向符号见表 3-11。

图 3-10 加工方法的标注　　图 3-11 镀覆的标注　　图 3-12 加工纹理方向的标注

表 3-11 常见的加工纹理方向

符号	说明	示意图	符号	说明	示意图
=	纹理平行于视图所在的投影面		C	纹理呈近似同心圆且圆心与表面中心相关	
⊥	纹理垂直于视图所在的投影面		R	纹理呈近似的放射状与表面圆心相关	
×	纹理呈两斜向交叉且与视图所在的投影面相交				
M	纹理呈多方向		P	纹理呈微粒、凸起，无方向	

注：如果表面纹理不能清楚地用这些符号表示，那么必要时可以在图样上加注说明。

6. 加工余量

在同一图样中，有多道加工工序的表面可标注加工余量时，加工余量标注在完整符号的左下方，单位为毫米（mm），如图 3-13 所示。

三、表面粗糙度代号在图样上的标注方法

表面粗糙度要求对每一表面一般只标注一次，并尽可能注在相应的尺寸及其公差的同一视图上。除非另有说明，否则所标注的表面粗糙度要求是对完工零件表面的要求。

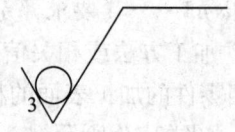

图 3-13 加工余量的标注

1. 标注的总原则

GB/T 4458.4 规定，使表面粗糙度的注写和读取方向与尺寸的注写和读取方向一致，如图 3-14 所示。

2. 表面粗糙度要求的标注

（1）标注在轮廓线上或指引线上　表面粗糙度要求可标注在轮廓线上，其符号应从材料外指向并接触表面。必要时，表面粗糙度符号也可用带箭头或黑点的指引线引出标注，如

图 3-15、图 3-16 所示。

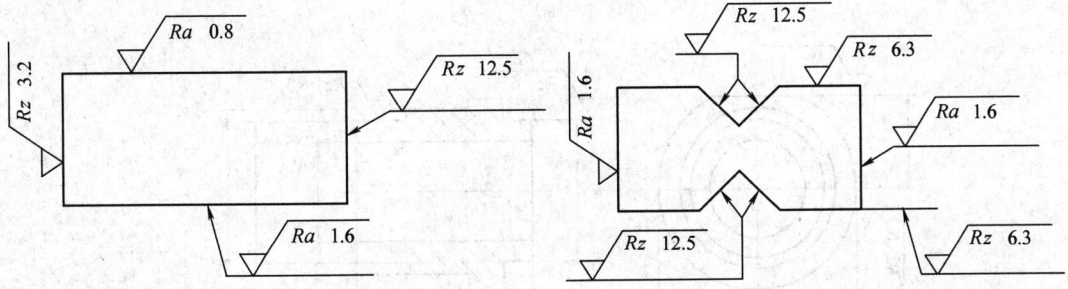

图 3-14 表面粗糙度的注写方向　　图 3-15 表面粗糙度要求在轮廓线上的标注

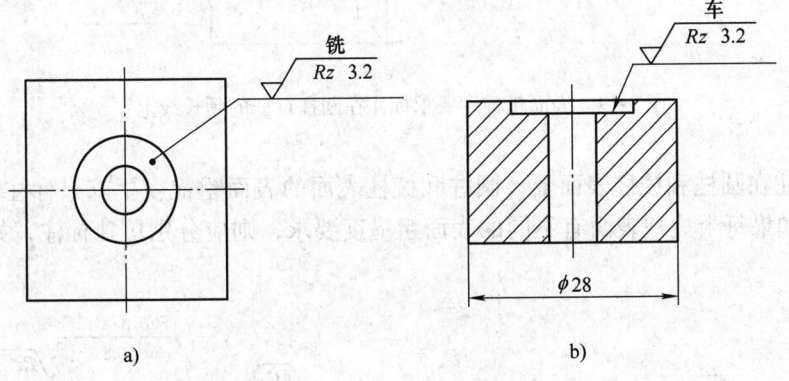

图 3-16 用指引线引出标注表面粗糙度要求

（2）标注在特征尺寸的尺寸线上　在不致引起误解时，表面粗糙度要求可以标注在给定的尺寸线上，如图 3-17 所示。

（3）标注在形位公差的框格上　表面粗糙度要求可标注在形位公差框格的上方，如图 3-18 所示。

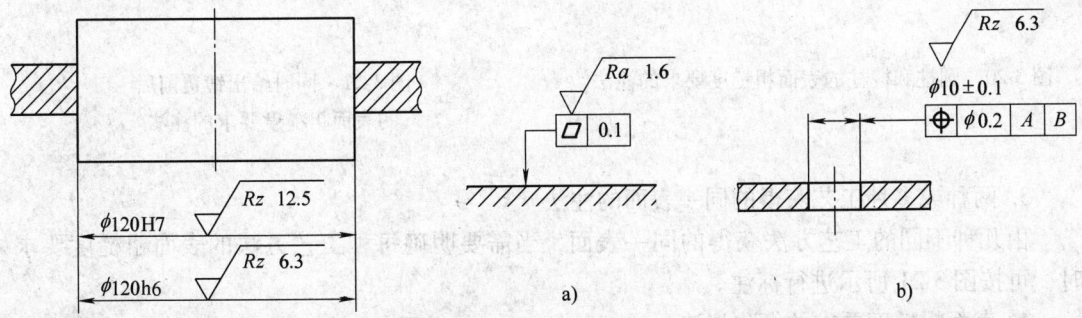

图 3-17 表面粗糙度要求　　　图 3-18 表面粗糙度要求标注在形位公差框格的上方
　　　标注在尺寸线上

（4）标注在延长线上　表面粗糙度要求可以直接标注在延长线上，或用带箭头的指引线引出标注，如图 3-15、图 3-19 所示。

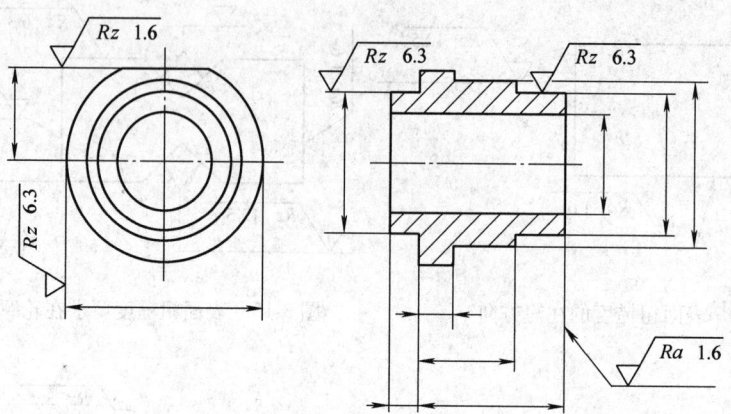

图 3-19 表面粗糙度要求标注在圆柱特征的延长线上

（5）标注在圆柱和棱柱表面上　圆柱和棱柱表面的表面粗糙度要求只标注一次，如图 3-19 所示。如果每个棱柱表面有不同的表面粗糙度要求，则应分别单独标注，如图 3-20 所示。

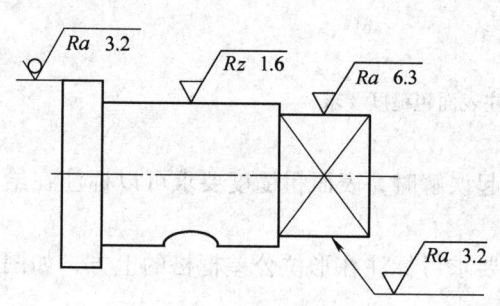

图 3-20　圆柱和棱柱的表面粗糙度要求的注法

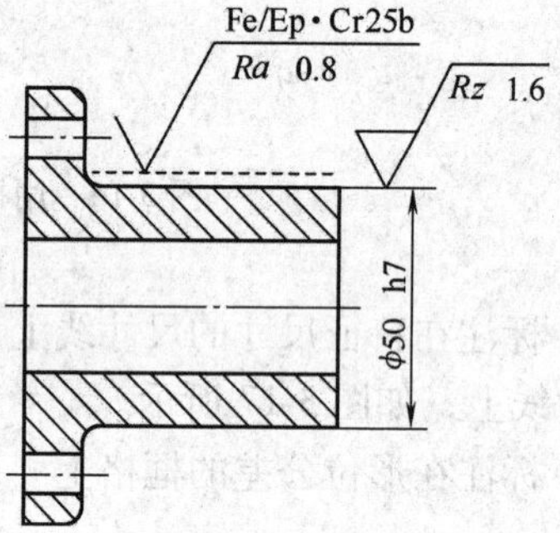

图 3-21　同时给出镀覆前后的表面粗糙度要求的注法

3. 两种或多种工艺获得的同一表面的注法

由几种不同的工艺方法获得的同一表面，当需要明确每种工艺方法的表面粗糙度要求时，可按图 3-21 所示进行标注。

4. 表面粗糙度要求的简化注法

为了提高绘图效率或在标注位置受到限制时，可采用简化标注方法。

（1）有相同表面粗糙度要求的简化注法　如果在工件的多数（包括全部）表面有相同的表面粗糙度要求，其表面粗糙度要求则可统一标注在图样的标题栏附近。此时（除全部表面有相同要求的情况外），表面粗糙度要求的符号后面应有：①在圆括号内给出无任何其他标注的基本符号，如图3-22所示。②在圆括号内给出不同的表面粗糙度要求，如图3-23所示。不同的表面粗糙度要求应直接标注在图形中，如图3-22、图3-23所示。

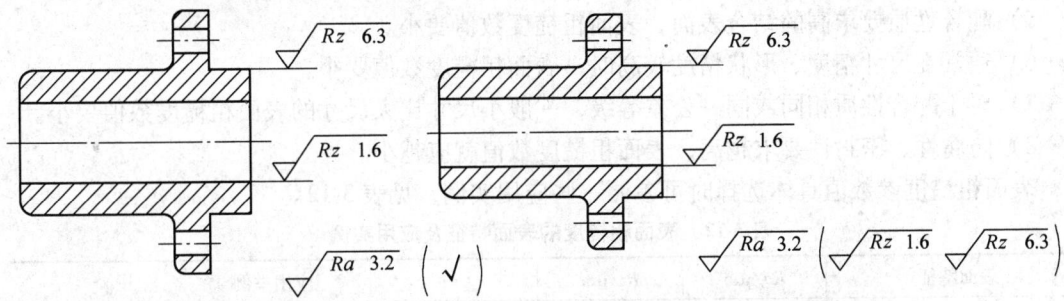

图3-22　大多数表面有相同表面
粗糙度要求的简化注法（一）

图3-23　大多数表面有相同表面
粗糙度要求的简化注法（二）

（2）多个表面有共同要求的注法　当多个表面具有相同的表面粗糙度要求或图纸空间有限时可以采用简化注法。

1）用带字母的完整符号的简化注法可用带字母的完整符号，以等式的形式，在图形或标题栏附近，对有相同表面结构要求的表面进行简化标注，如图3-24所示。

2）只用表面粗糙度符号的简化注法可用基本和扩展的表面粗糙度符号，以等式的形式给出对多个表面共同的表面粗糙度要求，如图3-25~图3-27所示。

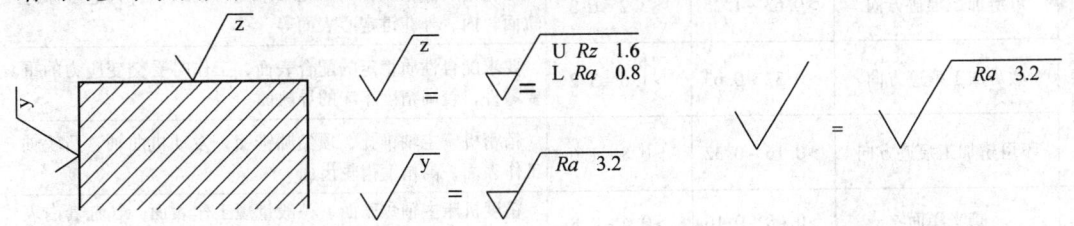

图3-24　图纸空间有限时的简化注法

图3-25　未指定工艺方法的多
个表面粗糙度要求的简化注法

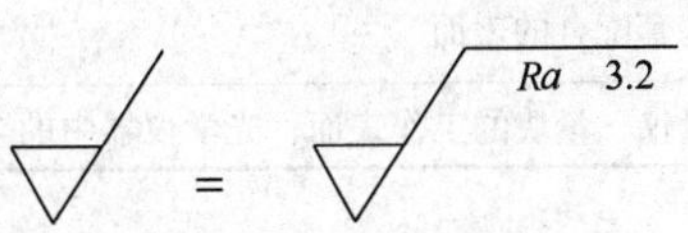

图3-26　要求去除材料的多个表面
粗糙度要求的简化注法

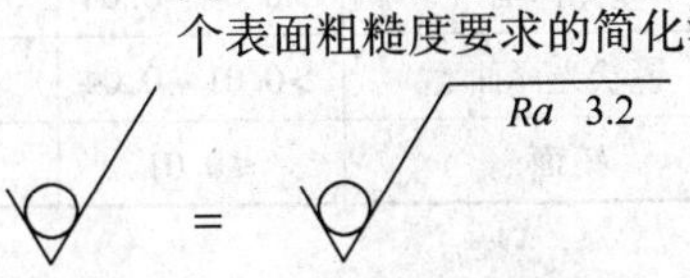

图3-27　不允许去除材料的多个
表面粗糙度要求的简化注法

第四节　表面粗糙度的应用及检测

一、表面粗糙度的选用

表面粗糙度参数值的选择首先应满足零件表面功能要求，进而考虑加工的可能性和经济性。表面粗糙度参数值过小，则加工困难，成本高；若过大，则难以满足设计要求，影响产品质量。在实际生产中一般用类比法确定它，选择原则如下：

1）在满足表面功能要求的情况下，尽量选用较大的表面粗糙度数值。

2）一般在同一零件上工作表面的粗糙度数值小于非工作表面的粗糙度数值。

3)摩擦表面,承受高速、高压和交变载荷的工作表面的粗糙度数值要小一些。
4)易引起应力集中的结构(如圆角、沟槽等),表面粗糙度数值要小。
5)配合性质要求高的结合表面,表面粗糙度数值要小。
6)通常在尺寸精度、形状精度较高时,表面粗糙度数值要小。
7)对于配合性质相同或同一公差等级,一般小尺寸比大尺寸的表面粗糙度数值要小。
8)防腐性、密封性要求越高,表面粗糙度数值就应越小。

表面粗糙度参数值具体选择时可参照一些应用实例,见表3-12。

表3-12 表面粗糙度的表面特征及应用实例

	表面特征	$Ra/\mu m$	$Rz/\mu m$	应用举例
粗糙表面	可见刀痕	>20~40	>80~160	半成品粗加工过的表面,非配合的加工表面,如轴端面、倒角、钻孔、齿轮和带轮侧面、键槽底面、垫圈接触面等
	微见刀痕	>10~20	>40~80	
半光表面	微见加工痕迹	>5~10	>20~40	轴上不安装轴承或齿轮处的非配合表面、紧固件的自由装配表面、轴和孔的退刀槽等
	微辨加工痕迹	>2.5~5	>10~20	半精加工表面,箱体、支架、端盖、套筒等和其他零件结合而无配合要求的表面,需要发蓝的表面等
	看不清加工痕迹	>1.25~2.5	>6.3~10	接近于精加工表面、箱体上安装轴承的镗孔表面、齿轮的工作面
光表面	可辨加工痕迹方向	>0.63~1.25	>3.2~6.3	圆柱销、圆锥销,与滚动轴承配合的表面,普通车床导轨面、内、外花键定心表面等
	微辨加工痕迹方向	>0.32~0.63	>1.6~3.2	要求配合性质稳定的配合表面,工作时受交变应力的重要零件,较高精度车床的导轨面
	不可辨加工痕迹方向	>0.16~0.32	>0.8~1.6	精密机床主轴锥孔,顶尖圆锥面、发动机曲轴、凸轮轴工作表面,高精度齿轮齿面
极光表面	暗光泽面	>0.08~0.16	>0.4~0.8	精度机床主轴颈表面、一般量规工作表面、气缸套内表面、活塞销表面等
	亮光泽面	>0.04~0.08	>0.2~0.4	精度机床主轴颈表面、滚动轴承的滚动体、高压油泵中柱塞和柱塞套配合的表面
	镜状光泽面	>0.01~0.04	>0.05~0.2	
	镜面	≤0.01	≤0.05	高精度量仪、量块的工作表面,光学仪器中的金属镜面

二、表面粗糙度的检测

测量表面粗糙度的方法有比较法、光切法、光波干涉法、感触法。

1. 比较法

比较法是指被测表面与已知高度参数值的表面粗糙度样块进行比较,用目测和手摸的感触来判断表面粗糙度的检测方法。比较时,还可借助放大镜、比较显微镜等工具,以减少误差,提高判断的准确性。比较时,样块与被检表面的加工纹理方向应保持一致。

比较法简单易行,适合在车间使用。由于其评定的可靠性在很大程度上取决于检验人员的经验,因而主要用于评定表面粗糙度较低的近似评定。

2. 光切法

光切法是指利用光切原理测量表面粗糙度的方法。常用的仪器是光切显微镜,测量范围为0.5~50μm,适用于Rz参数的评定。

3. 光波干涉法

利用光学干涉原理测量表面粗糙度的方法，称为光波干涉法。常用的仪器为干涉显微镜，测量范围为 0.05~0.8μm，适用于 Rz 参数的评定。

4. 感触法（又称针描法或轮廓法）

感触法是一种接触式测量表面粗糙度的方法，测量仪器多为电动轮廓仪，可直接显示 Ra 参数值，测量范围为 0.025~5μm。

本 章 小 结

1. 零件表面存在着由较小间距和峰谷组成的微量高低不平的痕迹，表述这些峰谷的高低程度和间距状况的微观几何形状特性的参数，称为表面粗糙度。它反映的是零件被加工表面上的微观几何形状误差。

2. 表面粗糙度与机械零件使用性能和寿命的关系密切。

3. 标准规定，评定表面粗糙度的参数应从幅度参数、间距参数、混合参数及曲线和相关参数等中选取。

4. 轮廓算术平均偏差（Ra）是指在取样长度内纵坐标值的的算术平均值，代号为 Ra，其表达式近似为 $Ra \approx \frac{1}{n}(|Z_1|+|Z_2|+\cdots+|Z_n|) = \frac{1}{n}\sum_{i=1}^{n}|Z_i|$（$|Z_1|,|Z_2|\cdots|Z_n|$ 分别为轮廓线上各点的轮廓偏距，即各点到轮廓中线的距离）。

5. 轮廓最大高度 Rz 是指在取样长度内，最大的轮廓峰高 Rp 与最大的轮廓谷深 Rv 之和，代号为 Rz，Rz 的表达式可表示为 $Rz = Rp + Rv$。

6. 间距参数——轮廓单元的平均宽度（Rsm）是指在取样长度内轮廓单元宽度 Xs 的平均值，代号为 Rsm，表达式为 $Rsm = \frac{1}{m}\sum_{i=1}^{m}Xs_i$。

7. 曲线和相关参数——轮廓的支承长度率 $Rmr(c)$ 是指在给定水平截面高度 c 上轮廓实体材料长度 $Ml(c)$ 与评定长度 ln 之比，代号为 $Rmr(c)$，其表达式为 $Rmr(c) = \frac{Ml(c)}{ln}$。

8. 规定表面粗糙度要求的一般规则：①在规定表面粗糙度要求时，应给出规定表面粗糙度值和测定时的取样长度值两项基本要求。必要时也可规定表面加工纹理、加工方法或加工顺序和不同区域的表面粗糙度等附加要求；②表面粗糙度的标注方法应符合 GB/T 131 的规定，缺省评定长度值应符合 GB/T 10610；③为保证制品表面质量，可按功能需要规定表面粗糙度参数值。否则，可不规定其参数值，也不需要检查；④表面粗糙度各参数的数值应在垂直于基准面的各截面上获得。对给定的表面，当截面方向与高度参数（Ra，Rz）最大值的方向一致时，则可不规定测量截面的方向，否则应在图样上标出；⑤对表面粗糙度的要求不适用于表面缺陷。在评定过程中，不应把表面缺陷（如沟槽、气孔、划痕等）包含进去，必要时，应单独规定对表面缺陷的要求；⑥根据表面功能和生产的经济合理性，当选用表3-4~表3-6 的系列值不能满足要求时，可选取补充系列值。

9. 在表面粗糙度符号的规定位置上，注出表面粗糙度数值及相关的规定项目后，就形成了表面粗糙度代号，一般直接标注在零件的各要素上。

10. 表面粗糙度的选择原则：
1) 在满足表面功能要求的情况下，尽量选用较大的表面粗糙度数值。
2) 在同一零件上，工作表面的粗糙度数值一般小于非工作表面的粗糙度数值。
3) 摩擦表面，承受高速、高压和交变载荷的工作表面的粗糙度数值要小一些。
4) 易引起应力集中的结构（如圆角、沟槽等），表面粗糙度数值要小。
5) 配合性质要求高的结合表面、零件尺寸较小，表面粗糙度数值要小。
6) 通常在尺寸公差、表面形状公差小时，表面粗糙度数值要小。
7) 防腐性、密封性要求越高，表面粗糙度数值应越小。
11. 表面粗糙度的测量方法有比较法、光切法、光波干涉法、感触法四种。

复习思考题

1. 什么是表面粗糙度？表面粗糙度对零件的使用性能有何影响？
2. 为减小零件表面的摩擦与磨损，零件的表面是否越光滑越好？为什么？
3. 表面轮廓和实际轮廓是如何定义？
4. 什么是取样长度？为什么评定表面粗糙度时，必须确定一个合理的取样长度？一般它包含几个以上的轮廓峰和轮廓谷？
5. 什么是评定长度？它有何作用？与取样长度有什么关系？
6. 什么是轮廓峰和轮廓谷，轮廓峰高和轮廓谷深，最大轮廓峰高和最大轮廓谷深？
7. 评定表面粗糙度的参数有哪几种？
8. 试叙述表达表面粗糙度幅度参数的定义，并写出其表达式。
9. 评定表面粗糙度的基本术语有哪些？
10. 什么是表面粗糙度的符号？它表示什么意义？
11. 什么是轮廓的支承长度率？
12. 规定表面粗糙度要求的一般规则有哪些？
13. 什么是表面粗糙度代号？画图简要说明标准规定各参数在符号上的标注位置。
14. 试说明最大值、最小值与上限值、下限值在意义和标注上的区别。
15. 表面粗糙度符号、代号在图样上标注时，有哪些基本规定？
16. 表面粗糙度与尺寸公差有何关系？
17. 表面粗糙度的选用一般采取什么方法？其遵循的原则是什么？
18. 检测表面粗糙度常用哪几种方法？各用于什么场合？
19. 采用类比法选择表面粗糙度参数值时，应考虑哪些问题？
20. 解释下列表面粗糙度代号的意义。

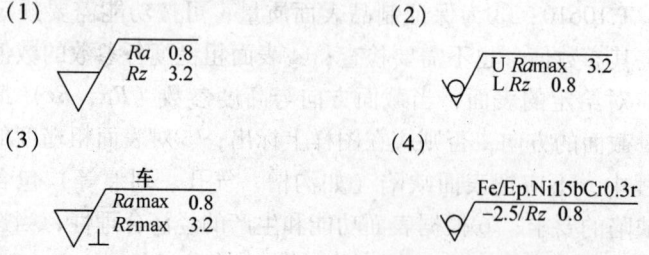

第四章 技 术 测 量

学习目标：理解长度和平面角单位概念；熟悉量块、游标卡尺、千分尺、百分表、角度尺的结构、种类、使用方法及维护保养方法，并掌握其读数方法；能合理选择计量器具。

第一节 技术测量的基础知识

在机械制造业中，要实现零部件的互换性，除了合理地规定公差，还需要在加工的过程中进行正确的测量或检验，只有通过测量和检验判定为合格的零件，才具有互换性。在此，主要研究零件几何量的测量和检验方面的知识。

一、技术测量的概念

1）测量是指以确定被测对象量值为目的的操作过程，在此操作中是将被测几何量与作为计量单位的标准量进行比较，从而确定被测几何量具体的量值。

2）检验是指只确定被测几何量是否在规定的极限范围之内，并判断被测对象是否合格的操作过程，它并不需要得出被测几何量具体的量值。

二、测量要素

一个完整的测量过程包括测量对象、计量单位、测量方法和测量精度四个方面要素。

（1）测量对象　测量对象主要指几何量，包括长度、角度、表面粗糙度、几何公差等。

（2）计量单位　为了保证测量的正确性，必须保证测量过程中单位的统一，为此我国以国际单位制为基础确定了法定计量单位。

1）长度计量单位：以米（m）为基本单位，在1983年第17届国际计量大会上，规定米的定义为：1m是光在真空中（1/299792458）s的时间间隔内所经路径的长度。按此定义确定的基准称为自然基准。机械制造中，常用的长度计量单位为毫米（mm），$1mm = 10^{-3}$m。在精密测量中，长度计量单位采用微米（μm），$1\mu m = 10^{-3}$mm。在超精密测量中，长度计量单位采用纳米（nm），$1nm = 10^{-3} \mu m$。

2）平面角的角度计量单位：弧度（rad）及度（°）、分（′）、秒（″）。机械制造中常用的角度计量单位为弧度、微弧度（μrad）和度、分、秒。$1\mu rad = 10^{-6}$ rad，$1° = 0.0174533$rad。度、分、秒的关系采用60进制，即$1° = 60′$，$1′ = 60″$。

在机械制造中，自然基准不便于直接应用。为了保证量值准确地传递到生产中去，需要建立严密的长度量值传递系统。目前，线纹尺和量块是实际工作中常用的两种实体基准。

（3）测量方法　是指测量时所采用的计量器具和测量条件的综合。测量前，先根据被测对象的特点，如精度、形状、质量、材质和数量等来选择的计量器具，分析研究被测参数的特点及与其他参数的关系，从而确定最佳的测量方法。

（4）测量精度　是指测量结果与真值的一致程度。测量结果有效值的准确性是由测量精度确定的。精度和误差是两个相对的概念，误差大，精度低；误差小，精度高。由于任何测量总是存在测量误差，所以任何测量结果都只能是要素真值的近似值。

三、计量器具的分类

计量器具是量具和计量仪器（简称量仪）的总称，按结构特点可以分为以下四类。

1. 量具

量具是以固定形式复现量值的计量器具，结构比较简单，易操作，没有传动放大系统，可直接测出尺寸。量具一般分为单值量具和多值量具两种，单值量具是用来复现单一量值的量具，又称为标准量具，如量块、直角尺等；多值量具是用来复现一定范围内的一系列不同量值的量具，又称为通用量具。通用量具按其结构特点划分有以下几种：固定刻线量具，如金属直尺、钢卷尺等；游标量具，如游标卡尺、游标万能角度尺等；螺旋测微量具，如千分尺等。

2. 量规

量规是没有刻度的专用计量器具，用于检验零件的实际（组成）要素及几何误差的综合结果，从而判断零件被测的几何量是否合格。量规检验不能获得被测几何量的具体数值，如塞规等。

3. 量仪

量仪是将被测几何量的量值转换成可直接观察的指示值或等效信息的计量器具，一般具有传动放大系统。按原始信号转换原理的不同，分为：

（1）机械式量仪　用机械方法实现原始信号转换的量仪，如百分表、扭簧比较仪等。这种量仪结构简单，使用方便，性能稳定，因而应用广泛。

（2）光学式量仪　用光学方法实现原始信号转换的量仪，具有放大比较的光学放大系统。如立式光学计、工具显微镜、干涉仪等。这种量仪精度高，性能稳定。

（3）电动式量仪　将原始信号转换成电量形式信息的量仪，如电感式测微仪、电动轮廓仪、圆度仪等，具有放大和运算电路，可将测量结果用指示表或记录器显示出来。这种量仪精度高，易于实现数据自动化处理和显示，还可实现计算机辅助测量和检测自动化。

（4）气动式量仪　以压缩空气为介质，通过其流量或压力的变化来实现原始信号转换的量仪，如水柱式气动量仪、浮标式气动量仪等。该种量仪结构简单，可进行远距离测量，也可对难以用其他计量器具测量的部位（如深孔部位）进行测量，但示值范围小，对不同的被测参数需要不同的测头。

4. 计量装置

计量装置为确定被测几何量值所必需的计量器具和辅助设备的总体，它能够测量较多的几何量和较复杂的零件，有助于实现检测自动化或半自动化，一般用于大批量生产中，以提高检测效率和检测精度。

四、测量方法的分类

前面所述的测量方法为广义的概念，在实际工作中往往从获得测量结果的方式来理解测量方法，其分类方法如下：

1. 根据所测的几何量是否为要求被测的几何量，可分为：

（1）直接测量　是指直接用量具和量仪测出零件被测几何量值的方法。例如，用外径千分尺直接测量轴的直径。

（2）间接测量　是指通过测量与被测量间有一定函数关系的其他量，再通过计算获得被测量值的方法。例如,用游标卡尺测量两孔的中心距。间接测量法存在着基准不重合误差,故仅在不能或不宜采用直接测量的场合使用。

2. 根据被测量值是直接由计量器具的读数装置获得,或是通过对某个标准值的偏差值计算得到,可分为:

(1) 绝对测量 是指被测量的全值可以直接从计量器具的读数装置获得。例如用游标卡尺测量孔的深度、千分尺测量零件的直径。

(2) 相对测量(又称比较测量或微差测量) 是指将被测量与同它只有微小差别的已知同种量(一般为标准量)相比较,通过测量这两个量值间的差值来确定被测量值。例如用量块校对百分表。通常,相对测量的精度较高。

3. 根据零件上同时被测几何量的多少,可分为:

(1) 单项测量 是指单个的、彼此没有联系的测量零件的单个几何量的方法,例如用工具显微镜分别测量螺纹单一中径、螺距和牙侧角单项测量,分别判断它们是否合格,便于分析误差产生的原因。

(2) 综合测量 是指同时测量零件的几个相关参数,例如用完整牙型的螺纹量规检验螺纹轮廓是否合格。综合测量的效率高,一般属于检验。

4. 根据被测表面与计量器具的测量头是否接触,可分为:

(1) 接触测量 是指测量时,计量器具的测量头与工件被测表面接触并有机械作用力存在。例如用机械式比较仪测量轴颈,测量头在弹簧力的作用下与轴颈接触。接触测量会引起被测表面和计量器具的有关部分产生弹性变形,因而影响测量精度。

(2) 非接触测量 是指测量时,计量器具的测量头与工件被测表面不接触,没有机械作用力存在。例如,气动测量、光学投影测量。

5. 根据测量在加工过程中所起的作用,可分为:

(1) 主动测量 零件在加工过程中进行的测量,目的是控制加工过程,及时预防废品的产生。通常应用在生产线上,使测量与加工过程紧密结合,根据测量结果随时调整机床,以最大限度地提高生产效率和产品合格率,因而是检测技术发展的方向。

(2) 被动测量 零件在加工完后进行的测量,目的是发现并剔除废品。

6. 根据测量时工件是否运动,可分为:

(1) 静态测量 测量时,零件的被测表面与计量器具的测量头相对静止,例如,用游标万能角度尺测量零件内外角度。

(2) 动态测量 测量时,零件的被测表面与计量器具的测量头之间有相对运动,被测量的量值是变动的,反映被测参数连续变化的情况,常用于测量工件的运动精度参数。例如,用偏摆仪测量跳动误差等。

五、计量器具的基本计量参数

计量器具的计量参数是表征计量器具性能和功用的指标,是选择和使用计量器具、研究和判别测量方法的主要依据。基本计量参数如下。

(1) 刻度间距(又称刻线间距) 是指标尺或刻度盘上两相邻刻线中心的距离。一般刻度间距在 1~2.5mm 之间,刻度间距太小,会影响估读精度;刻度间距太大,会加大读数装置的轮廓尺寸。

(2) 分度值(又称刻度值或读数值) 是指标尺或刻度盘上每一刻度间距所代表的量

值。例如,游标卡尺常用的分度值有 0.02mm、0.05mm、0.10mm,千分尺的分度值有 0.01mm 等。一般来说,分度值越小,计量器具的精度越高。

(3) 示值范围 是指计量器具标尺或刻度盘所指示的起始值到终止值的范围。例如杠杆千分尺的示值范围为 ±0.02mm。

(4) 测量范围 是指计量器具能够测出的被测尺寸的最小值到最大值的范围,例如百分表的测量范围通常有:0~3mm、0~5mm、0~10mm 三种。

(5) 示值误差 是指计量器具的指示值与被测量的真值之差,主要由仪器设计原理误差、分度误差、传动机构的失真等因素产生,可通过对计量器具的校验测得。

(6) 测量力 测量时,计量器具的测量头与被测工件表面接触时产生的机械压力称为测量力。对于测量力必须合理控制,过大会引起被测工件表面和计量器具的有关部分变形,在一定程度上降低测量精度;但过小,也可能降低接触的可靠性而引起测量误差。

(7) 校正值(又称修正值) 为消除示值误差所引起的测量误差,常在测量结果中加上一个与示值误差大小相等符号相反的量值,这个量值称为校正值。

(8) 灵敏阈(又称鉴别力) 是指引起计量器具示值变动的被测量的最小变化值,称为计量器具的灵敏阈。灵敏阈的高低取决计量器具自身的反应能力,它反映计量器具对最小被测尺寸的灵敏性,仪器越精密,灵敏阈越小。

(9) 灵敏度(又称放大比) 是指计量器具反映被测量变化的反映能力。对一般长度计量器具,等于刻度间距与分度值之比。例如,百分表的刻度间距为 1.5mm,分度值为 0.01mm,则灵敏度为 1.5/0.01 = 150。

(10) 示值稳定性 是指在工作条件不变的情况下,对同一被测量进行多次测量所得示值的最大变化范围,又可称为测量的重复性。

六、测量误差

1. 误差的概念

(1) 测量误差的定义 任何测量过程中,由于计量器具和测量条件的限制等因素的影响,使测量总是存在误差,这种使测量结果与真值之间的差值称为测量误差。

(2) 测量误差评定指标

1)绝对误差 δ:测量结果(x)与被测量的真值(x_0)之差,即

$$\delta = x - x_0$$

因测量结果可能大于或小于真值,故 δ 可能为正值,也可能为负值。绝对误差的大小可以评定同一尺寸的不同测量的精确度,δ 越小,测量结果 x 愈接近真值 x_0,其测量的精确度越高。反之,测量的精确度就低。

2)相对误差 f:测量的绝对误差与被测量真值(x_0)之比,即

$$f = \frac{\delta}{x_0}$$

由于被测量的真值(x_0)不可知,故实际中以被测几何量的测得值(x)代替其真值(x_0),即

$$f = \frac{\delta}{x}$$

相对误差是无量纲的,通常用百分数表示。

2. 测量误差产生的原因

测量误差产生的原因来源于主观和客观因素，主要有以下几种：

（1）人员误差　由测量人员主观因素和操作技术水平所引起的误差。

（2）环境误差　测量时，实际环境不符合标准状态而引起的测量误差。

（3）方法误差　测量方法不完善所引起的误差。

（4）计量器具误差　由计量器具本身在设计、制造、装配和使用调整上的不准确而引起的误差。

第二节　常用长度计量器具

一、量块

1. 量块的形状

量块是没有刻度的平行端面量具，也称块规。量块是用特殊合金钢制成的长方体，如图 4-1 所示，它有两个平行的测量平面和四个非工作面。两测量面之间的距离为工作尺寸 L，又称标称尺寸，该尺寸具有很高的精度。

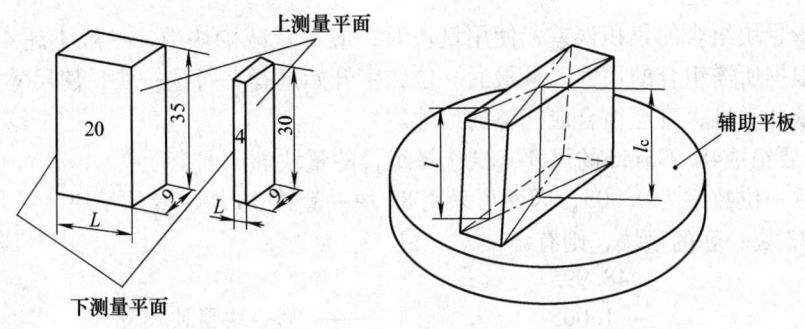

图 4-1　量块

2. 量块的用途

量块应用广泛，除了作为量值传递的媒介以外，还用于检定和校准其他量具、量仪，相对测量时，调整量具和量仪的零位，以及用于精密机床的调整、精密划线和直接测量精密零件等。

3. 量块的研合性

量块的测量面非常平整和光洁，用少许压力推合两块量块就能使测量面紧密接触并粘合在一起，这种特性称为研合性。应用量块的研合性，使不同尺寸的量块组合成量块组，得到所需的各种尺寸。

4. 量块的尺寸系列

在实际生产中，量块是成套使用的，每套量块由一定数量的不同标称尺寸的量块组成，从而组合成各种尺寸，满足一定的测量需求。GB/T 6093—2001 规定了 17 套量块，每套数目分别为 91、83、46、38、10、8、5 等。常用成套量块的级别、尺寸系列、间隔和块数，见表 4-1。

表 4-1 常用成套量块的尺寸系列

套别	总块数	级别	尺寸系列/mm	间隔/mm	块数	套别	总块数	级别	尺寸系列/mm	间隔/mm	块数
1	91	0,1	0.5 1 1.001,1.002…1.009 1.01,1.02…1.49 1.5,1.6…1.9 2.0,2.5…9.5 10,20…100	 0.001 0.01 0.1 0.5 10	1 1 9 49 5 16 10	3	46	0,1,2	1 1.001,1.002…1.009 1.01,1.02…1.09 1.1,1.2…1.9 2,3…9 10,20…100	 0.001 0.01 0.1 1 10	1 9 9 9 8 10
2	83	0,1,2	0.5 1 1.005 1.01,1.02…1.49 1.5,1.6…1.9 2.0,2.5…9.5 10,20…100	 0.01 0.1 0.5 10	1 1 1 49 5 16 10	4	38	0,1,2	1 1.005 1.01,1.02…1.09 1.1,1.2…1.9 2,3…9 10,20…100	 0.01 0.1 1 10	1 1 9 9 8 10

5. 量块的尺寸组合

为了减少量块组合的累积误差,使用量块时,应尽量减少块数,一般不超 4～5 块。选用量块时,根据所需组合的尺寸,从最后一位数字开始选择,每选一块,使尺寸数字的位数减少一位,依此类推,直至组合成完整的尺寸。

例 4-1 要组成 48.995mm 的尺寸,试选择组合的量块。

解 最后一位数字为 0.005,因而可采用 83 块一套或 38 块一套的量块。

若采用 83 块一套的量块,则有

$$\begin{array}{r} 48.995 \\ -\ 1.005 \\ \hline 47.99 \\ -\ 1.49 \\ \hline 46.5 \\ -\ 6.5 \\ \hline 40 \end{array}$$

——第一块量块尺寸
——第二块量块尺寸
——第三块量块尺寸
——第四块量块尺寸

若采用 38 块一套的量块,则有

$$\begin{array}{r} 48.995 \\ -\ 1.005 \\ \hline 47.99 \\ -\ 1.09 \\ \hline 46.9 \\ -\ 1.9 \\ \hline 45 \\ -\ 5 \\ \hline 40 \end{array}$$

——第一块量块尺寸
——第二块量块尺寸
——第三块量块尺寸
——第四块量块尺寸
——第五块量块尺寸

可以看出，采用83块一套的量块要好些。

6. 量块的精度

标准规定，量块按制造精度分为五级：K、0、1、2、3。其中K级最高，其余依次降低，3级最低。量块按检定精度分六等：1、2、3、4、5、6。其中1等最高，而后依次降低，6等最低。

7. 量块的使用方法

量块可分按"级"使用和按"等"使用两种。量块按"级"使用，是以量块的标称尺寸为工作尺寸，不计量块的制造误差和磨损误差；量块按"等"使用，所根据的是量块的实际尺寸，不包含量块的制造误差，可获得更高的精度，但使用不方便。

8. 量块的使用注意事项

使用量块时不能碰伤和划伤其表面，特别是测量面。选好量块后，在组合前先用航空汽油或苯洗净表面的防锈油，并用鹿皮或软绸擦干，然后将量块逐块研合。研合时要保持动作平稳，避免测量面被量块棱角划伤，同时要防止腐蚀性气体侵蚀量块。使用时不得用手接触测量面，使用后，拆开组合量块，用航空汽油或苯将其洗净擦干，并涂上防锈油，然后装在特制的木盒内。决不允许将量块结合在一起存放。

二、游标量具

利用游标和尺身相互配合进行测量和读数的量具称为游标量具。它结构简单，使用方便，在机械加工中应用广泛。

1. 游标卡尺的结构

游标卡尺（简称卡尺）的结构种类较多，最常用的三种见表4-2。

表 4-2 常用的游标卡尺　　　　　　　　　　（单位：mm）

名称	结构图	用途	测量范围	游标读数值
三用卡尺（Ⅰ型）	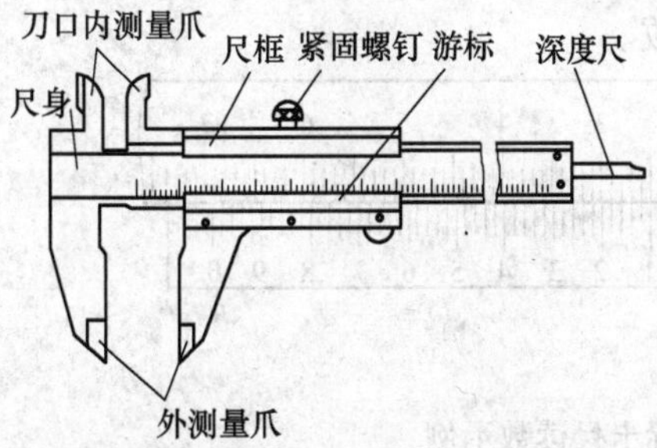 刀口内测量爪、尺框、紧固螺钉、游标、深度尺、尺身、外测量爪	可测内、外尺寸，深度，孔距，环形壁厚，沟槽	0～125 0～150	0.02 0.05
双面卡尺（Ⅱ型）	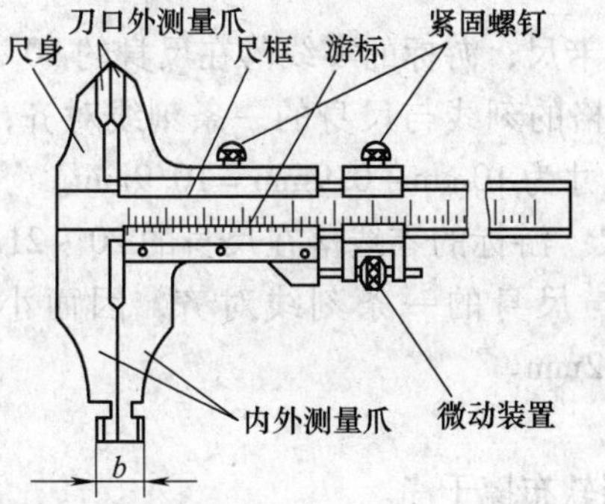 刀口外测量爪、尺身、尺框、游标、紧固螺钉、内外测量爪、微动装置	可测内、外尺寸，孔距，环形壁厚，沟槽	0～200 0～300	0.02 0.05

（续）

名称	结构图	用途	测量范围	游标读数值
单面卡尺（Ⅲ型）	尺身 尺框 游标 紧固螺钉 内外测量爪 微动装置	可测内、外尺寸，孔距	0~200	0.02
			0~300	0.05
			0~500	0.02
				0.05
				0.1
			0~1000	0.05
				0.1

游标卡尺的读数部分由尺身与游标组成。从结构图中可以看出，游标卡尺的主体是一个刻有刻度的尺身，其上有固定量爪，沿着尺身可移动的部分称为尺框，尺框上有活动量爪，并装有游标和紧固螺钉。有的游标卡尺上为调节方便还装有微动装置。在尺身上滑动尺框，可使两量爪的距离改变，以完成不同尺寸的测量工作。

2. 用途

游标卡尺通常用来测量内外径尺寸、孔距、壁厚、沟槽及深度等。

3. 游标卡尺的读数方法

（1）读整数部分　游标零刻线所指示的尺身上左边刻线的数值为测量结果的整数部分。

（2）读小数部分　判断游标零刻线右边是与哪一条刻线与尺身刻线重合，将该线的序号乘以游标度数值后所得的积，便为测量结果的小数部分。

（3）求和　将读数的整数部分和小数部分相加，即得测量结果。

例 4-2　读出图 4-2 中游标卡尺所示的读数。

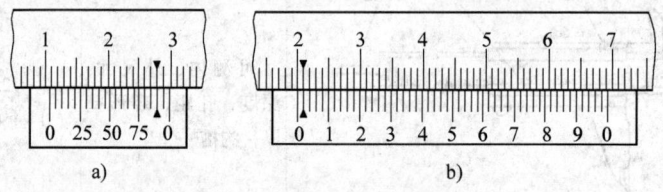

图 4-2　游标卡尺读数示例

解　图 4-2a 为读数值 $i = 0.05$mm 的游标卡尺，游标的零线落在尺身的 10~11mm 之间，因而读数的整数部分为 10mm。游标的第 18 格的刻线与尺身的一条刻线对齐，因而小数部分值为 0.05mm $\times 18 = 0.9$mm。所以被测量尺寸为 10mm + 0.9mm = 10.9mm。

图 4-2b 为读数值 $i = 0.02$mm 的游标卡尺，游标的零线落在尺身的 20~21mm 之间，因而整数部分为 20mm，游标的第 1 格刻线与尺身的一条刻线对齐，因而小数部分值为 0.02mm $\times 1 = 0.02$mm。所以被测尺寸为 20.02mm。

4. 游标卡尺的使用注意事项

1）测量前，要将卡尺的测量面和零件用软布擦干净。

2）检查各部分的相互作用，游标在尺身上的滑动是否灵活自如，卡尺的两个量爪能否合拢，是否密不透光。

3）校正零位，使卡尺量爪合拢后，游标零线应与尺身零线对齐。如对不齐，一般应送计量部门检修，如要使用，需加校正值。

4）测量时，量爪位置要摆正，不能歪斜。

5）测量时，应使量爪轻轻接触零件的被测表面，保持合适的测量力。

6）读数时，卡尺应朝着光亮的方向，视线应与尺身表面垂直，避免产生视觉误差。

7）应定期进行检查。

5. 游标卡尺的维护保养

1）禁止把游标卡尺的两个量爪当扳手或划线工具使用，不准用卡尺代替卡钳、卡板等在被测件上推拉，以免磨损卡尺，影响测量精度。

2）禁止将游标卡尺放在磁场附近，避免卡尺感应磁性。

3）游标卡尺测量完毕时要平放，避免变形，不要与其他工具一起堆放。卡尺使用完毕，要擦净并上油，放置在专用盒内，防止弄脏或生锈。

4）不能用砂布或普通磨料来擦除刻度尺表面及量爪测量面的锈迹和污物。

5）带深度尺的游标卡尺，用完后应将量爪合拢，否则较细的深度尺露在外边，容易变形，甚至折断。

6）不要在游标卡尺的刻线处打钢印或记号，以免造成刻线不准确。

7）游标卡尺受损后，必须交专门修理部门修理，并经检定合格后才能使用。

6. 其他类型的游标量具

(1) 深度游标卡尺　如图 4-3 所示，主要用于测量孔、槽的深度和台阶的高度。

(2) 高度游标卡尺　如图 4-4 所示，主要用于测量工件的高度尺寸或进行划线。

(3) 齿厚游标卡尺　如图 4-5 所示，由两把互相垂直的游标卡尺所组成，用于测量直齿、斜齿圆柱齿轮的固定弦齿厚。

(4) 带表卡尺和电子数显卡尺　如图 4-6、图 4-7 所示，在卡尺上装有百分表或数显装置。由于这两种卡尺采用了新的更准确的读数装置，因而减小了测量误差，提高了测量的准确性。

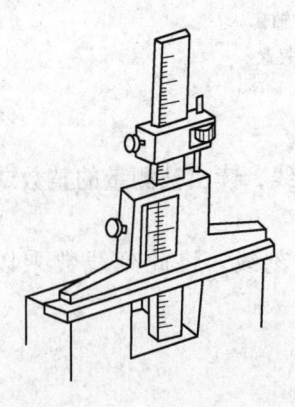
图 4-3　深度游标卡尺

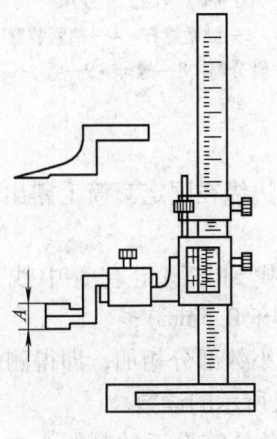
图 4-4　高度游标卡尺

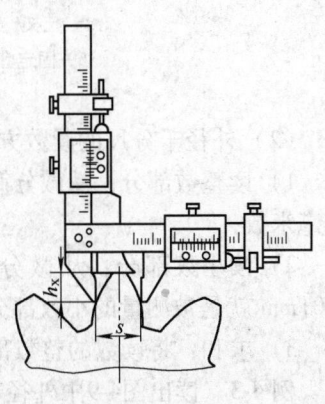
图 4-5　齿厚游标卡尺

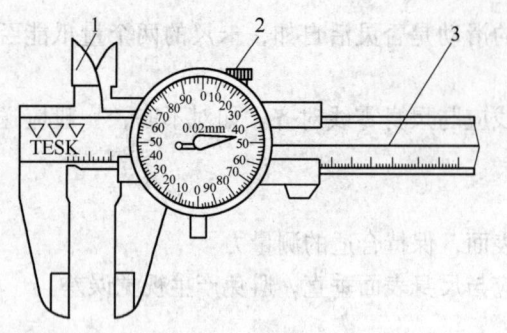
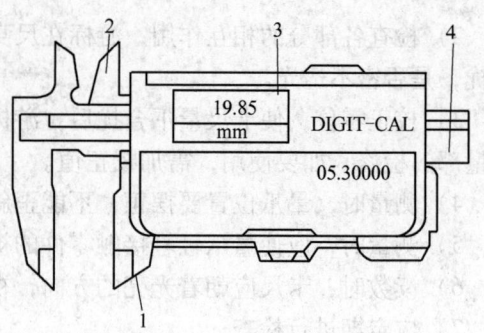

图 4-6　带表卡尺
1—量爪　2—百分表　3—毫米标尺

图 4-7　电子数显卡尺
1—下量爪　2—上量爪　3—游框显示机构
4—尺身

三、测微螺旋量具

测微螺旋量具是利用螺旋副的运动原理进行测量和读数的一种测微量具。按用途可分为外径千分尺、内径千分尺、深度千分尺、专用的测量螺纹中径尺寸的螺纹千分尺和测量齿轮公法线长度的公法线千分尺。

1. 外径千分尺

（1）外径千分尺的结构　由尺架、测微装置、测力装置和锁紧装置等组成，如图 4-8 所示。

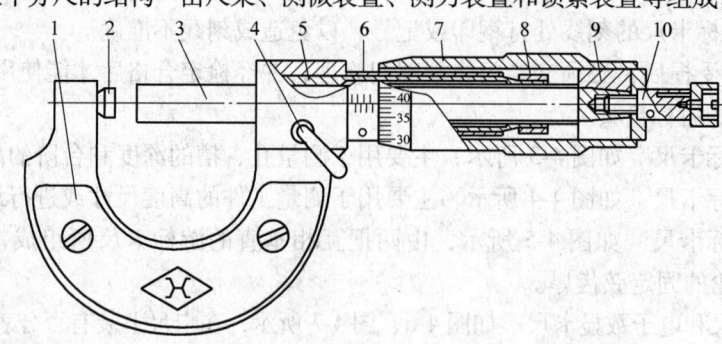

图 4-8　外径千分尺
1—尺架　2—测砧　3—测微螺杆　4—锁紧装置　5—螺纹轴套
6—固定套筒　7—微分筒　8—螺母　9—接头　10—测力装置

（2）外径千分尺的读数方法

1）读整数部分：从微分筒的左边缘在固定套筒上露出来的刻线，读出被测量的整数或半毫米数；

2）读小数部分：从微分筒上找到与固定套管中线对齐的刻线，将此刻线数乘以 0.01mm 就是被测量的小数部分（小于 0.5mm）；

3）求和：将读数的整数部分和小数部分相加，即得测量结果。

例 4-3　读出图4-9中外径千分尺所示的读数。

解　从图 4-9a 中可以看出，距微分筒最近的刻线为中线下侧 6mm 的刻线，表示整数，微分筒上的 5 的刻线对准中线，所以外径千分尺的读数 =6mm +0.01mm ×5 =6.05mm。

从图4-9b中可以看出，距微分筒最近的刻线为中线上侧的刻线，表示0.5mm的小数，中线下侧距微分筒最近的为35mm的刻线，表示整数，而微分筒上数值为7的刻线对准中线，所以外径千分尺的读数 = 35mm + 0.5mm + 0.01mm×7 = 35.57mm。

（3）外径千分尺的测量范围　常用的外径千分尺的测量范围有0～25mm、25～50mm、50～75mm等多种，最大的可达2500～3000mm。

（4）外径千分尺的精度　制造精度可分为0级和1级两种，0级精度较高。

（5）外径千分尺的使用注意事项

1）测量不同精度等级的工件，应选用不同精度千分尺。

2）测量前，应校对零位。

3）使用时，千分尺的测微螺杆的轴线应垂直零件被测表面。

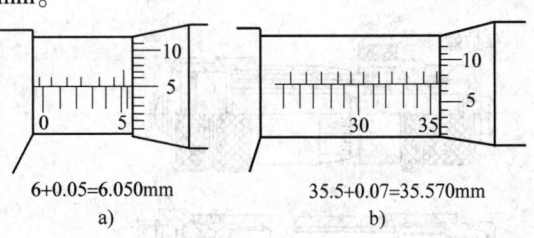

图4-9　外径千分尺读数示例

4）测量时，先用手转动千分尺的微分筒，待测微螺杆的测量面与被测表面接触时，再转动测力装置，使测量面接触工件表面，听到2、3声"咔咔"声后即停止转动，此时便可读取数值。使用测力装置应平稳转动，不可用力过猛，以免使测量力过大而影响测量精度，严重时还会损坏螺纹传动副。

5）读数时，应先锁紧测微螺杆，然后再轻轻取下，以防止尺寸变动产生测量误差。

6）读数要细心，看清刻度，特别要注意分清整数部分和0.5mm的刻线。

7）不能将千分尺当卡规用，以防划坏千分尺的测量面。

（6）外径千分尺的维护保养

1）千分尺要轻拿轻放，不要摔碰。如受到撞击，应立即检查，必要时送计量部门检修。

2）不能用千分尺测量零件的粗糙表面和正在旋转的零件。

3）千分尺应保持清洁。测量完毕，用软布或棉纱等擦干净，放入盒中。长期不用应涂防锈油。禁止两个测量面贴合在一起，以免锈蚀。

4）大型千分尺应平放在盒中，以免变形。

5）禁止用砂布和金刚砂擦拭测微螺杆上的污锈。

6）禁止在千分尺的微分筒和固定套管之间加酒精、煤油、柴油、凡士林和普通润滑油等；禁止把千分尺浸泡在上述油类及酒精中。如发现上述物质浸入，要用汽油洗净，再涂以特种轻质润滑油。

2. 其他类型千分尺简介

其他类型的千分尺与外径千分尺只是用途不同，所以即使在外形和结构上有所差异，其他方面如读数方法也都相同。

（1）内径千分尺　如图4-10a所示，它用来测量50mm以上的内尺寸，其读数范围为50～63mm。为扩大测量范围，内径千分尺附有成套接长杆，如图4-10b所示。

（2）深度千分尺　如图4-11所示，其主要结构与外径千分尺相似，只是多了一个基座而没有尺架，它主要用于测量孔和沟槽的深度及两平面间的距离。测量范围有：0～25mm、25～50mm、50～75mm、75～100mm。

（3）螺纹千分尺　如图4-12所示，主要用于测量螺纹的中径尺寸，其结构与外径千分尺基本相同，只是砧座与测量头的形状有所不同。测量范围有：0~25mm、25~50mm、50~75mm、75~100mm、100~125mm、125~150mm。

（4）公法线千分尺 如图4-13所示，用于测量齿轮的公法线长度。

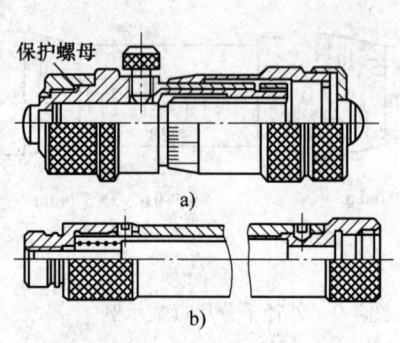

图4-10 内径千分尺

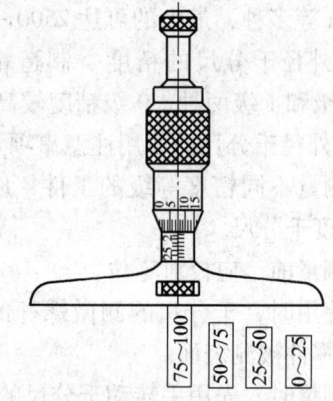

图4-11 深度千分尺

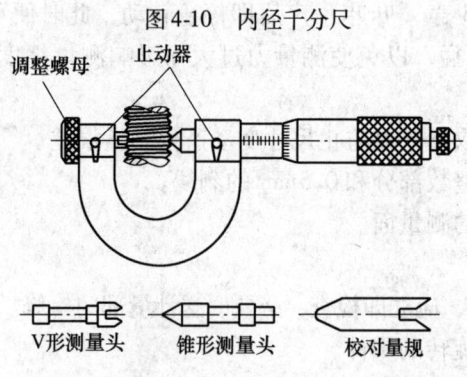

图4-12 螺纹千分尺

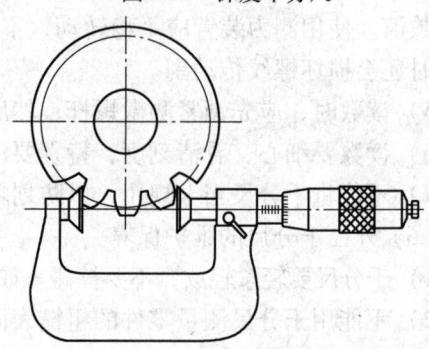

图4-13 公法线千分尺

（5）杠杆千分尺 如图4-14所示，它的用途与外径千分尺相同。

四、机械式量仪（又称指示式量仪）

机械式量仪是借助杠杆、齿轮、齿条或扭簧的传动，将测量杆的微小的直线位移经传动和放大机构转变为表盘上指针的角位移，从而指示出相应的数值。这类量仪体积小，结构简单，读数直观，应用广泛。

1. 百分表

（1）百分表的结构 由表体部分、传动部分和读数装置等组成，如图4-15所示。

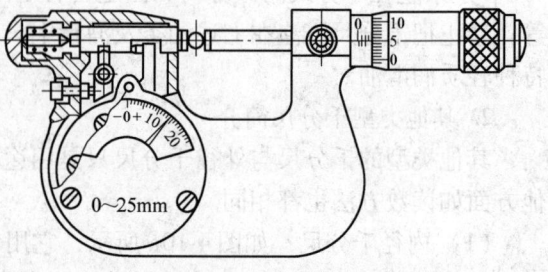

图4-14 杠杆千分尺

（2）百分表的测量范围 通常有0~3mm、0~5mm、0~10mm三种。

（3）百分表的精度 分为0、1、2三级。

（4）百分表的用途 可用作相对测量和绝对测量。

(5) 百分表的使用注意事项

1) 测量前, 应检查表盘玻璃是否破裂或脱落, 测量头、测量杆、套筒等是否有碰伤或锈蚀, 指针有无松动现象, 指针的转动是否平稳。

2) 测量时, 应使测量杆垂直零件被测表面。

3) 测量圆柱形的工件时, 测量杆的中心线要通过被测圆柱面的轴线。

4) 测量头开始与被测表面接触时, 测量杆就应压缩 0.3~1mm, 以保持一定的初始测量力, 以免有负偏差时得不到测量数据。

5) 测量时应轻提测量杆, 移动工件至测量头下面 (或将测量头移至工件上), 再缓慢放下与被测表面接触, 不能急骤放下测量杆, 也不能将工件强行推入至测量头下, 以免损坏量仪。

6) 百分表应牢固地装夹在表架上, 夹紧力不宜过大, 避免装夹套筒变形卡住测量杆, 测量杆应移动灵活。

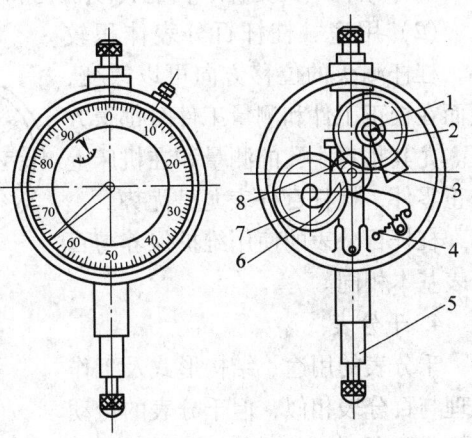

图 4-15 百分表
1—小齿轮 2、7—大齿轮 3—中间齿轮
4—弹簧 5—测量杆 6—大指针 8—游丝

(6) 百分表的维护保养

1) 提压测量杆的次数不要太多, 距离不要过大, 以免损坏机件及加剧零件磨损。

2) 测量时, 测量杆的行程不要超过它的示值范围, 以免损坏表内零件。

3) 不要手拿测量杆, 测量杆上不能压放东西, 以免弯曲变形。

4) 应避免剧烈震动和碰撞, 不要使测量头突然撞击在被测表面上, 也不能敲打表的任何部位。

5) 严防水、油、灰尘等进入表内, 禁止随便拆卸表的后盖。

6) 表架要放稳, 以免百分表落地摔坏。使用磁性表座时, 要注意表座的旋钮位置。

7) 百分表使用完毕, 要擦净放回盒内, 使测量杆处于自由状态, 以免表内弹簧失效。

2. 内径百分表

(1) 结构 由百分表和专用表架组成, 如图 4-16 所示。

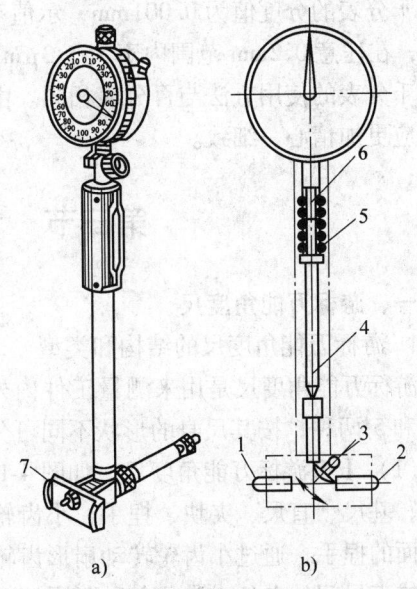

图 4-16 内径百分表
1—可换测头 2—活动测头 3—杠杆
4—传动杆 5—弹簧 6—百分表测杆
7—定位护桥

(2) 用途 用于测量孔的直径和孔的形状误差, 特别适宜于深孔的测量。

(3) 测量范围 通常有: 6~10mm、10~18mm、18~35mm、35~50mm、50~100mm、100~160mm、160~250mm、250~450mm 等。

内径百分表的使用维护保养与百分表相同。

3. 杠杆百分表

（1）结构　由壳体、齿轮传动机构和读数装置组成，如图4-17所示。

（2）用途　杠杆百分表体积较小，杠杆测头的位移方向可以改变，因而在校正工件和测量工件时都很方便。尤其是对小孔的测量和在机床上校正零件，杠杆百分表尤显优势。

杠杆百分表的使用维护保养与百分表基本相同。

4. 千分表

千分表的用途、结构形式及工作原理与百分表相似，但千分表的传动机构中齿轮传动的级数要比百分表多，因而放大比更大，分度值更小，测量精度也更高。

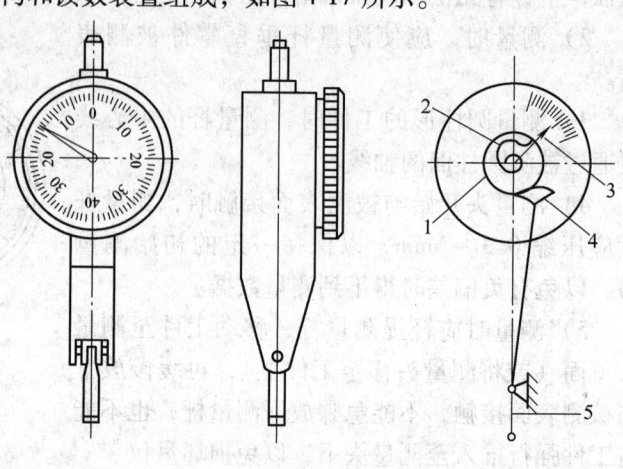

图4-17　杠杆百分表
1—齿轮　2—游丝　3—指针　4—扇形齿轮　5—杠杆测头

千分表的分度值为0.001mm，示值范围为0~1mm。示值误差在工作行程范围内不大于5μm，在任意0.2mm范围内不大于3μm。示值变化不大于0.3μm。

千分表的使用方法与百分表相同。由于千分表的精度高，测量范围小，所以使用和维护保养应更加精心、细致。

第三节　常用角度计量器具

一、游标万能角度尺

1. 游标万能角度尺的结构和类型

游标万能角度尺是用来测量工件内外角度的量具。按其游标读数值（即分度值）可分为2′和5′两种；按其尺身的形状不同可分为扇形（Ⅰ型）和圆形（Ⅱ型）两种。

（1）Ⅰ型游标万能角度尺　如图4-18a所示，结构由尺身、直角尺、游标、制动器、扇形板、基尺、直尺、夹块、捏手、小齿轮和扇形齿轮等组成。测量时，可转动游标万能角度尺背面的捏手，通过小齿轮转动扇形齿轮，使尺身相对扇形板产生转动，从而改变基尺与直角尺或直尺间的夹角，满足各种不同情况测量的需要。测量范围为0°~320°。

（2）Ⅱ型游标万能角度尺　如图4-18b所示，结构由小圆盘、尺身、游标、制动器、基尺、直尺、夹块等组成。测量时，可用制动器将直尺紧固在尺身上，以便从被测工件上取下角度尺进行读数。测量范围为0°~360°。

2. 游标万能角度尺的读数方法

游标万能角度尺的读数方法与游标卡尺相似，也分三步：

（1）读度　从尺身上读出游标零刻度线指示的整度数。

（2）读分　判断游标上第几格的刻线与尺身上的刻线对齐，确定角度"分"的数值。

（3）求和　把度和分相加，就是被测角度的数值。

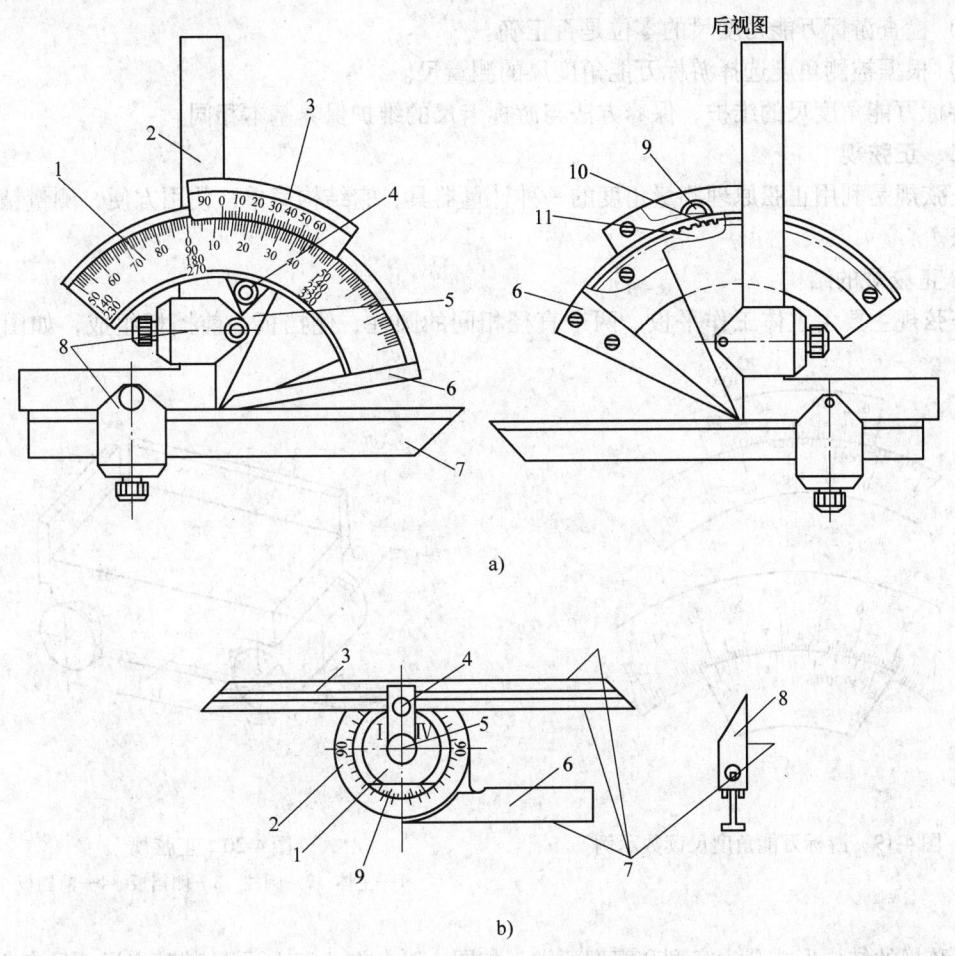

图 4-18 游标万能角度尺
a) Ⅰ型
1—尺身 2—直角尺 3—游标 4—制动器 5—扇形板 6—基尺 7—直尺 8—夹块（卡块）
9—捏手 10—小齿轮 11—扇形齿轮
b) Ⅱ型
1—小圆盘 2—尺身 3—直尺 4—夹块 5—制动器 6—基尺 7—测量面
8—小角度直尺 9—游标

例 4-4 读出图4-19中游标万能角度尺所示的读数。

解 图 4-19a 为分度值 2′ 的游标万能角度尺，游标的零线落在尺身的 34°～35°之间，因而读数的整度数为 34°。游标的第 4 格的刻线与尺身的一条刻线对齐，因而读数的分为 2′×4 = 8′，所以被测角度为 34° + 8′ = 34°8′。

图 4-19b 为分度值 5′ 的游标万能角度尺，游标的零线落在尺身的 5°～6°之间，因而读数的整度数为 5°。游标的第 4 格的刻线与尺身的一条刻线对齐，因而读数的分为 5′×4 = 20′，所以被测角度为 5° + 20′ = 5°20′。

3. 游标万能角度尺的使用注意事项

1）使用前，将游标万能角度尺的各测量面擦干净。

2) 检查游标万能角度尺的零位是否正确。

3) 根据被测角度选择游标万能角度尺的测量尺。

游标万能角度尺的维护、保养方法与游标卡尺的维护保养基本相同。

二、正弦规

正弦规是利用正弦原理测量角度的一种计量器具，它结构简单，使用方便，测量精度高的特点。

1. 正弦规的结构

正弦规主要由主体工作平板、两个直径相同的圆柱、侧挡板、前挡板组成，如图4-20所示。

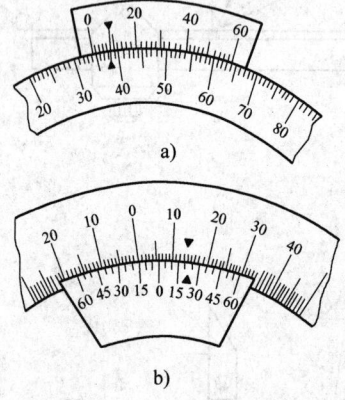

图4-19 游标万能角度尺读数示例

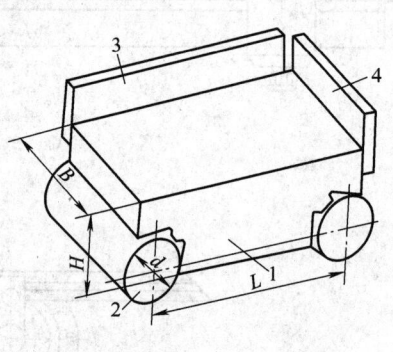

图4-20 正弦规
1—主体 2—圆柱 3—侧挡板 4—前挡板

正弦规的结构形式分为窄型和宽型两类，如图4-21、图4-22所示，其基本尺寸见表4-3。

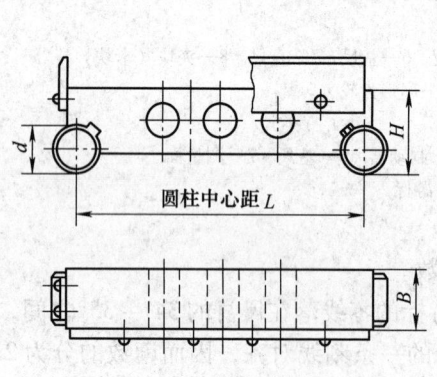

图4-21 窄型正弦规

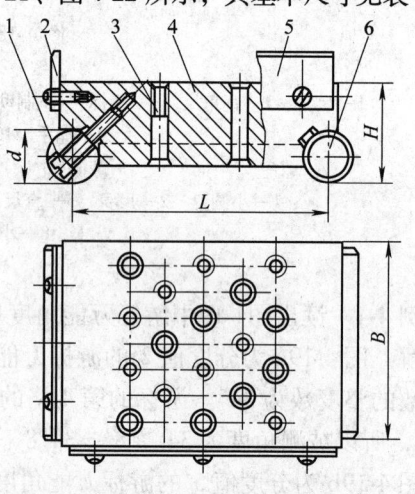

图4-22 宽型正弦规
1—螺钉 2—前挡板 3—工作面 4—主体
5—侧挡板 6—圆柱

表 4-3　正弦规的基本尺寸　　　　　　　　　　（单位：mm）

形式	精度等级	主要尺寸			
		L	B	d	H
窄型	0 级	100	25	20	30
	1 级	200	40	30	55
宽型	0 级	100	80	20	40
	1 级	200	80	30	55

2. 正弦规的工作原理和使用方法

正弦规的工作原理和使用方法以正弦规检测圆锥塞规（图 4-23）为例进行说明。使用时，将正弦规放在平板上，一圆柱与平板接触，而另一圆柱下垫以量块组，使正弦规的工作平面与平板间形成一角度。从图 4-23 可以看出

$$\sin\alpha = \frac{h}{L}$$

式中　α——正弦规放置的角度；

　　　h——量块组尺寸；

　　　L——正弦规两圆柱的中心距。

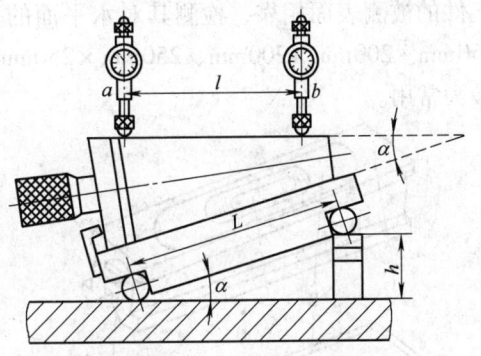

图 4-23　用正弦规检测圆锥塞规

用正弦规检测圆锥塞规时，首先根据被检测的圆锥塞规的基本圆锥角，由 $h = L\sin\alpha$ 算出量块组尺寸并组合量块，然后将量块组放在平板上与正弦规一圆柱接触，此时正弦规主体工作平面相对于平板倾斜 α 角。放上圆锥塞规后，用千分表或杠杆千分表分别测量被测圆锥上 a、b 两点。a、b 两点读数之差 n 与 a、b 两点距离 l 之比即为锥度偏差 Δc，即

$$\Delta c = \frac{n}{l}$$

式中，n，l 的单位均为 mm。

锥度偏差乘以弧度对秒的换算系数后，即可求得圆锥角偏差，即

$$\Delta\alpha = 2\Delta c \times 10^5$$

式中 $\Delta\alpha$ 的单位为（″）。

被测的锥体实际的圆锥角为：$\alpha_{实} = \alpha_{理} \pm \Delta\alpha$

当指示表在锥体大端 a 点测得的读数大于小端 b 点测得的读数时，$\Delta\alpha$ 取 " + " 号，反之取 " - " 号。

3. 正弦规的用途

一般来说，正弦规只适用于测量精度较高的小角度零件。

三、水平仪

1. 水平仪的用途

水平仪是用以测量被测平面相对水平面的微小倾角的一种计量器具，在机械制造中，常用来检测工件表面或设备安装的水平或垂直情况以及导轨、平尺、平板等的直线度误差、平

行度误差、平面度误差、垂直度误差等。

2. 水平仪的分类

按其工作原理可分为水准式水平仪和电子水平仪两类。水准式水平仪又有条式水平仪、框式水平仪和合像水平仪三种结构形式。目前，水准式水平仪使用最为广泛。

3. 水准式水平仪的结构和规格

（1）条式水平仪　如图4-24所示，它由主体、盖板、水准器和调零装置组成。在测量面上刻有V形槽，以便放在圆柱形的被测表面上测量。图4-24a中的水平仪的调零装置在一端，而图4-24b中的调零装置在水平仪的上表面，因而使用更为方便。条式水平仪工作面的长度有200mm和300mm两种。

（2）框式水平仪　如图4-25所示，它由横水准器、主体、把手、主水准器、盖板和调零装置组成。它与条式水平仪的不同之处是除有安装水准器的下测量面外，还有与下测量面垂直的两个侧工作面，因此框式水平仪不仅能测量工件的水平表面，还可用它的侧工作面与工件的被测表面相靠，检测其对水平面的垂直度误差。框式水平仪的框架规格有150mm×150mm、200mm×200mm、250mm×250mm、300mm×300mm等几种，其中200mm×200mm最为常用。

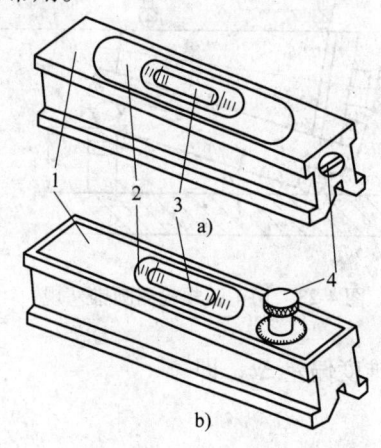

图4-24　条式水平仪
1—主体　2—盖板　3—水准器
4—调零装置

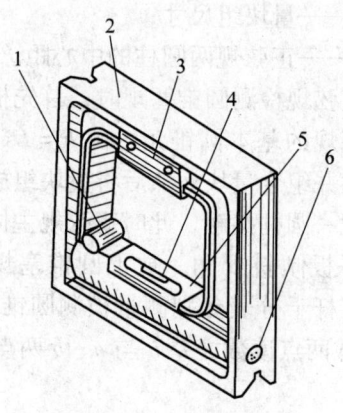

图4-25　框式水平仪
1—横水准器　2—主体　3—把手
4—主水准器　5—盖板　6—调零装置

（3）合像水平仪　如图4-26所示，主要由水准器、放大杠杆、测微螺杆和光学合像棱镜等组成。

合像水平仪主要用于精密机械制造中，其最大特点是使用范围广，测量精度较高，读数方便、准确。

四、直角尺

1. 直角尺的结构

直角尺的结构及分类如图4-27所示，尺寸和精度等级见表4-4。

2. 直角尺的精度

按制造精度，分为00、0、1和2级共四个等级，精度依次降低。

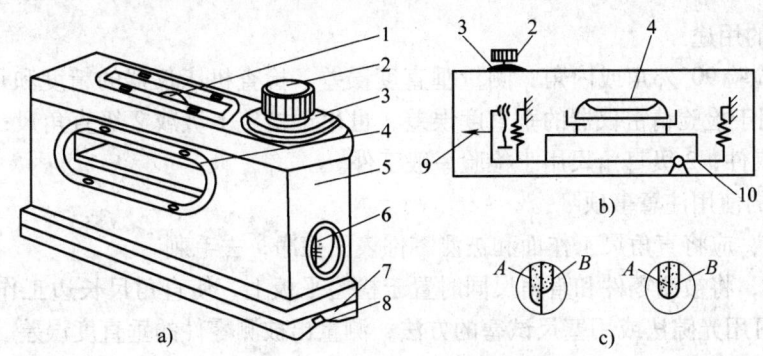

图 4-26 合像水平仪
a）外形　b）结构原理　c）两半合像变化情况
1—观察窗口　2—微动旋钮　3—微分盘　4—主水准器　5—壳体
6—毫米/米刻度　7—底工作面　8—V形工作面　9—指针　10—杠杆

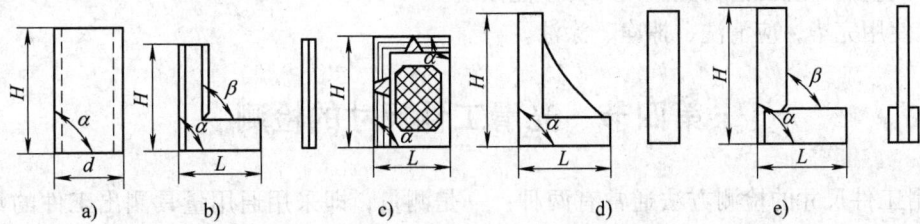

图 4-27 直角尺
a）圆柱角尺　b）刀口形角尺　c）矩形角尺　d）铸铁角尺　e）宽座角尺

表 4-4 直角尺的尺寸和精度等级

角尺名称	精度等级	尺寸/mm		角尺名称	精度等级	尺寸/mm	
		H	d			H	L
圆柱角尺	00级和0级	200	70	铸铁角尺	0级和1级	500	315
		250	80			630	400
		315	90			800	500
		400	100			1000	630
		500	110			1250	800
		630	125			1600	1000
		800	140			2000	1250
		1000	160				
		尺寸/mm				尺寸/mm	
		H	L			H	L
刀口形角尺	00级和0级	63	40	宽座角尺	1级和2级	63	40
		100	63			100	63
		160	100			160	100
		200	125			200	125
		尺寸/mm				250	160
		H	L			315	200
						400	250
矩形角尺	0级和1级					500	315
		63	40			630	400
		100	63			800	500
						1000	630

3. 直角尺的用途

主要用于检验 90°外角或内角，测量垂直度误差，检查机床仪器的精度和划线。00 级、0 级的直角尺用于检验精密仪器的垂直度误差，也用于检定 1 级或 2 级直角尺；1 级直角尺用于检验精密工件；2 级直角尺用于检验一般工件。

4. 直角尺的使用注意事项

1）测量前，应将直角尺工作面和被测零件表面擦净，去毛刺。

2）测量时，将被测零件和直角尺同时置于检验平板上，使直角尺长边工作面与被测工件轻轻相靠，可用光隙法或用塞尺试塞的方法，测量出被测零件的垂直度误差。

3）使用宽座直角尺，要握住直角尺宽座来搬动，以免尺杆与宽座相接触的地方产生松动。

4）使用过程中，应避免磕碰。

5）测量时，应注意安放直角尺时不能倾斜。

6）使用完毕，应清洗、擦净、涂油。

第四节　光滑工件尺寸的检测

光滑工件尺寸的检测方法通常有两种：一是测量，即采用通用量具测出工件的具体尺寸，判断是否合格。此种方法多用于零件的被测要素遵守独立原则时，对要素的尺寸误差和几何误差分别测量，最后综合判断零件的合格性。二是检验，采用光滑极限量规来判断零件提取要素的局部尺寸和体外作用尺寸是否在规定的范围内，从而确定零件是否合格。此法多用于零件的被测要素遵守相关要求（包容要求、最大实体要求）时。

光滑工件的尺寸的检验一般有两种方法：用光滑极限量规的检验和用通用计量器具检验。与这两种检验方法有关的国家标准：①GB/T 1957—2006《光滑极限量规　技术条件》（代替 GB/T 1957—1981《光滑极限量规》）；②GB/T 3177—2009《产品几何技术规范（GPS）光滑工件尺寸的检验》（代替 GB/T 3177—1997《光滑工件尺寸的检验》）。

新国标的主要修改内容如下：

1）标准名称增加引导要素："产品几何技术规范（GPS）"；

2）适用范围的改变，将旧标准中"适用于普通计量器具如游标卡尺、千分尺及车间使用的比较仪等"改为"适用于通用计量器具如游标卡尺、千分尺及车间使用的比较仪、投影仪等量具量仪"。

3）基本术语的改变："基本尺寸"改为"公称尺寸"，"最大（小）实体极限"改为"最大（小）实体尺寸"。

4）增加了量规的验收及检验要求。

5）修改了量规测量面硬度。

6）增加了标准中的术语和定义。

7）修改量规测量面光洁度为粗糙度。

8）修改了量规推荐型式和尺寸应用范围。

一、用通用计量器具检验光滑工件

由于任何测量过程都存在着测量误差，因而在确定工件的合格性时，可能产生两种错误的判断：一种是把尺寸超出规定尺寸极限的废品误判为合格品而接收，称为误收；另一种是把处在规定尺寸极限之内的合格品误判为废品而予以报废，称为误废。误收影响质量的保证，误废则增加了成本。因此参照 ISO，制定了 GB/T 3177—2009《产品几何技术规范（GPS）光滑工件尺寸的检验》。此标准中规定了验收原则，即"所用验收方法应只接收位于规定尺寸极限之内的工件"。根据这一原则，提出了确定验收极限的两种方式及计量器具的选择原则。

1. 标准温度

标准温度为 20℃。如果工件与计量器具的线膨胀系数相同，测量时只要计量器具与工件保持相同的温度，则可以偏离 20℃。

2. 验收极限

（1）适用范围　GB/T 3177—2009《产品几何技术规范（GPS）光滑工件尺寸的检验》中规定，此标准的对象为在图样上注出的公差等级为 IT6～IT18 级、公称尺寸至 500mm 的光滑工件尺寸的检验，同时也适用于对一般公差的尺寸的检验，适用于通用计量器具如游标卡尺、千分尺及车间使用的比较仪、投影仪等量具量仪。

（2）验收极限的两种方式

1）双边内缩方式：验收极限是从规定的

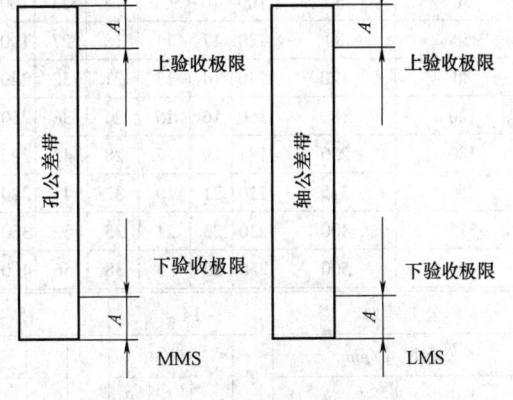

图 4-28　内缩方式验收极限

最大实体尺寸（MMS）和最小实体尺寸（LMS）分别向工件公差带内移动一个安全裕度（A）来确定，如图 4-28 所示。A 值按工件公差（T）的 1/10 确定，其数值见表 4-5。

表 4-5　安全裕度（A）与计量器具的测量不确定度允许值（u_1）　　（单位：μm）

公差等级		6					7					8					9				
公称尺寸/mm		T	A	u_1			T	A	u_1			T	A	u_1			T	A	u_1		
大于	至			Ⅰ	Ⅱ	Ⅲ			Ⅰ	Ⅱ	Ⅲ			Ⅰ	Ⅱ	Ⅲ			Ⅰ	Ⅱ	Ⅲ
—	3	6	0.6	0.5	0.9	1.4	10	1.0	0.9	1.5	2.3	14	1.4	1.3	2.1	3.2	25	2.5	2.3	3.8	5.6
3	6	8	0.8	0.7	1.2	1.8	12	1.2	1.1	1.8	2.7	18	1.8	1.6	2.7	4.1	30	3.0	2.7	4.5	6.8
6	10	9	0.9	0.8	1.4	2.0	15	1.5	1.4	2.3	3.4	22	2.2	2.0	3.3	5.0	36	3.6	3.3	5.4	8.1
10	18	11	1.1	1.0	1.7	2.5	18	1.8	1.7	2.7	4.1	27	2.7	2.4	4.1	6.1	43	4.3	3.9	6.5	9.7
18	30	13	1.3	1.2	2.0	2.9	21	2.1	1.9	3.2	4.7	33	3.3	3.0	5.0	7.4	52	5.2	4.7	7.8	12
30	50	16	1.6	1.4	2.4	3.6	25	2.5	2.3	3.8	5.6	39	3.9	3.5	5.9	8.8	62	6.2	5.6	9.3	14
50	80	19	1.9	1.7	2.9	4.3	30	3.0	2.7	4.5	5.8	46	4.6	4.1	6.9	10	74	7.4	6.7	11	17
80	120	22	2.2	2.0	3.3	5.0	35	3.5	3.2	5.3	7.9	54	5.4	4.9	8.1	12	87	8.7	7.8	13	20
120	180	25	2.5	2.3	3.8	5.6	40	4.0	3.6	6.0	9.0	63	6.3	5.7	9.5	14	100	10	9.0	15	23
180	250	29	2.9	2.6	4.4	6.5	46	4.6	4.1	6.9	10	72	7.2	6.5	11	16	115	12	10	17	26
250	315	32	3.2	2.9	4.8	7.2	52	5.2	4.7	7.8	12	81	8.1	7.3	12	18	130	13	12	19	29
315	400	36	3.6	3.2	5.4	8.1	57	5.7	5.1	8.4	13	89	8.9	8.0	13	20	140	14	13	21	32
400	500	40	4.0	3.6	6.0	9.0	63	6.3	5.7	9.5	14	97	9.7	8.7	15	22	155	16	14	23	35

(续)

公差等级		10					11				12				13			
公称尺寸/mm		T	A	u_1			T	A	u_1			T	A	u_1		T	A	u_1	
大于	至			Ⅰ	Ⅱ	Ⅲ			Ⅰ	Ⅱ	Ⅲ			Ⅰ	Ⅱ			Ⅰ	Ⅱ
—	3	40	4.0	3.6	6.0	9.0	60	6.0	5.4	9.0	14	100	10	9.0	15	140	14	13	21
3	6	48	4.8	4.3	7.2	11	75	7.5	6.8	11	17	120	12	11	118	180	18	16	27
6	10	58	5.8	5.2	8.7	13	90	9.0	8.1	14	20	150	15	14	23	220	22	20	33
10	18	70	7.0	6.3	11	16	110	11	10	17	25	180	18	16	27	270	27	24	41
18	30	84	8.4	7.6	13	19	130	13	12	20	29	210	21	19	32	330	33	30	50
30	50	100	10	9.0	15	23	160	16	14	24	36	250	25	23	38	390	39	35	59
50	80	120	12	11	18	27	190	19	17	29	43	300	30	27	45	460	46	41	69
80	120	140	14	13	21	32	220	22	20	33	50	350	35	32	53	540	54	49	81
120	180	160	16	15	24	36	250	25	23	38	56	400	40	36	60	630	63	57	95
180	250	185	19	17	28	42	290	29	26	44	65	460	46	41	69	720	72	65	110
250	315	210	21	19	32	47	320	32	29	48	72	520	52	47	78	810	81	73	120
315	400	230	23	21	35	52	360	36	32	54	81	570	57	51	86	890	89	80	130
400	500	250	25	23	38	56	400	40	36	60	90	630	63	57	95	970	97	87	150

公差等级		14			15			16			17			18		
公称尺寸/mm		T	A	u_1	T	A	u_1	T	A	u_1	T	A	u_1	T	A	u_1
大于	至			Ⅰ Ⅱ			Ⅰ Ⅱ			Ⅰ Ⅱ			Ⅰ Ⅱ			Ⅰ Ⅱ
—	3	250	25	23 38	400	40	36 60	600	60	554 90	1000	100	90 150	1400	140	135 21
3	6	300	30	27 45	480	48	43 72	750	75	68 110	1200	120	110 180	1800	180	160 270
6	10	360	36	32 54	580	58	52 87	900	90	81 140	1500	150	140 230	2200	220	200 330
10	18	430	43	39 65	700	70	63 110	1100	110	100 170	1800	180	160 270	2700	270	240 400
18	30	520	52	47 78	840	84	76 130	1300	130	120 200	2100	210	190 320	3300	330	300 490
30	50	620	62	56 93	1000	100	90 150	1600	160	140 240	2500	250	220 380	3900	390	350 580
50	80	740	74	67 110	1200	120	110 180	1900	190	170 290	3000	300	270 450	4600	460	410 690
80	120	870	87	78 130	1400	140	130 210	2200	220	200 330	3500	350	320 530	5400	540	480 810
120	180	1000	100	90 150	1600	160	150 240	2500	250	230 380	4000	400	360 600	6300	630	570 940
180	250	1150	115	100 170	1800	180	170 280	2900	290	260 440	4600	460	410 690	7200	720	650 1080
250	315	1300	130	120 190	2100	210	190 320	3200	320	290 480	5200	520	470 780	8100	810	730 1210
315	400	1400	140	130 210	2300	230	210 350	3600	360	320 540	5700	570	510 850	8900	890	800 1330
400	500	1500	150	140 230	2500	250	230 380	4000	400	360 600	6300	630	570 950	9700	970	870 1450

从图 4-28 中可以看出：

① 孔尺寸的验收极限：

上验收极限 = 最小实体尺寸(LMS) − 安全裕度(A)

下验收极限 = 最大实体尺寸(MMS) + 安全裕度(A)

② 轴尺寸的验收极限：

上验收极限 = 最大实体尺寸(MMS) − 安全裕度(A)

下验收极限 = 最小实体尺寸(LMS) + 安全裕度(A)

即孔、轴：

上验收极限 = 上极限尺寸(D_{max}, d_{max}) - 安全裕度(A)

下验收极限 = 下极限尺寸(D_{min}, d_{min}) + 安全裕度(A)

2）单边内缩方式（或称不内缩方式）：验收极限等于规定的最大实体尺寸（MMS）和最小实体尺寸（LMS），即 A 值等于零。

（3）验收极限方式的选择

验收极限方式的选择要根据尺寸功能要求及其重要程度、尺寸公差等级、测量不确定度和过程能力等因素综合考虑。

1）对遵循包容要求的尺寸、公差等级高的尺寸，按双边内缩方式确定。

2）当过程能力指数 $C_p \geq 1$ 时，可按单边内缩方式确定；但对遵守包容要求的尺寸，其最大实体尺寸一边仍应按双边内缩方式确定，另一边（即最小实体尺寸）可按单边内缩方式确定（过程能力指数 $C_p = T/C\sigma$，T 为工件公差，σ 为标准公差，C 为一常数）。

3）对偏态分布的尺寸（即工件尺寸分布偏向公差带的某一边），其验收极限可以仅对尺寸偏向的一边按双边内缩方式确定，而另一边可按单边内缩方式确定。

4）对非配合和一般公差的尺寸，其验收极限按单边内缩方式确定。

3. 计量器具的选择

（1）计量器具的选用原则　标准规定按照计量器具所导致的测量不确定度（简称计量器具的测量不确定度）的允许值（u_1）来选择计量器具。选择时，应使所选用的计量器具的测量不确定数值 u 等于或小于所确定的 u_1 值，即 $u \leq u_1$。

计量器具的测量不确定度允许值（u_1）按测量不确定度（u）与工件公差的比值分档：对 IT6～IT11 的分为 Ⅰ，Ⅱ，Ⅲ 三档，对 IT12～IT18 的分为 Ⅰ，Ⅱ 档。测量不确定度（u）的 Ⅰ，Ⅱ，Ⅲ 档值，分别为工件公差的 1/10，1/6，1/4。计量器具的测量不确定度允许值（u_1）约为测量不确定度（u）的 0.9 倍，其三档数值列于表 4-5。选用时，优先 Ⅰ 档，其次 Ⅱ 档，然后 Ⅲ 档。

常用的计量器具的测量不确定度（u_1）见表 4-6、表 4-7 和表 4-8。

表 4-6　千分尺和游标卡尺的测量不确定度　　（单位：mm）

尺寸范围		计量器具类型			
大于	至	读数值 0.01 外径千分尺	读数值 0.01 内径千分尺	读数值 0.02 游标卡尺	读数值 0.05 游标卡尺
	50	0.004			
50	100	0.005	0.008		0.050
100	150	0.006		0.020	
150	200	0.007			
200	250	0.008	0.013		
250	300	0.009			
300	350	0.010			0.100
350	400	0.011	0.020		
400	450	0.012			
450	500	0.013	0.025		

表 4-7　比较仪的测量不确定度　　　　　　　　　　　　（单位：mm）

尺寸范围		所使用的计量器具			
		读数值为 0.0005（相当于放大倍数 2000 倍）的比较仪	读数值为 0.001（相当于放大倍数 1000 倍）的比较仪	读数值为 0.002（相当于放大倍数 400 倍）的比较仪	读数值为 0.005（相当于放大倍数 250 倍）的比较仪
大于	至	不确定度			
	25	0.0006	0.0010	0.0017	
25	40	0.0007			
40	65	0.0008	0.0011	0.0018	0.0030
65	90				
90	115	0.0009	0.0012	0.0019	
115	165	0.0010	0.0013		
165	215	0.0012	0.0014	0.0020	
215	265	0.0014	0.0016	0.0021	0.0035
265	315	0.0016	0.0017	0.0022	

注：表中数据使用的标准器由四块 1 级（或 4 等）量块组成。

表 4-8　指示表的测量不确定度　　　　　　　　　　　　（单位：mm）

尺寸范围		所使用的计量器具			
		分度值为 0.001 的千分表（0 级在全程范围内，1 级在 0.2mm 内）分度值为 0.002 千分表（在 1 转范围内）	分度值为 0.001、0.002、0.005 的千分表（1 级在全程范围内）分度值为 0.01 的百分表（0 级在任意 1mm 内）	分度值为 0.01 的百分表（0 级在全程范围内，1 级在任意 1mm 内）	分度值为 0.01 的百分表（1 级在全程范围内）
大于	至	不确定度			
	115	0.005	0.010	0.018	0.030
115	315	0.006			

注：表中数据使用的标准器由四块 1 级（或 4 等）量块组成。

(2) 计量器具选用示例

例 4-5　被测孔 $\phi 50 G7 \left(^{+0.034}_{+0.009} \right)$，试选择计量器具和确定验收极限。

解　1）确定安全裕度 A 和计量器具的测量不确定度允许值 u_1：根据基本尺寸 $\phi 50mm$ 和公差等级 IT7 查表 4-5 可知

安全裕度 $A = 2.5 \mu m = 0.0025 mm$；

计量器具的测量不确定度允许值 $u_1 = 2.3 \mu m = 0.0023 mm$（优先选用 I 档）。

2）选择计量器具：工件基本尺寸为 $\phi 50 mm$，由表 4-7 中查得分度值 $i = 0.002 mm$ 的比较仪的测量不确定度 u 为 $0.0018 mm$。由于 $u < u_1$，所以选择该比较仪能满足使用要求。

3）确定验收极限：

上验收极限 $= D_{max} - A = 50.034 mm - 0.0025 mm = 50.0315 mm$；

下验收极限 = $D_{min} + A$ = 50.009mm + 0.0025mm = 50.0115mm。

例 4-6 试确定轴 $\phi 120h10$ ($^{\ 0}_{-0.14}$) Ⓔ，过程能力指数 $C_P = 1.2$ 的验收极限，并选择相应的计量器具。

解 1) 确定安全裕度 A 和计量器具的测量不确定度允许值 u_1：根据基本尺寸 $\phi 120$mm 和公差等级 IT10 查表 4-5 可知，安全裕度 $A = 14\mu m = 0.014$mm；计量器具的测量不确定度允许值 $u_1 = 13\mu m = 0.013$mm。

2) 选择计量器具：工件基本尺寸为 $\phi 120$mm，由表 4-6 中查得分度值 $i = 0.01$mm 的外径千分尺的测量不确定度 u 为 0.006mm。由于 $u < u_1$，所以选择该外径千分尺能满足使用要求。

3) 确定验收极限：由于 $C_P = 1.2 > 1$，且遵守包容要求，因此其最大实体尺寸一边的验收极限按双边内缩方式确定，而另一边可按单边内缩方式确定，则

上验收极限 = $d_{max} - A$ = 120mm - 0.014mm = 119.986mm；

下验收极限 = d_{min} = 119.86mm。

二、光滑极限量规的检验

1. 光滑极限量规概述

（1）定义 具有以下孔或轴的上极限尺寸和下极限尺寸为公称尺寸的标准测量面，能反映控制被检孔或轴边界条件的无刻线长度测量器具称为光滑极限量规。

它不能测出工件尺寸的大小，只能确定被测工件尺寸是否在规定的极限尺寸范围内，从而判断工件是否合格。如图 4-29 所示。

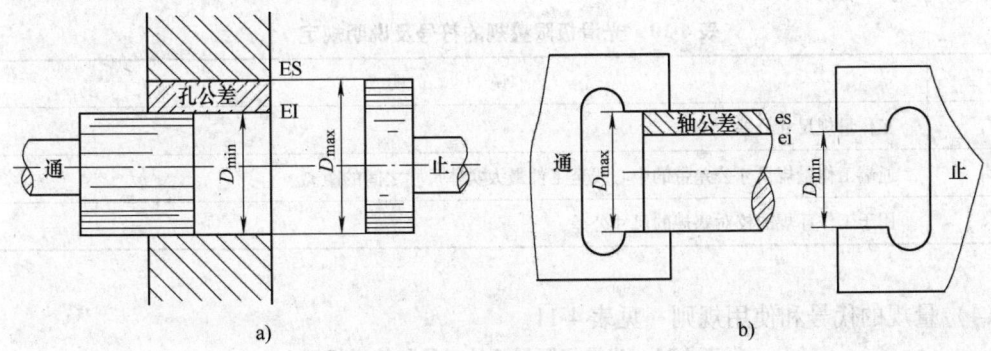

图 4-29 光滑极限量规
a) 用塞规检验孔   b) 用卡规检查轴

（2）分类

1) 按检验对象的不同分为塞规和环规两种。

塞规是用于孔径检验的光滑极限量规，其测量面为外圆柱面。其中，圆柱直径具有被检孔径下极限尺寸的为孔用通规，具有被检孔径上极限尺寸的为孔用止规，如图 4-29a 所示。

环规是用于轴径检验的光滑极限量规，其测量面为内圆环面。其中，圆环直径具有被检轴径上极限尺寸的为轴用通规，具有被检轴径下极限尺寸的为轴用止规，如图 4-29b 所示。

2) 按照用途，分为：

①工作量规：是指工人在生产过程中检验工件用的量规。通规用代号 "T" 表示，公称

尺寸等于被测零件的最大实体尺寸；止规用代号"Z"表示，公称尺寸等于被测零件的最小实体尺寸。

②验收量规：是指检验部门或用户验收产品时使用的量规，它的形式、公称尺寸与工作量规相同，但标准规定：操作工人应使用新的或磨损较少的通规；检验部门应使用磨损较多的通规；用户代表在用量规验收产品时，通规应接近工件的最大实体尺寸，止规应接近工件的最小实体尺寸。这样可使生产中严格控制产品质量，尽量减少误收，同时在验收时可以最大限度地接收合格的产品。

③校对量规：是指校对轴用量规的量规。因为轴用量规在制造或使用过程中易发生碰撞、变形，且通规在使用过程中经常通过零件容易磨损，因而必须进行定期校对。轴用量规的工作面是内尺寸，用通用量仪检测较困难，故对轴用量规规定了校对量规。校对量规有三种，其名称、代号和功用等见表4-9。

表4-9 校对量规

名　称	代号	被检参数	合格标志
校通—通	TT	工作量规通端的最小极限尺寸	通过
校止—通	ZT	工作量规止端的的最小极限尺寸	通过
校通—损	TS	磨损极限	不通过

孔用量规的工作面是外尺寸，因而能方便地使用通用量仪测量，故未规定校对量规。

（3）符号　见表4-10。

表4-10 光滑极限量规的符号及说明规定

符号	说　　明
T_1	工作量规尺寸公差
Z_1	通端工作量规尺寸公差带的中心线至工件最大实体尺寸之间的距离
T_p	用于工作环规的校对塞规的尺寸公差

（4）量规的代号和使用规则　见表4-11。

表4-11 光滑极限量规的代号和使用规则

名　称	代号	使用规则
通端工作环规	T	通端工作环规应通过轴的全长
"校通-通"塞规	TT	"校通-通"塞规的整个长度都应进入新制的通端工作环规孔内,而且应在孔的全长上进行检验
"校通-损"塞规	TS	"校通-损"塞规不应进入完全磨损的校对工作环规孔内,如有可能,应在孔的两端进行检验
止端工作环规	Z	沿着和环绕不少于四个位置上进行检验
"校止-通"塞规	ZT	"校止-通"塞规的整个长度都应进入制造的通端工作环规孔内,而且应在孔的全长上进行检验
通端工作塞规	T	通端工作塞规的整个长度都应进入孔内,而且应在孔的全长上进行检验
止端工作塞规	Z	止端工作塞规不能通过孔内,如有可能,应在孔的两端进行检验

(5) 特点 光滑极限量规结构简单，使用方便，且检验效率较高，适于大批量生产的场合。

2. 光滑极限量规检验原则

极限尺寸判定原则（泰勒原则）：对于孔，其体外作用尺寸大于或等于下极限尺寸，任何位置的提取组成要素的局部尺寸小于或等于上极限尺寸；对于轴，其体外作用尺寸小于或等于上极限尺寸，任何位置的提取组成要素的局部尺寸大于或等于下极限尺寸。即

$$对于孔 \quad D_{fe} \geq D_{min}, D_a \leq D_{max}$$

$$对于轴 \quad d_{fe} \leq d_{max}, d_a \geq d_{min}$$

根据上述原则，无论是孔用塞规还是轴用环规均由通端量规（简称通规）和止端量规（简称止规）成对组成，以分别检验孔或轴的体外作用尺寸和提取组成要素的局部尺寸是否在极限尺寸的范围内。如图4-29所示。通规按工件的最大实体尺寸制造，止规按工件的最小实体尺寸制造。在检验时，只有当通规能通过，同时止规不能通过时，方可判断所测工件合格，否则为不合格。

3. 光滑极限量规的主要技术要求

1）常用材料：通常为合金工具钢、碳素工具钢、渗碳钢等，或在测量工作面上镀以铬、镍、氮化物等耐磨材料。

2）量规工作部位的几何公差要求：量规工作部位的几何公差与尺寸公差之间应遵守包容要求，且几何公差不大于尺寸公差的一半。

3）量规测量面的表面粗糙度按表4-12选用。

表4-12 工作量规测量面的表面粗糙度要求

工作量规	工作量规的基本尺寸/mm		
	小于或等于120	大于120、小于或等于315	大于315、小于或等于500
	工作量规测量面的表面粗糙度 Ra 值/μm		
IT6级孔用工作塞规	0.05	0.10	0.20
IT7级~IT9级孔用工作塞规	0.10	0.20	0.40
IT10级~IT12级孔用工作塞规	0.20	0.40	0.80
IT13级~IT16级孔用工作塞规	0.40	0.80	
IT6级~IT9级轴用工作环规	0.10	0.20	0.40
IT10级~IT12级轴用工作环规	0.20	0.40	0.80
IT13级~IT16级轴用工作环规	0.40	0.80	

4）外观要求：量规的工作表面不应有锈迹、毛刺、黑斑、划痕等明显影响使用质量的缺陷，其他表面不应有锈蚀和裂纹。

5）钢制量规测量面的硬度不应小于700HV（或60HRC）。

6）塞规的测头与手柄的连接应牢固可靠，在使用过程中不应松动。

7）量规应经过稳定性处理。

8）工作量规的型式和应用尺寸范围参见表4-13。

表 4-13 工作量规的型式和应用尺寸范围

用 途	推荐顺序	量规的工作尺寸/mm			
		~18	大于 18~100	大于 100~315	大于 315~500
工件孔用的通端量规型式	1	全形塞规		不全形塞规	球端杆规
	2	—	不全形塞规或片形塞规	片形塞规	
工件孔用的止端量规型式	1	全形塞规	全形或片形塞规		球端杆规
	2		不全形塞规		
工件轴用的通端量规型式	1	环规			卡规
	2	卡规			
工件轴用的止端量规型式	1	卡规			
	2	环规			

4. 光滑极限量规的使用注意事项

1) 光滑极限量规是没有刻线的专用定值量具,因而在使用时一定要使量规标记上的公称尺寸、公差带代号与工件的公称尺寸、公差带代号相同,否则不能得到正确的检验结果。

2) 量规在使用时应轻拿轻放,以防碰伤工作面而影响精度。

3) 检验时,要保持量规工作面和被检工件表面的洁净,避免因灰尘、铁屑等杂质而影响检验结果。

4) 要注意采用正确的方法,如使用塞规时,要使塞规工作部分的轴线与被检验孔的轴线保持同轴,要保证量规与工件间合适的接触力,避免工件与量规的弹性形变而影响检验结果。

5) 量规使用完毕,应擦干净,涂油放置,以防产生锈蚀而影响检验精度。

本 章 小 结

1. 测量是指以确定被测对象量值为目的的过程。实质上是将被测几何量与作为计量单位的标准量进行比较,从而确定被测几何量是计量单位的倍数或分数的过程。一个完整的测量过程包括测量对象、计量单位、测量方法和测量精度四个方面要素。

2. 长度计量单位:米(m)为基本单位,在1983年第17届国际计量大会上,规定米的定义为:1m 是光在真空中(1/299792458)s 的时间间隔内所经路径的长度。机械制造中常用的长度计量单位为毫米(mm),$1mm = 10^{-3}m$。在精密测量中,长度计量单位采用微米(μm),$1\mu m = 10^{-3} mm$。在超精密测量中,长度计量单位采用纳米(nm),$1nm = 10^{-3} \mu m$。

3. 平面角的角度计量单位:弧度(rad)及度(°)、分(′)、秒(″)。机械制造中常用的角度计量单位为弧度、微弧度(μrad)和度、分、秒。$1\mu rad = 10^{-6} rad$,$1° = 0.0174533 rad$。度、分、秒的关系采用60进制,即 $1° = 60′$,$1′ = 60″$。

4. 计量器具是量具和计量仪器(简称量仪)的总称,按结构特点可以分为:①量具,②量规,③量仪,④计量装置四种。

5. 任何测量过程中,由于计量器具和测量条件的限制等因素的影响,使测量不可避免的存在误差,这种使测量结果与真值之间的差值称为测量误差。其评定指标:①绝对误差 δ(测量结果(x)与被测量的真值(x_0)之差,即 $\delta = x - x_0$);②相对误差(测量的绝对误差与被测量真值(x_0)之比,即 $f = \dfrac{\delta}{x_0}$)。

6. 常用长度计量器具:量块、游标卡尺、千分尺、百分表和千分表等。

7. 常用角度计量器具:游标万能角度尺、正弦规、水平仪等。

8. 光滑工件尺寸的检测方法通常有两种:一是测量,即采用通用量具测出工件的具体尺寸,判断是否合格;二是检验,即采用光滑极限量规来判断零件提取要素的局部尺寸和体外作用尺寸是否在规定的范围内,从而确定零件是否合格。

9. 国标规定的验收原则:所用验收方法应只接收位于规定的尺寸极限之内的工件。

10. 验收极限有双边内缩方式和单边内缩方式两种方式。

11. 计量器具的选用原则:标准规定按照计量器具所引起的测量不确定度允许值(u_1)来选择计量器具。选择时,应使所选用的计量器具的测量不确定数值 u 等于或小于所确定的 u_1 值,即 $u \leq u_1$。

12. 光滑极限量规是一种没有刻线的专用测量工具,它不能测出工件尺寸的大小,只能确定被测工件尺寸是否在规定的极限尺寸范围内,从而判断工件是否合格,这种检验光滑圆柱形工件的量规,按检验对象的不同分为塞规和卡规(或环规)两种,塞规用来检验孔,卡规用来检验轴。

13. 极限尺寸判定原则(泰勒原则):对于孔,其体外作用尺寸应大于或等于下极限尺寸,任何位置的提取组成要素的局部尺寸应小于或等于上极限尺寸;对于轴,其体外作用尺寸应小于或等于上极限尺寸,任何位置的提取组成要素的局部尺寸应大于或等于下极限尺寸。即

$$\text{对于孔} \quad D_{fe} \geq D_{\min}, \quad D_a \leq D_{\max}$$
$$\text{对于轴} \quad d_{fe} \leq d_{\max}, \quad d_a \geq d_{\min}$$

因此,无论是孔用塞规还是轴用卡规均由通端量规(简称通规)和止端量规(简称止规)成对组成,以分别检验孔或轴的体外作用尺寸和提取组成要素的局部尺寸是否在极限尺寸的范围内。通规按工件的最大实体尺寸制造,止规按工件的最小实体尺寸制造。在检验时,只有当通规能通过,同时止规不能通过时,方可判断所测工件合格,否则为不合格。

复习思考题

1. 什么是测量?什么是检验?两者之间的主要区别是什么?
2. 测量过程包括哪些要素?
3. 长度和平面角的角度计量单位有哪些?米是如何定义的?
4. 什么是计量器具?常用的计量器具有哪些种类?
5. 什么是量具和量仪?它们之间有何区别?
6. 量规的使用特点是什么?
7. 什么是测量方法?在实际工作中如何分类?
8. 直接测量和间接测量有什么区别?绝对测量和相对测量有什么区别?按以上两种分类,利用机械式比较仪测量轴的直径尺寸是属于哪类测量?

9. 什么是单项测量和综合测量？它们各应用于什么场合？
10. 什么叫主动测量和被动测量？它们的目的各是什么？
11. 举例说明刻度间距与分度值的区别。
12. 计量器具的基本计量参数有哪些？
13. 什么是灵敏阈和灵敏度？举例说明两者的区别。
14. 什么是测量误差？它的评定指标有哪两个？产生的原因主要是什么？
15. 量块在结构和使用上有何特点？它主要应用在什么场合？
16. 利用的91块成套量块，选择组成 $\phi50n7$ 的两极限尺寸的量块组。
17. 使用游标卡尺时应注意什么？
18. 简述游标卡尺的读数方法，并确定图4-30所示各游标卡尺的读数值 i 及所确定的被测尺寸的数值。

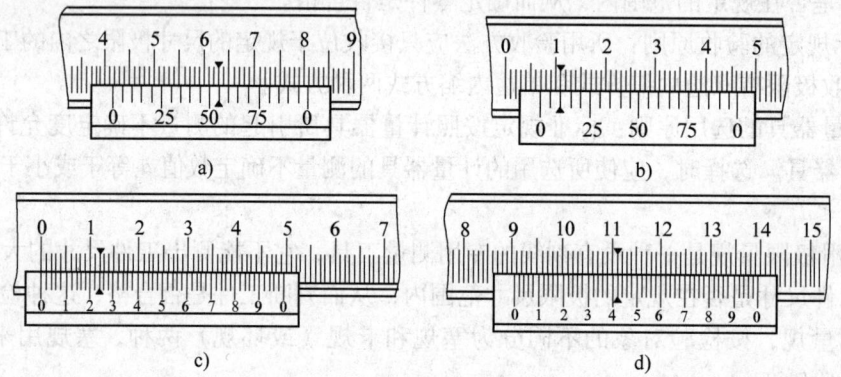

图 4-30

19. 说明外径千分尺的读数方法，并确定图4-31所示的千分尺表示的被测尺寸的数值。

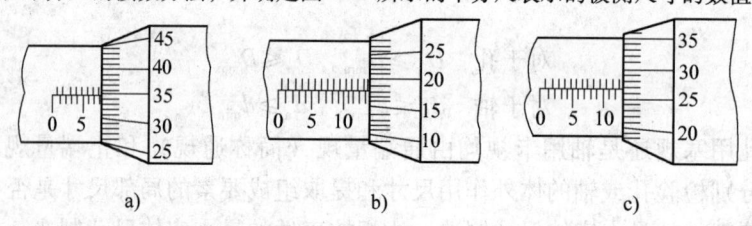

图 4-31

20. 百分表的结构如何？在使用中应注意什么？
21. 说明游标万能角度尺的读数方法，并读出图4-32所示的角度的数值。

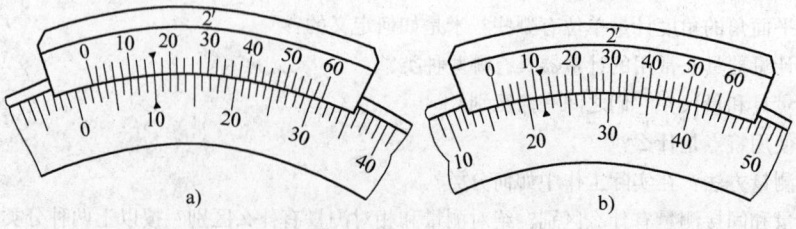

图 4-32

22. 什么是正弦规？它的使用方法如何？
23. 水平仪的用途有哪些？它如何分类？
24. 直角尺的结构和用途有哪些？在使用中应注意什么？
25. 光滑工件尺寸检测使用较多的有哪两种方法？它们各应用在什么场合？
26. 什么是验收极限？它有哪两种方式？各是如何定义的？怎样确定验收极限？
27. 计量器具的选择原则是什么？
28. 用普通计量器具测量下列基本尺寸、公差带代号的轴和孔，试按方式一和 u_1 的Ⅰ挡选择计量器具并确定验收极限。

 （1）ϕ60h8； （2）ϕ80f9
 （3）ϕ75H7； （4）ϕ40R6

29. 如何利用光滑极限量规检验工件？
30. 使用光滑极限量规要注意哪些事项？

附 录

附录A 轴的极限偏差

(单位：μm)

公称尺寸/mm		公差带														
			a				b					c			
大于	至	9	10	11	12	13	9	10	11	12	13	8	9	10	11	12
—	3	-270 -295	-270 -310	-270 -330	-270 -370	-270 -410	-140 -165	-140 -180	-140 -200	-140 -240	-140 -280	-60 -74	-60 -85	-60 -100	-60 -120	-60 -160
3	6	-270 -300	-270 -318	-270 -345	-270 -390	-270 -450	-140 -170	-140 -188	-140 -215	-140 -260	-140 -320	-70 -88	-70 -100	-70 -118	-70 -145	-70 -190
6	10	-280 -316	-280 -338	-280 -370	-280 -430	-280 -500	-150 -186	-150 -208	-150 -240	-150 -300	-150 -370	-80 -102	-80 -116	-80 -138	-80 -170	-80 -220
10	14	-290 -333	-290 -360	-290 -400	-290 -470	-290 -560	-150 -193	-150 -220	-150 -260	-150 -330	-150 -420	-95 -122	-95 -138	-95 -165	-95 -205	-95 -275
14	18															
18	24	-300 -352	-300 -384	-300 -430	-300 -510	-300 -630	-160 -212	-160 -244	-160 -290	-160 -370	-160 -490	-110 -143	-110 -162	-110 -194	-110 -240	-110 -320
24	30															
30	40	-310 -372	-310 -410	-310 -470	-310 -560	-310 -700	-170 -232	-170 -270	-170 -330	-170 -420	-170 -560	-120 -159	-120 -182	-120 -220	-120 -280	-120 -370
40	50	-320 -382	-320 -420	-320 -480	-320 -570	-320 -710	-180 -242	-180 -280	-180 -340	-180 -430	-180 -570	-130 -169	-130 -192	-130 -230	-130 -290	-130 -380
50	65	-340 -414	-340 -460	-340 -530	-340 -640	-340 -800	-190 -264	-190 -310	-190 -380	-190 -490	-190 -650	-140 -186	-140 -214	-140 -260	-140 -330	-140 -440
65	80	-360 -434	-360 -480	-360 -550	-360 -660	-360 -820	-200 -274	-200 -320	-200 -390	-200 -500	-200 -660	-150 -196	-150 -224	-150 -270	-150 -340	-150 -450
80	100	-380 -467	-380 -520	-380 -600	-380 -730	-380 -920	-220 -307	-220 -360	-220 -440	-220 -570	-220 -760	-170 -224	-170 -257	-170 -310	-170 -390	-170 -520
100	120	-410 -497	-410 -550	-410 -630	-410 -760	-410 -950	-240 -327	-240 -380	-240 -460	-240 -590	-240 -780	-180 -234	-180 -267	-180 -320	-180 -400	-180 -530
120	140	-460 -560	-460 -620	-460 -710	-460 -860	-460 -1090	-260 -360	-260 -420	-260 -510	-260 -660	-260 -890	-200 -263	-200 -300	-200 -360	-200 -450	-200 -600
140	160	-520 -620	-520 -680	-520 -770	-520 -920	-520 -1150	-280 -380	-280 -440	-280 -530	-280 -680	-280 -910	-210 -273	-210 -310	-210 -370	-210 -460	-210 -610
160	180	-580 -680	-580 -740	-580 -830	-580 -980	-580 -1210	-310 -410	-310 -470	-310 -560	-310 -710	-310 -940	-230 -293	-230 -330	-230 -390	-230 -480	-230 -630
180	200	-660 -775	-660 -845	-660 -950	-660 -1120	-660 -1380	-340 -455	-340 -525	-340 -630	-340 -800	-340 -1060	-240 -312	-240 -355	-240 -425	-240 -530	-240 -700
200	225	-740 -855	-740 -925	-740 -1030	-740 -1200	-740 -1460	-380 -495	-380 -565	-380 -670	-380 -840	-380 -1100	-260 -332	-260 -375	-260 -445	-260 -550	-260 -720
225	250	-820 -935	-820 -1005	-820 -1110	-820 -1280	-820 -1540	-420 -535	-420 -605	-420 -710	-420 -880	-420 -1140	-280 -352	-280 -395	-280 -465	-280 -570	-280 -740
250	280	-920 -1050	-920 -1130	-920 -1240	-920 -1440	-920 -1730	-480 -610	-480 -690	-480 -800	-480 -1000	-480 -1290	-300 -381	-300 -430	-300 -510	-300 -620	-300 -820
280	315	-1050 -1180	-1050 -1260	-1050 -1370	-1050 -1570	-1050 -1860	-540 -670	-540 -750	-540 -860	-540 -1060	-540 -1350	-330 -411	-330 -460	-330 -540	-330 -650	-330 -850
315	355	-1200 -1340	-1200 -1430	-1200 -1560	-1200 -1770	-1200 -2090	-600 -740	-600 -830	-600 -960	-600 -1170	-600 -1490	-360 -449	-360 -500	-360 -590	-360 -720	-360 -930
355	400	-1350 -1490	-1350 -1580	-1350 -1710	-1350 -1920	-1350 -2240	-680 -820	-680 -910	-680 -1040	-680 -1250	-680 -1570	-400 -489	-400 -540	-400 -630	-400 -760	-400 -970
400	450	-1500 -1655	-1500 -1750	-1500 -1900	-1500 -2130	-1500 -2470	-760 -915	-760 -1010	-760 -1160	-760 -1390	-760 -1730	-440 -537	-440 -595	-440 -690	-440 -840	-440 -1070
450	500	-1650 -1805	-1650 -1900	-1650 -2050	-1650 -2280	-1650 -2620	-840 -995	-840 -1090	-840 -1240	-840 -1470	-840 -1810	-480 -577	-480 -635	-480 -730	-480 -880	-480 -1110

(续)

公称尺寸 /mm		c	d					e					f		
大于	至	13	7	8	9	10	11	6	7	8	9	10	5	6	7
—	3	-60 -200	-20 -30	-20 -34	-20 -45	-20 -60	-20 -80	-14 -20	-14 -24	-14 -28	-14 -39	-14 -54	-6 -10	-6 -12	-6 -16
3	6	-70 -250	-30 -42	-30 -48	-30 -60	-30 -78	-30 -105	-20 -28	-20 -32	-20 -38	-20 -50	-20 -68	-10 -15	-10 -18	-10 -22
6	10	-80 -300	-40 -55	-40 -62	-40 -76	-40 -98	-40 -130	-25 -34	-25 -40	-25 -47	-25 -61	-25 -83	-13 -19	-13 -22	-13 -28
10	14	-95 -365	-50 -68	-50 -77	-50 -93	-50 -120	-50 -160	-32 -43	-32 -50	-32 -59	-32 -75	-32 -102	-16 -24	-16 -27	-16 -34
14	18														
18	24	-110 -440	-65 -86	-65 -98	-65 -117	-65 -149	-65 -195	-40 -53	-40 -61	-40 -73	-40 -92	-40 -124	-20 -29	-20 -33	-20 -41
24	30														
30	40	-120 -510	-80 -105	-80 -119	-80 -142	-80 -180	-80 -240	-50 -66	-50 -75	-50 -89	-50 -112	-50 -150	-25 -36	-25 -41	-25 -50
40	50	-130 -520													
50	65	-140 -600	-100 -130	-100 -146	-100 -174	-100 -220	-100 -290	-60 -79	-60 -90	-60 -106	-60 -134	-60 -180	-30 -43	-30 -49	-30 -60
65	80	-150 -610													
80	100	-170 -710	-120 -155	-120 -174	-120 -207	-120 -260	-120 -340	-72 -94	-72 -107	-72 -126	-72 -159	-72 -212	-36 -51	-36 -58	-36 -71
100	120	-180 -720													
120	140	-200 -830	-145 -185	-145 -208	-145 -245	-145 -305	-145 -395	-85 -110	-85 -125	-85 -148	-85 -185	-85 -245	-43 -61	-43 -68	-43 -83
140	160	-210 -840													
160	180	-230 -860													
180	200	-240 -960	-170 -216	-170 -242	-170 -285	-170 -355	-170 -460	-100 -129	-100 -146	-100 -172	-100 -215	-100 -285	-50 -70	-50 -79	-50 -96
200	225	-260 -980													
225	250	-280 -1000													
250	280	-300 -1110	-190 -242	-190 -271	-190 -320	-190 -400	-190 -510	-110 -142	-110 -162	-110 -191	-110 -240	-110 -320	-56 -79	-56 -88	-56 -108
280	315	-330 -1140													
315	355	-360 -1250	-210 -267	-210 -299	-210 -350	-210 -440	-210 -570	-125 -161	-125 -182	-125 -214	-125 -265	-125 -355	-62 -87	-62 -98	-62 -119
355	400	-400 -1290													
400	450	-440 -1410	-230 -293	-230 -327	-230 -385	-230 -480	-230 -630	-135 -175	-135 -198	-135 -232	-135 -290	-135 -385	-68 -95	-68 -108	-68 -131
450	500	-480 -1450													

(续)

公称尺寸 /mm		公 差 带											
		f		g					h					
大于	至	8	9	4	5	6	7	8	1	2	3	4	5	6
—	3	-6 -20	-6 -31	-2 -5	-2 -6	-2 -8	-2 -12	-2 -16	0 -0.8	0 -1.2	0 -2	0 -3	0 -4	0 -6
3	6	-10 -28	-10 -40	-4 -8	-4 -9	-4 -12	-4 -16	-4 -22	0 -1	0 -1.5	0 -2.5	0 -3	0 -5	0 -8
6	10	-13 -35	-13 -49	-5 -9	-5 -11	-5 -14	-5 -20	-5 -27	0 -1	0 -1.5	0 -2.5	0 -4	0 -6	0 -9
10	14	-16 -43	-16 -59	-6 -11	-6 -14	-6 -17	-6 -24	-6 -33	0 -1.2	0 -2	0 -3	0 -5	0 -8	0 -11
14	18													
18	24	-20 -53	-20 -72	-7 -13	-7 -16	-7 -20	-7 -28	-7 -40	0 -1.5	0 -2.5	0 -4	0 -6	0 -9	0 -13
24	30													
30	40	-25 -64	-25 -87	-9 -16	-9 -20	-9 -25	-9 -34	-9 -48	0 -1.5	0 -2.5	0 -4	0 -7	0 -11	0 -16
40	50													
50	65	-30 -76	-30 -104	-10 -18	-10 -23	-10 -29	-10 -40	-10 -50	0 -2	0 -3	0 -5	0 -8	0 -13	0 -19
65	80													
80	100	-36 -90	-36 -123	-12 -22	-12 -27	-12 -34	-12 -47	-12 -66	0 -2.5	0 -4	0 -6	0 -10	0 -15	0 -22
100	120													
120	140	-43 -106	-43 -143	-14 -26	-14 -32	-14 -39	-14 -54	-14 -77	0 -3.5	0 -5	0 -8	0 -12	0 -18	0 -25
140	160													
160	180													
180	200	-50 -122	-50 -165	-15 -29	-15 -35	-15 -44	-15 -61	-15 -87	0 -4.5	0 -7	0 -10	0 -14	0 -20	0 -29
200	225													
225	250													
250	280	-56 -137	-56 -186	-17 -33	-17 -40	-17 -49	-17 -69	-17 -98	0 -6	0 -8	0 -12	0 -16	0 -23	0 -32
280	315													
315	355	-62 -151	-62 -202	-18 -36	-18<(br>-43	-18 -54	-18 -75	-18 -107	0 -7	0 -9	0 -13	0 -18	0 -25	0 -36
355	400													
400	450	-68 -165	-68 -223	-20 -40	-20 -47	-20 -60	-20 -83	-20 -117	0 -8	0 -10	0 -15	0 -20	0 -27	0 -40
450	500													

(续)

公称尺寸 /mm		公 差 带											
		h							j			js	
大于	至	7	8	9	10	11	12	13	5	6	7	1	2	3
—	3	0 -10	0 -14	0 -25	0 -40	0 -60	0 -100	0 -140	—	+4 -2	+6 -4	±0.4	±0.6	±1
3	6	0 -12	0 -18	0 -30	0 -48	0 -75	0 -120	0 -180	+3 -2	+6 -2	+8 -4	±0.5	±0.75	±1.25
6	10	0 -15	0 -22	0 -36	0 -58	0 -90	0 -150	0 -220	+4 -2	+7 -2	+10 -5	±0.5	±0.75	±1.25
10	14	0 -18	0 -27	0 -43	0 -70	0 -110	0 -180	0 -270	+5 -3	+8 -3	+12 -6	±0.6	±1	±1.5
14	18													
18	24	0 -21	0 -33	0 -52	0 -84	0 -130	0 -210	0 -330	+5 -4	+9 -4	+13 -8	±0.75	±1.25	±2
24	30													
30	40	0 -25	0 -39	0 -62	0 -100	0 -160	0 -250	0 -390	+6 -5	+11 -5	+15 -10	±0.75	±1.25	±2
40	50													
50	65	0 -30	0 -46	0 -74	0 -120	0 -190	0 -300	0 -460	+6 -7	+12 -7	+18 -12	±1	±1.5	±2.5
65	80													
80	100	0 -35	0 -54	0 -87	0 -140	0 -220	0 -350	0 -540	+6 -9	+13 -9	+20 -15	±1.25	±2	±3
100	120													
120	140	0 -40	0 -63	0 -100	0 -160	0 -250	0 -400	0 -630	+7 -11	+14 -11	+22 -18	±1.75	±2.5	±4
140	160													
160	180													
180	200	0 -46	0 -72	0 -115	0 -185	0 -290	0 -460	0 -720	+7 -13	+16 -13	+25 -21	±2.25	±3.5	±5
200	225													
225	250													
250	280	0 -52	0 -81	0 -130	0 -210	0 -320	0 -520	0 -810	+7 -16	—	—	±3	±4	±6
280	315													
315	355	0 -57	0 -89	0 -140	0 -230	0 -360	0 -570	0 -890	+7 -18	—	+29 -28	±3.5	±4.5	±6.5
355	400													
400	450	0 -63	0 -97	0 -155	0 -250	0 -400	0 -630	0 -970	+7 -20	—	+31 -32	±4	±5	±7.5
450	500													

(续)

公称尺寸 /mm		公 差 带										
		js										k
大于	至	4	5	6	7	8	9	10	11	12	13	4	5
—	3	±1.5	±2	±3	±5	±7	±12	±20	±30	±50	±70	+3 0	+4 0
3	6	±2	±2.5	±4	±6	±9	±15	±24	±37	±60	±90	+5 +1	+6 +1
6	10	±2	±3	±4.5	±7	±11	±18	±29	±45	±75	±110	+5 +1	+7 +1
10	14	±2.5	±4	±5.5	±9	±13	±21	±35	±55	±90	±135	+6 +1	+9 +1
14	18												
18	24	±3	±4.5	±6.5	±10	±16	±26	±42	±65	±105	±165	+8 +2	+11 +2
24	30												
30	40	±3.5	±5.5	±8	±12	±19	±31	±50	±80	±125	±195	+9 +2	+13 +2
40	50												
50	65	±4	±6.5	±9.5	±15	±23	±37	±60	±95	±150	±230	+10 +2	+15 +2
65	80												
80	100	±5	±7.5	±11	±17	±27	±43	±70	±110	±175	±270	+13 +3	+18 +3
100	120												
120	140	±6	±9	±12.5	±20	±31	±50	±80	±125	±200	±315	+15 +3	+21 +3
140	160												
160	180												
180	200	±7	±10	±14.5	±23	±36	±57	±92	±145	±230	±360	+18 +4	+24 +4
200	225												
225	250												
250	280	±8	±11.5	±16	±26	±40	±65	±105	±160	±200	±405	+20 +4	+27 +4
280	315												
315	355	±9	±12.5	±18	±28	±44	±70	±115	±180	±285	±445	+22 +4	+29 +4
355	400												
400	450	±10	±13.5	±20	±31	±48	±77	±125	±200	±315	±485	+25 +5	+32 +5
450	500												

（续）

公称尺寸/mm		公差带											
		k			m					n			
大于	至	6	7	8	4	5	6	7	8	4	5	6	7	8
—	3	+6 0	+10 0	+14 0	+5 +2	+6 +2	+8 +2	+12 +2	+16 +2	+7 +4	+8 +4	+10 +4	+14 +4	+18 +4
3	6	+9 +1	+13 +1	+18 0	+8 +4	+9 +4	+12 +4	+16 +4	+22 +4	+12 +8	+13 +8	+16 +8	+20 +8	+26 +8
6	10	+10 +1	+16 +1	+22 0	+10 +6	+12 +6	+15 +6	+21 +6	+28 +6	+14 +10	+16 +10	+19 +10	+25 +10	+32 +10
10	14	+12 +1	+19 +1	+27 0	+12 +7	+15 +7	+18 +7	+25 +7	+34 +7	+17 +12	+20 +12	+23 +12	+30 +12	+39 +12
14	18													
18	24	+15 +2	+23 +2	+33 0	+14 +8	+17 +8	+21 +8	+29 +8	+41 +8	+21 +15	+24 +15	+28 +15	+36 +15	+48 +15
24	30													
30	40	+18 +2	+27 +2	+39 0	+16 +9	+20 +9	+25 +9	+34 +9	+48 +9	+24 +17	+28 +17	+33 +17	+42 +17	+56 +17
40	50													
50	65	+21 +2	+32 +2	+46 0	+19 +11	+24 +11	+30 +11	+41 +11	+57 +11	+28 +20	+33 +20	+39 +20	+50 +20	+66 +20
65	80													
80	100	+25 +3	+38 +3	+54 0	+23 +13	+28 +13	+35 +13	+48 +13	+67 +13	+33 +23	+38 +23	+45 +23	+58 +23	+77 +23
100	120													
120	140	+28 +3	+43 +3	+63 0	+27 +15	+33 +15	+40 +15	+55 +15	+78 +15	+39 +27	+45 +27	+52 +27	+67 +27	+90 +27
140	160													
160	180													
180	200	+33 +4	+50 +4	+72 0	+31 +17	+37 +17	+46 +17	+63 +17	+89 +17	+45 +31	+51 +31	+60 +31	+77 +31	+103 +31
200	225													
225	250													
250	280	+36 +4	+56 +4	+81 0	+36 +20	+43 +20	+52 +20	+72 +20	+101 +20	+50 +34	+57 +34	+66 +34	+86 +34	+115 +34
280	315													
315	355	+40 +4	+61 +4	+89 0	+39 +21	+46 +21	+57 +21	+78 +21	+110 +21	+55 +37	+62 +37	+73 +37	+94 +37	+126 +37
355	400													
400	450	+45 +5	+68 +5	+97 0	+43 +23	+50 +23	+63 +23	+86 +23	+120 +23	+60 +40	+67 +40	+80 +40	+103 +40	+137 +40
450	500													

(续)

公称尺寸/mm		公差带											
		p					r					s		
大于	至	4	5	6	7	8	4	5	6	7	8	4	5	6
—	3	+9/+6	+10/+6	+12/+6	+16/+6	+20/+6	+13/+10	+14/+10	+16/+10	+20/+10	+24/+10	+17/+14	+18/+14	+20/+14
3	6	+16/+12	+17/+12	+20/+12	+24/+12	+30/+12	+19/+15	+20/+15	+23/+15	+27/+15	+33/+15	+23/+19	+24/+19	+27/+19
6	10	+19/+15	+21/+15	+24/+15	+30/+15	+37/+15	+23/+19	+25/+19	+28/+19	+34/+19	+41/+19	+27/+23	+29/+23	+32/+23
10	14	+23/+18	+26/+18	+29/+18	+36/+18	+45/+18	+28/+23	+31/+23	+34/+23	+41/+23	+50/+23	+33/+28	+36/+28	+39/+28
14	18	+23/+18	+26/+18	+29/+18	+36/+18	+45/+18	+28/+23	+31/+23	+34/+23	+41/+23	+50/+23	+33/+28	+36/+28	+39/+28
18	24	+28/+22	+31/+22	+35/+22	+43/+22	+55/+22	+34/+28	+37/+28	+41/+28	+49/+28	+61/+28	+41/+35	+44/+35	+48/+35
24	30	+28/+22	+31/+22	+35/+22	+43/+22	+55/+22	+34/+28	+37/+28	+41/+28	+49/+28	+61/+28	+41/+35	+44/+35	+48/+35
30	40	+33/+26	+37/+26	+42/+26	+51/+26	+65/+26	+41/+34	+45/+34	+50/+34	+59/+34	+73/+34	+50/+43	+54/+43	+59/+43
40	50	+33/+26	+37/+26	+42/+26	+51/+26	+65/+26	+41/+34	+45/+34	+50/+34	+59/+34	+73/+34	+50/+43	+54/+43	+59/+43
50	65	+40/+32	+45/+32	+51/+32	+62/+32	+78/+32	+49/+41	+54/+41	+60/+41	+71/+41	+87/+41	+61/+53	+66/+53	+72/+53
65	80	+40/+32	+45/+32	+51/+32	+62/+32	+78/+32	+51/+43	+56/+43	+62/+43	+73/+43	+89/+43	+67/+59	+72/+59	+78/+59
80	100	+47/+37	+52/+37	+59/+37	+72/+37	+91/+37	+61/+51	+66/+51	+73/+51	+86/+51	+105/+51	+81/+71	+86/+71	+93/+71
100	120	+47/+37	+52/+37	+59/+37	+72/+37	+91/+37	+64/+54	+69/+54	+76/+54	+89/+54	+108/+54	+89/+79	+94/+79	+101/+79
120	140	+55/+43	+61/+43	+68/+43	+83/+43	+100/+43	+75/+63	+81/+63	+88/+63	+103/+63	+126/+63	+104/+92	+110/+92	+117/+92
140	160	+55/+43	+61/+43	+68/+43	+83/+43	+100/+43	+77/+65	+83/+65	+90/+65	+105/+65	+128/+65	+112/+100	+118/+100	+125/+100
160	180	+55/+43	+61/+43	+68/+43	+83/+43	+100/+43	+80/+68	+86/+68	+93/+68	+108/+68	+131/+68	+120/+108	+126/+108	+133/+108
180	200	+64/+50	+70/+50	+79/+50	+96/+50	+122/+50	+91/+77	+97/+77	+106/+77	+123/+77	+149/+77	+136/+122	+142/+122	+151/+122
200	225	+64/+50	+70/+50	+79/+50	+96/+50	+122/+50	+94/+80	+100/+80	+109/+80	+126/+80	+152/+80	+144/+130	+150/+130	+159/+130
225	250	+64/+50	+70/+50	+79/+50	+96/+50	+122/+50	+98/+84	+104/+84	+113/+84	+130/+84	+156/+84	+154/+140	+160/+140	+169/+140
250	280	+72/+56	+79/+56	+88/+56	+108/+56	+137/+56	+110/+94	+117/+94	+126/+94	+146/+94	+175/+94	+174/+158	+181/+158	+190/+158
280	315	+72/+56	+79/+56	+88/+56	+108/+56	+137/+56	+114/+98	+121/+98	+130/+98	+150/+98	+179/+98	+186/+170	+193/+170	+202/+170
315	355	+80/+62	+87/+62	+98/+62	+119/+62	+151/+62	+126/+108	+133/+108	+144/+108	+165/+108	+197/+108	+208/+190	+215/+190	+226/+190
355	400	+80/+62	+87/+62	+98/+62	+119/+62	+151/+62	+132/+114	+139/+114	+150/+114	+171/+114	+203/+114	+226/+208	+233/+208	+244/+208
400	450	+88/+68	+95/+68	+108/+68	+131/+68	+165/+68	+146/+126	+153/+126	+166/+126	+189/+126	+223/+126	+252/+232	+259/+232	+272/+232
450	500	+88/+68	+95/+68	+108/+68	+131/+68	+165/+68	+152/+132	+159/+132	+172/+132	+195/+132	+229/+132	+272/+252	+279/+252	+292/+252

(续)

公称尺寸/mm		公差带											
		s		t				u				v₁		
大于	至	7	8	5	6	7	8	5	6	7	8	5	6	7
—	3	+24 +14	+28 +14	—	—	—	—	+22 +18	+24 +18	+28 +18	+32 +18	—	—	—
3	6	+31 +19	+37 +19	—	—	—	—	28 +23	+31 +23	+35 +23	+41 +23	—	—	—
6	10	+38 +23	+45 +23	—	—	—	—	+34 +28	+37 +28	+43 +28	+50 +28	—	—	—
10	14	+46 +28	+55 +28	—	—	—	—	+41 +33	+44 +33	+51 +33	+60 +33	—	—	—
14	18											+47 +39	+50 +39	+57 +39
18	24	+56 +35	+68 +35	—	—	—	—	+50 +41	+54 +41	+62 +41	+74 +41	+56 +47	+60 +47	+68 +47
24	30			+50 +41	+54 +41	+62 +41	+74 +41	+57 +48	+61 +48	+69 +48	+81 +48	+64 +55	+68 +55	+76 +55
30	40	+68 +43	+82 +43	+59 +48	+64 +48	+73 +48	+87 +48	+71 +60	+76 +60	+85 +60	+99 +60	+79 +68	+84 +68	+93 +68
40	50			+65 +54	+70 +54	+79 +54	+93 +54	+81 +70	+86 +70	+95 +70	+109 +70	+92 +81	+97 +81	+106 +81
50	65	+83 +53	+90 +53	+79 +66	+85 +66	+96 +66	+112 +66	+100 +87	+106 +87	+117 +87	+133 +87	+115 +102	+121 +102	+132 +102
65	80	+89 +59	+105 +59	+88 +75	+94 +75	+105 +75	+121 +75	+115 +102	+121 +102	+132 +102	+148 +102	+133 +120	+139 +120	+150 +120
80	100	+106 +71	+125 +71	+106 +91	+113 +91	+126 +91	+145 +91	+139 +124	+146 +124	+159 +124	+178 +124	+161 +146	+168 +146	+181 +146
100	120	+114 +79	+133 +79	+119 +104	+126 +104	+139 +104	+158 +104	+159 +144	+166 +144	+179 +144	+198 +144	+187 +172	+194 +172	+207 +172
120	140	+132 +92	+155 +92	+140 +122	+147 +122	+162 +122	+185 +122	+188 +170	+195 +170	+210 +170	+233 +170	+220 +202	+227 +202	+242 +202
140	160	+140 +100	+163 +100	+152 +134	+159 +134	+174 +134	+197 +134	+208 +190	+215 +190	+230 +190	+253 +190	+246 +228	+253 +228	+268 +228
160	180	+148 +108	+171 +108	+164 +146	+171 +146	+186 +146	+209 +146	+228 +210	+235 +210	+250 +210	+273 +210	+270 +252	+277 +252	+292 +252
180	200	+168 +122	+194 +122	+186 +166	+195 +166	+212 +166	+238 +166	+256 +236	+265 +236	+282 +236	+308 +236	+304 +284	+313 +284	+330 +284
200	225	+176 +130	+202 +130	+200 +180	+209 +180	+226 +180	+252 +180	+278 +258	+287 +258	+304 +258	+330 +258	+330 +310	+339 +310	+356 +310
225	250	+186 +140	+212 +140	+216 +196	+225 +196	+242 +196	+268 +196	+304 +284	+313 +284	+330 +284	+356 +284	+360 +340	+369 +340	+386 +340
250	280	+210 +158	+239 +158	+241 +218	+250 +218	+270 +218	+299 +218	+338 +315	+347 +315	+367 +315	+396 +315	+408 +385	+417 +385	+437 +385
280	315	+222 +170	+251 +170	+263 +240	+272 +240	+292 +240	+321 +240	+373 +350	+382 +350	+402 +350	+431 +350	+448 +425	+457 +425	+477 +425
315	355	+247 +190	+279 +190	+293 +268	+304 +268	+325 +268	+357 +268	+415 +390	+426 +390	+447 +390	+479 +390	+500 +475	+511 +475	+532 +475
355	400	+265 +208	+297 +208	+319 +294	+330 +294	+351 +294	+383 +294	+460 +435	+471 +435	+492 +435	+524 +435	+555 +530	+566 +530	+587 +530
400	450	+295 +232	+329 +232	+357 +330	+370 +330	+393 +330	+427 +330	+517 +490	+530 +490	+553 +490	+587 +490	+622 +595	+635 +595	+658 +595
450	500	+315 +252	+349 +252	+387 +360	+400 +360	+423 +360	+457 +360	+567 +540	+580 +540	+603 +540	+637 +540	+687 +660	+700 +660	+723 +660

(续)

公称尺寸/mm		公差带											
		v	x				y				z		
大于	至	8	5	6	7	8	5	6	7	8	5	6	7	8
—	3	—	+24 +20	+26 +20	+30 +20	+34 +20	—	—	—	—	+30 +26	+32 +26	+36 +26	+40 +26
3	6	—	+33 +28	+36 +28	+40 +28	+46 +28	—	—	—	—	+40 +35	+43 +35	+47 +35	+53 +35
6	10	—	+40 +34	+43 +34	+49 +34	+56 +34	—	—	—	—	+48 +42	+51 +42	+57 +42	+64 +42
10	14	—	+48 +40	+51 +40	+58 +40	+67 +40	—	—	—	—	+58 +50	+61 +50	+68 +50	+77 +50
14	18	+66 +39	+53 +45	+56 +45	+63 +45	+72 +45	—	—	—	—	+68 +60	+71 +60	+78 +60	+87 +60
18	24	+80 +47	+63 +54	+67 +54	+75 +54	+87 +54	+72 +63	+76 +63	+84 +63	+96 +63	+82 +73	+86 +73	+94 +73	106 +73
24	30	+88 +55	+73 +64	+77 +64	+85 +64	+97 +64	+84 +75	+88 +75	+96 +75	+108 +75	+97 +88	+101 +88	+109 +88	+121 +88
30	40	+107 +68	+91 +80	+96 +80	+105 +80	+119 +80	+105 +94	+110 +94	+119 +94	+133 +94	+123 +112	+128 +112	+137 +112	+151 +112
40	50	+120 +81	+108 +97	+113 +97	+122 +97	+136 +97	+125 +114	+130 +114	+139 +114	+153 +114	+147 +136	+152 +136	+161 +136	+175 +136
50	65	+148 +102	+135 +122	+141 +122	+152 +122	+168 +122	+157 +144	+163 +144	+174 +144	+190 +144	+185 +172	+191 +172	+202 +172	+218 +172
65	80	+166 +120	+159 +146	+165 +146	+176 +146	+192 +146	+187 +174	+193 +174	+204 +174	+220 +174	+223 +210	+229 +210	+240 +210	+256 +210
80	100	+200 +146	+193 +178	+200 +178	+213 +178	+232 +178	+229 +214	+236 +214	+249 +214	+268 +214	+273 +258	+280 +258	+293 +258	+312 +258
100	120	+226 +172	+225 +210	+232 +210	+245 +210	+264 +210	+269 +254	+276 +254	+289 +254	+308 +254	+325 +310	+332 +310	+345 +310	+364 +310
120	140	+265 +202	+266 +248	+273 +248	+288 +248	+311 +248	+318 +300	+325 +300	+340 +300	+368 +300	+383 +365	+390 +365	+405 +365	+428 +365
140	160	+291 +228	+298 +280	+305 +280	+320 +280	+343 +280	+358 +340	+365 +340	+380 +340	+403 +340	+433 +415	+440 +415	+455 +415	+478 +415
160	180	+315 +252	+328 +310	+335 +310	+350 +310	+373 +310	+398 +380	+405 +380	+420 +380	+443 +380	+483 +465	+490 +465	+505 +465	+528 +465
180	200	+356 +284	+370 +350	+379 +350	+396 +350	+422 +350	+445 +425	+454 +425	+471 +425	+497 +425	+540 +520	+549 +520	+566 +520	+592 +520
200	225	+382 +310	+405 +385	+414 +385	+431 +385	+457 +385	+490 +470	+499 +470	+516 +470	+542 +470	+595 +575	+604 +575	+621 +575	+647 +575
225	250	+412 +340	+445 +425	+454 +425	+471 +425	+497 +425	+540 +520	+549 +520	+566 +520	+592 +520	+660 +640	+669 +640	+686 +640	+712 +640
250	280	+466 +385	+498 +475	+507 +475	+527 +475	+556 +475	+603 +580	+612 +580	+632 +580	+661 +580	+733 +710	+742 +710	+762 +710	+791 +710
280	315	+506 +425	+548 +525	+557 +525	+577 +525	+606 +525	+673 +650	+682 +650	+702 +650	+731 +650	+813 +790	+822 +790	+842 +790	+871 +790
315	355	+564 +475	+615 +590	+626 +590	+647 +590	+679 +590	+755 +730	+766 +730	+787 +730	+819 +730	+925 +900	+936 +900	+957 +900	+989 +900
355	400	+619 +530	+685 +660	+696 +660	+717 +660	+749 +660	+845 +820	+856 +820	+877 +820	+909 +820	+1025 +1000	+1036 +1000	+1057 +1000	+1089 +1000
400	450	+692 +595	+767 +740	+780 +740	+803 +740	+837 +740	+947 +920	+960 +920	+983 +920	+1017 +920	+1127 +1100	+1140 +1100	+1163 +1100	+1197 +1100
450	500	+757 +660	+847 +820	+860 +820	+883 +820	+917 +820	+1027 +1000	+1040 +1000	+1063 +1000	+1097 +1000	+1277 +1250	+1290 +1250	+1313 +1250	+1347 +1250

注：公称尺寸小于1mm时，各级的a和b均不采用。

附录 B 孔的极限偏差

(单位：μm)

公称尺寸/mm		公差带											
		A				B				C			
大于	至	9	10	11	12	9	10	11	12	8	9	10	11	12
—	3	+295 +270	+310 +270	+330 +270	+370 +270	+165 +140	+180 +140	+200 +140	+240 +140	+74 +60	+85 +60	+100 +60	+120 +60	+160 +60
3	6	+300 +270	+318 +270	+345 +270	+390 +270	+170 +140	+188 +140	+215 +140	+260 +140	+88 +70	+100 +70	+118 +70	+145 +70	+190 +70
6	10	+316 +280	+338 +280	+370 +280	+430 +280	+186 +150	+208 +150	+240 +150	+300 +150	+102 +80	+116 +80	+138 +80	+170 +80	+230 +80
10	14	+333 +290	+360 +290	+400 +290	+470 +290	+193 +150	+220 +150	+260 +150	+330 +150	+122 +95	+138 +95	+165 +95	+205 +95	+275 +95
14	18													
18	24	+352 +300	+384 +300	+430 +300	+510 +300	+212 +160	+244 +160	+290 +160	+370 +160	+143 +110	+162 +110	+194 +110	+240 +110	+320 +110
24	30													
30	40	+372 +310	+410 +310	+470 +310	+560 +310	+232 +170	+270 +170	+330 +170	+420 +170	+159 +120	+182 +120	+220 +120	+280 +120	+370 +120
40	50	+382 +320	+420 +320	+480 +320	+570 +320	+242 +180	+280 +180	+340 +180	+430 +180	+169 +130	+192 +130	+230 +130	+290 +130	+380 +130
50	65	+414 +340	+460 +340	+530 +340	+640 +340	+264 +190	+310 +190	+380 +190	+490 +190	+186 +140	+214 +140	+260 +140	+330 +140	+440 +140
65	80	+434 +360	+480 +360	+550 +360	+660 +360	+274 +200	+320 +200	+390 +200	+500 +200	+196 +150	+224 +150	+270 +150	+340 +150	+450 +150
80	100	+467 +380	+520 +380	+600 +380	+730 +380	+307 +220	+360 +220	+440 +220	+570 +220	+224 +170	+257 +170	+310 +170	+390 +170	+520 +170
100	120	+497 +410	+550 +410	+630 +410	+760 +410	+327 +240	+380 +240	+460 +240	+590 +240	+234 +180	+267 +180	+320 +180	+400 +180	+530 +180
120	140	+560 +460	+620 +460	+710 +460	+860 +460	+360 +260	+420 +260	+510 +260	+660 +260	+263 +200	+300 +200	+360 +200	+450 +200	+600 +200
140	160	+620 +520	+680 +520	+770 +520	+920 +520	+380 +280	+440 +280	+530 +280	+680 +280	+273 +210	+310 +210	+370 +210	+460 +210	+610 +210
160	180	+680 +580	+740 +580	+830 +580	+980 +580	+410 +310	+470 +310	+560 +310	+710 +310	+293 +230	+330 +230	+390 +230	+480 +230	+630 +230
180	200	+775 +660	+845 +660	+950 +660	+1120 +660	+455 +340	+525 +340	+630 +340	+800 +340	+312 +240	+355 +240	+425 +240	+530 +240	+700 +240
200	225	+855 +740	+925 +740	+1030 +740	+1200 +740	+495 +380	+565 +380	+670<>+380	+840 +380	+332 +260	+375 +260	+445 +260	+550 +260	+720 +260
225	250	+935 +820	+1005 +820	+1110 +820	+1280 +820	+535 +420	+605 +420	+710 +420	+880 +420	+352 +280	+395 +280	+465 +280	+570 +280	+740 +280
250	280	+1050 +920	+1130 +920	+1240 +920	+1440 +920	+610 +480	+690 +480	+800 +480	+1000 +480	+381 +300	+430 +300	+510 +300	+620 +300	+820 +300
280	315	+1180 +1050	+1260 +1050	+1370 +1050	+1570 +1050	+670 +540	+750 +540	+860 +540	+1060 +540	+411 +330	+460 +330	+540 +330	+650 +330	+850 +330
315	355	+1340 +1200	+1430 +1200	+1560 +1200	+1770 +1200	+740 +600	+830 +600	+960 +600	+1170 +600	+449 +360	+500 +360	+590 +360	+720 +360	+930 +360
355	400	+1490 +1350	+1580 +1350	+1710 +1350	+1920 +1350	+820 +680	+910 +680	+1040 +680	+1250 +680	+489 +400	+540 +400	+630 +400	+760 +400	+970 +400
400	450	+1655 +1500	+1750 +1500	+1900 +1500	+2130 +1500	+915 +760	+1010 +760	+1160 +760	+1390 +760	+537 +440	+595 +440	+690 +440	+840 +440	+1070 +440
450	500	+1805 +1650	+1900 +1650	+2050 +1650	+2280 +1650	+995 +840	+1090 +840	+1240 +840	+1470 +840	+577 +480	+635 +480	+730 +480	+880 +480	+1110 +480

（续）

公称尺寸/mm		公 差 带											
		D					E				F		
大于	至	7	8	9	10	11	7	8	9	10	6	7	8	9
—	3	+30 +20	+34 +20	+45 +20	+60 +20	+80 +20	+24 +14	+28 +14	+39 +14	+54 +14	+12 +6	+16 +6	+20 +6	+31 +6
3	6	+42 +30	+48 +30	+60 +30	+78 +30	+105 +30	+32 +20	+38 +20	+50 +20	+68 +20	+18 +10	+22 +10	+28 +10	+40 +10
6	10	+55 +40	+62 +40	+76 +40	+98 +40	+130 +40	+40 +25	+47 +25	+61 +25	+83 +25	+22 +13	+28 +13	+35 +13	+49 +13
10	14	+68 +50	+77 +50	+93 +50	+120 +50	+160 +50	+50 +32	+59 +32	+75 +32	+102 +32	+27 +16	+34 +16	+43 +16	+59 +16
14	18													
18	24	+86 +65	+98 +65	+117 +65	+149 +65	+195 +65	+61 +40	+73 +40	+92 +40	+124 +40	+33 +20	+41 +20	+53 +20	+72 +20
24	30													
30	40	+105 +80	+119 +80	+142 +80	+180 +80	+240 +80	+75 +50	+89 +50	+112 +50	+150 +50	+41 +25	+50 +25	+64 +25	+87 +25
40	50													
50	65	+130 +100	+146 +100	+174 +100	+220 +100	+290 +100	+90 +60	+106 +60	+134 +60	+180 +60	+49 +30	+60 +30	+76 +30	+104 +30
65	80													
80	100	+155 +120	+174 +120	+207 +120	+260 +120	+340 +120	+107 +72	+126 +72	+159 +72	+212 +72	+58 +36	+71 +36	+90 +36	+123 +36
100	120													
120	140	+185 +145	+208 +145	+245 +145	+305 +145	+395 +145	+125 +85	+148 +85	+185 +85	+245 +85	+68 +43	+83 +43	+106 +43	+143 +43
140	160													
160	180													
180	200	+216 +170	+242 +170	+285 +170	+355 +170	+460 +170	+146 +100	+172 +100	+215 +100	+285 +100	+79 +50	+96 +50	+122 +50	+165 +50
200	225													
225	250													
250	280	+242 +190	+271 +190	+320 +190	+400 +190	+510 +190	+162 +110	+191 +110	+240 +110	+320 +110	+88 +56	+108 +56	+137 +56	+186 +56
280	315													
315	355	+267 +210	+299 +210	+350 +210	+440 +210	+570 +210	+182 +125	+214 +125	+265 +125	+355 +125	+98 +62	+119 +62	+151 +62	+202 +62
355	400													
400	450	+293 +230	+327 +230	+385 +230	+480 +230	+630 +230	+198 +135	+232 +135	+290 +135	+385 +135	+108 +68	+131 +68	+165 +68	+223 +68
450	500													

（续）

公称尺寸/mm		公差带											
		G				H							
大于	至	5	6	7	8	1	2	3	4	5	6	7	8	9
—	3	+6 +2	+8 +2	+12 +2	+16 +2	+0.8 0	+1.2 0	+2 0	+3 0	+4 0	+6 0	+10 0	+14 0	+25 0
3	6	+9 +4	+12 +4	+16 +4	+22 +4	+1 0	+1.5 0	+2.5 0	+4 0	+5 0	+8 0	+12 0	+18 0	+30 0
6	10	+11 +5	+14 +5	+20 +5	+27 +5	+1 0	+1.5 0	+2.5 0	+4 0	+6 0	+9 0	+15 0	+22 0	+36 0
10	14	+14 +6	+17 +6	+24 +6	+33 +6	+1.2 0	+2 0	+3 0	+5 0	+8 0	+11 0	+18 0	+27 0	+43 0
14	18													
18	24	+16 +7	+20 +7	+28 +7	+40 +7	+1.5 0	+2.5 0	+4 0	+6 0	+9 0	+13 0	+21 0	+33 0	+52 0
24	30													
30	40	+20 +9	+25 +9	+34 +9	+48 +9	+1.5 0	+2.5 0	+4 0	+7 0	+11 0	+16 0	+25 0	+39 0	+62 0
40	50													
50	65	+23 +10	+29 +10	+40 +10	+56 +10	+2 0	+3 0	+5 0	+8 0	+13 0	+19 0	+30 0	+46 0	+74 0
65	80													
80	100	+27 +12	+34 +12	+47 +12	+66 +12	+2.5 0	+4 0	+6 0	+10 0	+15 0	+22 0	+35 0	+54 0	+87 0
100	120													
120	140	+32 +14	+39 +14	+54 +14	+77 +14	+3.5 0	+5 0	+8 0	+12 0	+18 0	+25 0	+40 0	+63 0	+100 0
140	160													
160	180													
180	200	+35 +15	+44 +15	+61 +15	+87 +15	+4.5 0	+7 0	+10 0	+14 0	+20 0	+29 0	+46 0	+72 0	+115 0
200	225													
225	250													
250	280	+40 +17	+49 +17	+69 +17	+98 +17	+6 0	+8 0	+12 0	+16 0	+23 0	+32 0	+52 0	+81 0	+130 0
280	315													
315	355	+43 +18	+54 +18	+75 +18	+107 +18	+7 0	+9 0	+13 0	+18 0	+25 0	+36 0	+57 0	+89 0	+140 0
335	400													
400	450	+47 +20	+60 +20	+83 +20	+117 +20	+8 0	+10 0	+15 0	+20 0	+27 0	+40 0	+63 0	+97 0	+155 0
450	500													

(续)

公称尺寸 /mm		公差带												
		H				J			JS					
大于	至	10	11	12	13	6	7	8	1	2	3	4	5	6
—	3	+40 0	+60 0	+100 0	+140 0	+2 -4	+4 -6	+6 -8	±0.4	±0.6	±1	±1.5	±2	±3
3	6	+48 0	+75 0	+120 0	+180 0	+5 -3	—	+10 -8	±0.5	±0.75	±1.25	±2	±2.5	±4
6	10	+58 0	+90 0	+150 0	+220 0	+5 -4	+8 -7	+12 -10	±0.5	±0.75	±1.25	±2	±3	±4.5
10	14	+70 0	+110 0	+180 0	+270 0	+6 -5	+10 -8	+15 -12	±0.6	±1	±1.5	±2.5	±4	±5.5
14	18													
18	24	+84 0	+130 0	+210 0	+330 0	+8 -5	+12 -9	+20 -13	±0.75	±1.25	±2	±3	±4.5	±6.5
24	30													
30	40	+100 0	+160 0	+250 0	+390 0	+10 -6	+14 -11	+24 -15	±0.75	±1.25	±2	±3.5	±5.5	±8
40	50													
50	65	+120 0	+190 0	+300 0	+460 0	+13 -6	+18 -12	+28 -18	±1	±1.5	±2.5	±4	±6.5	±9.5
65	80													
80	100	+140 0	+220 0	+350 0	+540 0	+16 -6	+22 -13	+34 -20	±1.25	±2	±3	±5	±7.5	±11
100	120													
120	140	+160 0	+250 0	+400 0	+630 0	+18 -7	+26 -14	+41 -22	±1.75	±2.5	±4	±6	±9	±12.5
140	160													
160	180													
180	200	+185 0	+290 0	+460 0	+720 0	+22 -7	+30 -16	+47 -25	±2.25	±3.5	±5	±7	±10	±14.5
200	225													
225	250													
250	280	+210 0	+320 0	+520 0	+810 0	+25 -7	+36 -16	+55 -26	±3	±4	±6	±8	±11.5	±16
280	315													
315	355	+230 0	+360 0	+570 0	+890 0	+29 -7	+39 -18	+60 -29	±3.5	±4.5	±6.5	±9	±12.5	±18
355	400													
400	450	+250 0	+400 0	+630 0	+970 0	+33 -7	+43 -20	+66 -31	±4	±5	±7.5	±10	±13.5	±20
450	500													

(续)

公称尺寸/mm		公差带												
		JS							K				M
大于	至	7	8	9	10	11	12	13	4	5	6	7	8	4
—	3	±5	±7	±12	±20	±30	±50	±70	0 -3	0 -4	0 -6	0 -10	0 -14	-2 -5
3	6	±6	±9	±15	±24	±37	±60	±90	+0.5 -3.5	0 -5	+2 -6	+3 -9	+5 -13	-2.5 -6.5
6	10	±7	±11	±18	±29	±45	±75	±110	+0.5 -3.5	+1 -5	+2 -7	+5 -10	+6 -16	-4.5 -8.5
10	14	±9	±13	±21	±35	±55	±90	±135	+1 -4	+2 -6	+2 -9	+6 -12	+8 -19	-5 -10
14	18													
18	24	±10	±16	±26	±42	±65	±105	±165	0 -6	+1 -8	+2 -11	+6 -15	+10 -23	-6 -12
24	30													
30	40	±12	±19	±31	±50	±80	±125	±195	+1 -6	+2 -9	+3 -13	+7 -18	+12 -27	-6 -13
40	50													
50	65	±15	±23	±37	±60	±95	±150	±230	+1 -7	+3 -10	+4 -15	+9 -21	+14 -32	-8 -16
65	80													
80	100	±17	±27	±43	±70	±110	±175	±270	+1 -9	+2 -13	+4 -18	+10 -25	+16 -38	-9 -19
100	120													
120	140	±20	±31	±50	±80	±125	±200	±315	+1 -11	+3 -15	+4 -21	+12 -28	+20 -43	-11 -23
140	160													
160	180													
180	200	±23	±36	±57	±92	±145	±230	±360	0 -14	+2 -18	+5 -24	+13 -33	+22 -50	-13 -27
200	225													
225	250													
250	280	±26	±40	±65	±105	±160	±260	±405	0 -16	+3 -20	+5 -27	+16 -36	+25 -56	-16 -32
280	315													
315	355	±28	±44	±70	±115	±180	±285	±445	+1 -17	+3 -22	+7 -29	+17 -40	+28 -61	-16 -34
355	400													
400	450	±31	±48	±77	±125	±200	±315	±485	0 -20	+2 -25	+8 -32	+18 -45	+29 -68	-18 -38
450	500													

(续)

公称尺寸/mm		公差带											
		M				N					P			
大于	至	5	6	7	8	5	6	7	8	9	5	6	7	8
—	3	-2 -6	-2 -8	-2 -12	-2 -16	-4 -8	-4 -10	-4 -14	-4 -18	-4 -29	-6 -10	-6 -12	-6 -16	-6 -20
3	6	-3 -8	-1 -9	0 -12	+2 -16	-7 -12	-5 -13	-4 -16	-2 -20	0 -30	-11 -16	-9 -17	-8 -20	-12 -30
6	10	-4 -10	-3 -12	0 -15	+1 -21	-8 -14	-7 -16	-4 -19	-3 -25	0 -36	-13 -19	-12 -21	-9 -24	-15 -37
10	14	-4 -12	-4 -15	0 -18	+2 -25	-9 -17	-9 -20	-5 -23	-3 -30	0 -43	-15 -23	-15 -26	-11 -29	-18 -45
14	18													
18	24	-5 -14	-4 -17	0 -21	+4 -29	-12 -21	-11 -24	-7 -28	-3 -36	0 -52	-19 -28	-18 -31	-14 -35	-22 -55
24	30													
30	40	-5 -16	-4 -20	0 -25	+5 -34	-13 -24	-12 -28	-8 -33	-3 -42	0 -62	-22 -33	-21 -37	-17 -42	-26 -65
40	50													
50	65	-6 -19	-5 -24	0 -30	+5 -41	-15 -28	-14 -33	-9 -39	-4 -50	0 -74	-27 -40	-26 -45	-21 -51	-32 -78
65	80													
80	100	-8 -23	-6 -28	0 -35	+6 -48	-18 -33	-16 -38	-10 -45	-4 -58	0 -87	-32 -47	-30 -52	-24 -59	-37 -91
100	120													
120	140	-9 -27	-8 -33	0 -40	+8 -55	-21 -39	-20 -45	-12 -52	-4 -67	0 -100	-37 -55	-36 -61	-28 -68	-43 -106
140	160													
160	180													
180	200	-11 -31	-8 -37	0 -46	+9 -63	-25 -45	-22 -51	-14 -60	-5 -77	0 -115	-44 -64	-41 -70	-33 -79	-50 -122
200	225													
225	250													
250	280	-13 -36	-9 -41	0 -52	+9 -72	-27 -50	-25 -57	-14 -66	-5 -86	0 -130	-49 -72	-47 -79	-36 -88	-56 -137
280	315													
315	355	-14 -39	-10 -46	0 -57	+11 -78	-30 -55	-26 -62	-16 -73	-5 -94	0 -140	-55 -80	-51 -87	-41 -98	-62 -151
355	400													
400	450	-16 -43	-10 -50	0 -63	+11 -86	-33 -60	-27 -67	-17 -80	-6 -103	0 -155	-61 -88	-55 -95	-45 -108	-68 -165
450	500													

(续)

公称尺寸 /mm		公差带											
		P	R				S				T			U
大于	至	9	5	6	7	8	5	6	7	8	6	7	8	6
—	3	−6 −31	−10 −14	−10 −16	−10 −20	−10 −24	−14 −18	−14 −20	−14 −24	−14 −28	—	—	—	−18 −24
3	6	−12 −42	−14 −19	−12 −20	−11 −23	−15 −33	−18 −23	−16 −24	−15 −27	−19 −37	—	—	—	−20 −28
6	10	−15 −51	−17 −23	−16 −25	−13 −28	−19 −41	−21 −27	−20 −29	−17 −32	−23 −45	—	—	—	−25 −34
10	14	−18 −61	−20 −28	−20 −31	−16 −34	−23 −50	−25 −33	−25 −36	−21 −39	−28 −55	—	—	—	−30 −41
14	18													
18	24	−22 −74	−25 −34	−24 −37	−20 −41	−28 −61	−32 −41	−31 −44	−27 −48	−35 −68	—	—	—	−37 −50
24	30										−37 −50	−33 −54	−41 −74	−44 −57
30	40	−26 −88	−30 −41	−29 −45	−25 −50	−34 −73	−39 −50	−38 −54	−34 −59	−43 −82	−43 −59	−39 −64	−48 −87	−55 −71
40	50										−49 −65	−45 −70	−54 −93	−65 −81
50	65	−32 −106	−36 −49	−35 −54	−30 −60	−41 −87	−48 −61	−47 −66	−42 −72	−53 −99	−60 −79	−55 −85	−66 −112	−81 −100
65	80		−38 −51	−37 −56	−32 −62	−43 −89	−54 −67	−53 −72	−48 −78	−59 −105	−69 −88	−64 −94	−75 −121	−96 −115
80	100	−37 −124	−46 −61	−44 −66	−38 −73	−51 −105	−66 −81	−64 −86	−58 −93	−71 −125	−84 −106	−78 −113	−91 −145	−117 −139
100	120		−49 −64	−47 −69	−41 −76	−54 −108	−74 −89	−72 −94	−66 −101	−79 −133	−97 −119	−91 −126	−104 −158	−137 −159
120	140	−43 −143	−57 −75	−56 −81	−48 −88	−63 −126	−86 −104	−85 −110	−77 −117	−92 −155	−115 −140	−107 −147	−122 −185	−163 −188
140	160		−59 −77	−58 −83	−50 −90	−65 −128	−94 −112	−93 −118	−85 −125	−100 −163	−127 −152	−119 −159	−134 −197	−183 −208
160	180		−62 −80	−61 −86	−53 −93	−68 −131	−102 −120	−101 −126	−93 −133	−108 −171	−139 −164	−131 −171	−146 −209	−203 −228
180	200	−50 −165	−71 −91	−68 −97	−60 −106	−77 −149	−116 −136	−113 −142	−105 −151	−122 −194	−157 −186	−149 −195	−166 −238	−227 −256
200	225		−74 −94	−71 −100	−63 −109	−80 −152	−124 −144	−121 −150	−113 −159	−130 −202	−171 −200	−163 −209	−180 −252	−249 −278
225	250		−78 −98	−75 −104	−67 −113	−84 −156	−134 −154	−131 −160	−123 −169	−140 −212	−187 −216	−179 −225	−196 −268	−275 −304
250	280	−56 −186	−87 −110	−85 −117	−74 −126	−94 −175	−151 −174	−149 −181	−138 −190	−158 −239	−209 −241	−198 −250	−218 −299	−306 −338
280	315		−91 −114	−89 −121	−78 −130	−98 −179	−163 −186	−161 −193	−150 −202	−170 −251	−231 −263	−220 −272	−240 −321	−341 −373
315	355	−62 −202	−101 −126	−97 −133	−87 −144	−108 −197	−183 −208	−179 −215	−169 −226	−190 −279	−257 −293	−247 −304	−268 −357	−379 −415
355	400		−107 −132	−103 −139	−93 −150	−114 −203	−201 −226	−197 −233	−187 −244	−208 −297	−283 −319	−273 −330	−294 −383	−424 −460
400	450	−68 −223	−119 −146	−113 −153	−103 −166	−126 −223	−225 −252	−219 −259	−209 −272	−232 −329	−317 −357	−307 −370	−330 −427	−477 −517
450	500		−125 −152	−119 −159	−109 −172	−132 −229	−245 −272	−239 −279	−229 −292	−252 −349	−347 −387	−337 −400	−360 −457	−527 −567

(续)

公称尺寸 /mm		公差带												
		U		V			X			Y			Z		
大于	至	7	8	6	7	8	6	7	8	6	7	8	6	7	8
—	3	-18 -28	-18 -32	—	—	—	-20 -26	-20 -30	-20 -34	—	—	—	-26 -32	-26 -36	-26 -40
3	6	-19 -31	-23 -41	—	—	—	-25 -33	-24 -36	-28 -46	—	—	—	-32 -40	-31 -43	-35 -53
6	10	-22 -37	-28 -50	—	—	—	-31 -40	-28 -43	-34 -56	—	—	—	-39 -48	-36 -51	-42 -64
10	14	-26 -44	-33 -60	—	—	—	-37 -48	-33 -51	-40 -67	—	—	—	-47 -58	-43 -61	-50 -77
14	18	-26 -44	-33 -60	-36 -47	-32 -50	-39 -66	-42 -53	-38 -56	-45 -72	—	—	—	-57 -68	-53 -71	-60 -87
18	24	-33 -54	-41 -74	-43 -56	-39 -60	-47 -80	-50 -63	-46 -67	-54 -87	-59 -72	-55 -76	-63 -96	-69 -82	-65 -86	-73 -106
24	30	-40 -61	-48 -81	-51 -64	-47 -68	-55 -88	-60 -73	-56 -77	-64 -97	-71 -84	-67 -88	-75 -108	-84 -97	-80 -101	-88 -121
30	40	-51 -76	-60 -99	-63 -79	-59 -84	-68 -107	-75 -91	-71 -96	-80 -119	-89 -105	-85 -110	-94 -133	-107 -123	-103 -128	-112 -151
40	50	-61 -86	-70 -109	-76 -92	-72 -97	-81 -120	-92 -108	-88 -113	-97 -136	-109 -125	-105 -130	-114 -153	-131 -147	-127 -152	-136 -175
50	65	-76 -106	-87 -133	-96 -115	-91 -121	-102 -148	-116 -135	-111 -141	-122 -168	-138 -157	-133 -163	-144 -190	-166 -185	-161 -191	-172 -218
65	80	-91 -121	-102 -148	-114 -133	-109 -139	-120 -166	-140 -159	-135 -165	-146 -192	-168 -187	-163 -193	-174 -220	-204 -223	-199 -229	-210 -256
80	100	-111 -146	-124 -178	-139 -161	-133 -168	-146 -200	-171 -193	-165 -200	-178 -232	-207 -229	-201 -236	-214 -268	-251 -273	-245 -280	-258 -312
100	120	-131 -166	-144 -198	-165 -187	-159 -194	-172 -226	-203 -225	-197 -232	-210 -264	-247 -269	-241 -276	-254 -308	-303 -325	-297 -332	-310 -364
120	140	-155 -195	-170 -233	-195 -220	-187 -227	-202 -265	-241 -266	-233 -273	-248 -311	-293 -318	-285 -325	-300 -363	-358 -383	-350 -390	-365 -428
140	160	-175 -215	-190 -253	-221 -246	-213 -253	-228 -291	-273 -298	-265 -305	-280 -343	-333 -358	-325 -365	-340 -403	-408 -433	-400 -440	-415 -478
160	180	-195 -235	-210 -273	-245 -270	-237 -277	-252 -315	-303 -328	-295 -335	-310 -373	-373 -398	-365 -405	-380 -443	-458 -483	-450 -490	-465 -528
180	200	-219 -265	-236 -308	-275 -304	-267 -313	-284 -356	-341 -370	-333 -379	-350 -422	-416 -445	-408 -454	-425 -497	-511 -540	-503 -549	-520 -592
200	225	-241 -287	-258 -330	-301 -330	-293 -339	-310 -382	-376 -405	-368 -414	-385 -457	-461 -490	-453 -499	-470 -542	-566 -595	-558 -604	-575 -647
225	250	-267 -313	-284 -356	-331 -360	-323 -369	-340 -412	-416 -445	-408 -454	-425 -497	-511 -540	-503 -549	-520 -592	-631 -660	-623 -669	-640 -712
250	280	-295 -347	-315 -396	-376 -408	-365 -417	-385 -466	-466 -498	-455 -507	-475 -556	-571 -603	-560 -612	-580 -661	-701 -733	-690 -742	-710 -791
280	315	-330 -382	-350 -431	-416 -448	-405<ufr>-457	-425 -506	-516 -548	-505 -557	-525 -606	-641 -673	-630 -682	-650 -731	-781 -813	-770 -822	-790 -871
315	355	-369 -426	-390 -479	-464 -500	-454 -511	-475 -564	-579 -615	-560 -626	-590 -679	-719 -755	-709 -766	-730 -819	-889 -925	-879 -936	-900 -989
355	400	-414 -471	-435 -524	-519 -555	-509 -566	-530 -619	-649 -685	-639 -696	-660 -749	-809 -845	-799 -856	-820 -909	-989 -1025	-979 -1036	-1000 -1089
400	450	-467 -530	-490 -587	-582 -622	-572 -635	-595 -692	-727 -767	-717 -780	-740 -837	-907 -947	-897 -969	-920 -1017	-1087 -1127	-1077 -1140	-1100 -1197
450	500	-517 -580	-540 -637	-647 -687	-637 -700	-660 -757	-807 -847	-797 -860	-820 -917	-987 -1027	-977 -1040	-1000 -1097	-1237 -1277	-1227 -1290	-1250 -1347

注：1. 公称尺寸小于1mm时，各级的A和B均不采用；2. 当公称尺寸大于250至315mm时，M6的ES等于-9（不等于-11）；3. 公称尺寸小于1mm时，大于IT8的N不采用。

参 考 文 献

[1] 机械工程标准手册编委会.机械工程标准手册(基础互换性卷)[M].北京:中国标准出版社,2001.
[2] 中国机械工业教育协会,全国职业培训教学工作指导委员会.公差与配合[M].北京:机械工业出版社,2004.
[3] 全国中等职业学校机械专业教材编写组.公差配合与技术测量[M].北京:高等教育出版社,1998.
[4] 傅成昌,傅晓燕.公差与配合问答[M].北京:机械工业出版社,2007.
[5] 胡荆生.公差配合与技术测量基础[M].北京:中国劳动社会保障出版社,2000.
[6] 廖念超,古莹菴,莫雨松,等.互换性与技术测量[M].北京:计量出版社,1991.
[7] 毛平淮.互换性与技术测量[M].北京:机械工业出版社,2006.